W0214135

Sommerfrei

Meine Arbeit am Bauernhof und auf der Alm 1932 – 1945

Impressum

Autor: Ing. Josef Wörgötter, A-6380 St. Johann in Tirol

Verleger: KRAL-Verlag - Kral GmbH (Inh. Robert Ivancich),
Kennedyplatz 2, A-2560 Berndorf, Tel.: 02672-82236, Fax: DW 4
Email: buch@kral-berndorf.at www.kral-verlag.at

Erschienen in Berndorf 2013

ISBN: 978-3-99024-226-1

1. Auflage / Alle Rechte vorbehalten

Josef Wörgötter

Sommerfrei

Meine Arbeit am Bauernhof und auf der Alm 1932 – 1945

KRAL VERLAG

Inhalt

Teil 1

Herkunft und früheste Kindheit

Geboren am 27. Jänner 1922 in Wörgl (Tirol) erlebte ich zum Großteil meine Kindheits- und Volksschulzeit in einem Miethaus in St. Johann in Tirol. Die „Villa Fiechter" im Ortsteil „Almdorf" gelegen, wurde ca. 1900 erbaut und beherbergte zu meiner Zeit 4 Familien mit ihren Kindern und fallweise ein bis zwei Einzelzimmermieter in 1-Raum-Wohnungen. Den Familien standen 2 Räume zur Verfügung, die Küche und ein Schlafzimmer. Dazu ein Kellerabteil und die gemeinsame Waschküche im Keller. Je ein Plumpsklo befand sich im ersten und zweiten Stockwerk auf Balkonen im Freien, das kalte Wasser mussten die Mieter im Hausgang holen. Auch das Besitzerehepaar hatte nur Küche und Zimmer, und alles andere wie ihre Mieter. Bis zu 15 Kinder sorgten für Belebung im und um das Haus! Gerne erinnere ich mich an diese einfache Bleibe, weil es hier nie einen Unfrieden unter den Mietparteien gab! Ein Grund dafür war wohl auch, dass sich niemand in die unter Kindern üblichen Streitereien einmischte.

Zu den „Hausleuten" Nani (Anna) und Seppei (Verkleinerung für „Sepp") wäre noch zu sagen, dass sie im Sommer entweder gemeinsam oder einzeln auf Almen arbeiteten. Sie als Sennerin, er meistens als „Putzer" (Almpfleger) oder Galtviehhirte. Vom Äußeren her hätten sie nicht unterschiedlicher sein können: Seppei klein und zierlich, Nani war größer und robust gebaut, dazu noch ca. 20 Jahre älter als er! Auch im täglichen Sprachgebrauch waren sie oft nicht gleicher Meinung, was aber meistens ernster klang als es war. Später wird in diesem Buch noch von ihnen die Rede sein. Selbst kinderlos hatten sie Kinder gern und das kam auch mir zugute! Als Acht- und Neunjähriger konnte ich einen Teil der Sommerferien bei ihnen auf der Alm verbringen, was sicher auch für meine weitere berufliche Entwicklung von Bedeutung war! Insgesamt aber lag mir wohl die Liebe zur Landwirtschaft von meinen Vorfahren her schon im Blute.

Meinen Vater, Josef Wörgötter, hat das Schicksal hart angefasst! Er wurde am 16.12.1888 in Mühlbach am Hochkönig geboren. Sein Vater, Anton Wörgötter, kam aus Reith bei Kitzbühel. Geboren ist mein Großvater 1849 auf dem „Häussenanwesen" in Reith bei Kitzbühel, das sein Vater erworben hatte, nachdem er seinen ererbten Heimathof „Vordern" in Kirchdorf-Gasteig verkaufen musste. Er hatte „Vordern", damals ein größerer Bauernhof, mit 3.000 Gulden Schulden übernehmen müssen. Unter dem neuen Besitzer ist dann die

Hofstelle abgebrannt, wurde nicht mehr aufgebaut und die Grundstücke von Nachbarn angekauft. Ein solcher Nachbesitzer eines ehemaligen Vordererfeldes errichtete darauf in jüngster Zeit ein kleineres Bauernhaus mit der Beschriftung „Vordererhof"!

Mein Urgroßvater konnte seinerzeit wohl auch den „Häussenhof" in Reith nicht mehr halten, weil er bereits 1855 als „Bestandnehmer" (Pächter) auf dem Hofe „Elsenstätt" in Reith aufscheint. So erlernte mein Großvater das Tischlerhandwerk und ließ sich nach der Heirat in Mühlbach am Hochkönig auf dem kleinen, erst 2004 einem Neubau gewichenen Anwesen „Wegscheid" nieder. Dort betrieb er seine Tischlerei und die bescheidene Landwirtschaft, die er von Verwandten seiner Frau gepachtet hatte. Meine Großmutter Anna Gesselegger entstammte der Familie Plenk vom „Kirchsteinhof", deren Stammbaum bis zu Heinrich Plenk in das Jahr 1333 zurückreicht.

Als mein Vater acht Jahre alt war, verloren er und sein 1891 geborener Bruder Toni den Vater. Genaugenommen wurde dieser auf dem Wege zwischen Bischofshofen und Mühlbach vermisst. Man nahm an, dass er in die hochwasserführende Mühlbachache gefallen sei. Seine Leiche wurde aber nie gefunden. Daraufhin musste meine Großmutter mit den beiden Buben zuständigkeitshalber nach Reith bei Kitzbühel übersiedeln. Sie starb dann bereits 1899. Die beiden Waisenknaben befanden sich zu der Zeit schon als Pflegekinder bei Reither Bauern. Mein Vater lebte beim „Rumml". Dieser Hof liegt oberhalb des heutigen Hartsteinwerkes. Zu jener Zeit gab es hier schon einen kleinen Steinbruch, der dem „Rumml" gehörte und den Buben nach Vaters Erzählungen zum Klettern diente. Der kleine Toni kam zum „Seiwaldbauern", der sich unweit der Kirche befindet.

Mein Vater beklagte sich nie, dass es ihm bei seinen Pflegeeltern etwa schlecht ergangen wäre, die harte Bauernarbeit lernte er aber von klein auf kennen, wie die Bauernkinder überall. Sobald er die Volksschule hinter sich hatte, musste er im Sommer als „Kühbub" (Hirte) auf die „Lachtalalm" im Pletzergraben, wo der „Rumml" neben drei weiteren Mitbesitzern Weiderechte hatte bzw. sein Nachfolger heute noch hat.

Der Hochleger dieser Gemeinschaftsalm galt zu jener Zeit als besonders gefährlich für das Weidevieh! Wegen Absturzgefahr musste fast ständig gehütet werden, was besonders bei Nebel, Sturm und Regen den Hirten alles abverlangte und schier über die jungen Kräfte ging. Die oberen Regionen dieser Alm reichen ja bis auf die Südseite des „Karsteins" und waren damals durch Zäune nicht gesichert. Bei Gewittern kam es vor, dass die Buben oberhalb der Wolken standen. Davon und von anderen Episoden und dramatischen Ereignissen aus der Almzeit berichtete der Vater manchmal, obwohl er sonst wenig sprach. Nicht zu Unrecht war diese Alm beim Hirtenpersonal gefürchtet. Der damals bekannte Spruch: „Wer drei Sommer im Lachtal Kühbub war, ist höllfrei", der kann also nicht mehr in die Hölle kommen, sagt ja genug! Mein Vater hielt es dort vier Sommer aus! Bei guter Laune äußerte er gelegentlich: „Den Tod brauch ich nicht zu fürchten, denn der Teufel kriegt mich nicht." Mit über 60 Jahren war er wieder fünf Sommer „Alminger".

Die dreijährige Militärdienstzeit, welche er von 1909 bis 1912 bei den Kaiserjägern in Schwaz und Rovereto ableistete, zählte in den jungen Jahren zu den schöneren Erinnerungen. Dort holte er auch vieles an Schulbildung nach, was er in der Volksschule nicht lernen konnte. Bei den Bauern hatte ja dazumal meistens die Arbeit gegenüber der Schule Vorrang. Konnte er vor seiner Militärdienstzeit kaum richtig rechnen und schreiben, so war er nachher „sehr gut bei der Feder", wie es im Volksmund hieß. Ich kann mich erinnern, dass in meiner Kindheit öfters Leute aus der Nachbarschaft zu uns kamen, wenn es etwas Schriftliches zu erledigen gab. Zustatten kam ferner meinem Vater beim Militär, dass er ein ausgezeichneter Schütze war, was damals viel galt und gewisse Privilegien einbrachte. Wer ihn später als ernsten und meistens schweigsamen Menschen kannte, hätte es gar nicht für möglich gehalten, dass er in seiner Jugend ein ziemlich lockerer und zu allen Späßen aufgelegter Vogel war!

Vor seiner aktiven Dienstzeit arbeitete mein Vater in der Landwirtschaft, anschließend zwei Jahre als Hausmeister bei der Firma Karl in St. Johann in Tirol, wo er mit der Mutter meines Halbbruders Toni Hechenberger bekannt wurde, die dort Köchin war. Von 1912 bis 1914 hatte er eine Anstellung bei der Landesbauleitung bzw. war er Vermessungsgehilfe bei der Verlegung des zweiten Geleises auf der „Giselabahn".

Selbstverständlich wurde er bei Ausbruch des 1. Weltkrieges im Jahre 1914 sofort eingezogen und war bei den schweren Kämpfen in Galizien dabei, wo besonders die Tiroler Regimenter größte Blutopfer zu verzeichnen hatten. Aus heutiger Sicht kein Wunder wenn man weiß, dass der Spion im Generalstab, Oberst Redl, schon längst die genauen Aufmarschpläne an die Russen verraten hatte. Der Vater kam aber bereits am 13. September 1914 in Gefangenschaft, die ihn bis in das südliche Sibirien nahe der afghanischen Grenze führte. Mit Glück überstand er eine Kopftyphuserkrankung, die ihm allerdings nach dem Kriege noch viele Beschwerden machte.

Er hat in den sechs Jahren seiner russischen Gefangenschaft sehr viel erlebt. Davon sprach er aber selten. Einiges bekam ich als Kind mit, wenn er mit seinen Kameraden aus dieser Zeit zusammenkam. Es waren dies Georg Gasteiger, „Henntalbauer" in Kitzbühel und Georg Haselsberger, „Gasteigbauer" in St. Johann in Tirol. Neben den schlimmen Zeiten in den Lagern kamen auch schönere bei der Arbeit auf Bauernhöfen, länger auch auf einer staatlichen Hengstenstation und in einer Spenglerei/Glaserei. Dort lernte er eigentlich das, was er später für seine Berufslaufbahn als „Klamperer" (Klempner) brauchte und was ihm von Natur aus lag. Mein Vater war im Gegensatz zu mir handwerklich äußerst geschickt. Es gab kaum etwas, was er nicht reparieren konnte. So war es naheliegend, dass er schließlich aus dieser Veranlagung einen ständigen Berufserwerb machen wollte! Heute, im Zeitalter der Wegwerfgesellschaft und des Kunststoffs, hätte er für ein solches Geschäft wahrscheinlich nicht so gute Einstiegsmöglichkeiten!

1923 und noch mehr in den Notzeiten der 1930er-Jahre wurde von den Menschen praktisch nichts zum Abfall geworfen, was nur irgendwie zu reparieren war. Zerbrochene Töpfe, Schüsseln und Teller wurden zusammengeklebt und mit Draht zusätzlich gesichert. Blechhäfen, Pfannen, Kupferkessel und sonstiges Metallgeschirr erhielten bei kleineren Löchern Nieten verpasst. Bei größeren Schäden wurden ganze Teile mit Blechen überdeckt und vernietet. Auch die kleineren Küchengeräte kamen wegen eines behebbaren Schadens noch lange nicht auf den Müllhaufen. Es gab also fast nichts was mein Vater nicht wieder gebrauchsfähig machen konnte. Er hatte im Weiteren mit dem Einglasen zerbrochener Fensterscheiben viel zu tun. Ging eine Scheibe kaputt, so wurde sie damals oft nicht durch eine neue ersetzt. Der „Glaserer" verband die gebrochenen Glasteile mit Bleifalzen und das Fenster tat wieder seinen Dienst. Diese Art der Glaserei kam allerdings weniger bei Wohnhäusern als vielmehr auf den Almhütten und Viehställen zur Anwendung. Auch als geschickter Schirmmacher, der nicht nur Regenschirme reparierte, sondern auch neu überzog, war er bald bekannt. Diese Tätigkeit übte er bis kurz vor seinem Tode, also noch mit 84 Jahren aus.

In Anbetracht der damals schlechten Wirtschaftslage mit vielen Arbeitslosen konnte so unser Vater eine echte Not von der Familie fernhalten. Es war zwar auch bei uns das Bargeld knapp, da die Bauern vielfach mit Lebensmitteln bezahlten. Sie litten bei den damaligen Absatzschwierigkeiten ja oft selbst an Bargeldmangel. Aber so brauchten wir jedenfalls nie zu hungern!

Meine Mutter, Aloisia Wörgötter geb. Eder, wurde am 31.10.1898 in Wörgl, Tirol geboren. Ihr Vater, Alois Eder geb. 8.6.1873 stammte vom Bergbauernhof „Unterer Reiterer" in Winklern, Kärnten. Er wuchs dort als Kind einer Tochter des Bauern auf. Seine Mutter, die später in Wörgl lebte, muss eher ein „Mannweib" gewesen sein, wie solche, geprägt durch die harte Arbeit, öfter zu finden waren. Das beste Beispiel ihrer Robustheit gab sie bei der Geburt unseres Großvaters: So gebar sie ihren Sohn unter einem Kirschbaum. Am nächsten Tag war sie schon wieder bei der gewohnten Feldarbeit!

Auch die Großmutter kam aus dem Mölltal, und zwar von Mörtschach-Sagritz, wo sie am 6.4.1877 beim „Inneren Waller" zur Welt kam. Zu ihren Verwandten bis hinein nach „Asten", der höchstgelegenen Ortschaft Kärntens, bestehen heute noch familiäre Beziehungen. Die Großmutter war auch ein uneheliches Kind. Ihre Mutter, Franziska Pfarrmayer, gebar sie im Witwenstand. Sie hatte bereits zwei eheliche Töchter. Großmutters Vater setzte sich nach Amerika ab, bevor er zur Unterhaltszahlung herangezogen werden konnte. Als seine Tochter als 15-Jährige bei einem Bauern im Dienst stand, ist er in Amerika gestorben. Meine Großmutter behauptete immer, dass er sich in der Todesstunde bei ihr „angemeldet" habe.

Beide Großelternteile mussten sich als uneheliche Kinder von frühester Jugend an ihr Brot selbst verdienen. Der Großvater hatte sich schon bald der Holzarbeit zugewandt und war bis ins hohe Alter ein gesuchter Fachmann auf diesem Gebiet. Bereits über 80 Jahre alt, kaufte er noch oberhalb von Wörgl stehendes Brennholz, schlägerte es und brachte die Scheiter im Winter mit dem Ziehschlitten zu Tale. Das Ehepaar konnte noch im Kreise der großen Familie und vielen Freunden die Goldene Hochzeit feiern. Kurze Zeit später starb die Großmutter, weil sie eine notwendige Operation nicht mehr wollte. Der Großvater folgte ihr kraft seines Willens, körperlich gesund, ein halbes Jahr später, weil er ohne sie nicht mehr leben wollte.

Von Kärnten nach Tirol waren die Großeltern nach der Heirat übersiedelt. Über 40 Jahre wohnten sie in Wörgl, Viehmarktstraße Nr. 4. Mit im Hause wohnte noch die ältere, ledige Schwester der Großmutter, die durch einen Unfall als Bahnbedienstete im 1. Weltkrieg gehbehindert war. Die zweite Schwester ging ins Kloster und war längere Zeit als Oberin in Volders.

Der Ehe meiner Großeltern entsprossen insgesamt 9 Kinder. Davon starb ein Bub im Säuglingsalter, ein Mädchen achtjährig. Meine Mutter war die Älteste von den Ederkindern. Sie wurde 96 Jahre alt. Wie dies dazumal in ärmeren Familien allgemein üblich und notwendig war, musste auch sie zuerst das Nest verlassen. So kam sie als Zehnjährige zu einem Bauern in Hopfgarten. Dort musste sie sich in der schulfreien Zeit als „Kindsdirndl" und mit sonstigen leichteren Arbeiten in Haus und Feld nützlich machen und sich so die „Kost" (das Essen) verdienen. Wie sie später öfters erzählte, hatte sie es bei diesem Bauern gut getroffen. Er selbst ist dann im 1. Weltkrieg gefallen. Die Bäuerin hielt sie wie ein eigenes Kind. In schlechter Erinnerung hatte aber meine Mutter den weiten Weg von der Fraktion „Grafenweg" in die „Penninger Schule"! Da es zu der Zeit in bäuerlichen Kreisen noch kaum gebräuchlich war den Schulmädchen Unterhosen und schon gar nicht Überhosen anzuziehen, mussten diese Kinder bei jeder Witterung und hoher Schneelage den Weg in Kitteln gehen. Nach der normalen Pflichtschule musste damals noch die „Sonntagsschule", eine Vorläuferin der späteren „Fortbildungsschule", besucht werden. Die Mutter war eine gute Schülerin und hatte zumindest von dieser Seite keine Schwierigkeiten. Trotz aller Beschwernisse dachte sie immer gerne an diese heute noch bestehende Bergschule zurück. Der weitere Lebensweg meiner Mutter führte über drei Jahre Bauernmagd zur Hausgehilfin und Köchin in Innsbruck, wo sich dann meine Eltern kennenlernten. In Innsbruck lebte später auch Vaters Bruder Toni. Mit seiner aus Südtirol stammenden Frau und ein bis zwei Angestellten betrieb er eine Korbmacherwerkstatt mit Verkaufsgeschäft. Die Kenntnisse dazu hatte er sich als Absolvent der Landw. Landeslehranstalt Rotholz angeeignet. Ursprünglich hätte er ja den Hof seines kinderlosen Pflegevaters übernehmen können, war aber wohl zum Bauern weniger geeignet.

Aber nun wieder zurück in das Dorf St. Johann in Tirol, das in den 1930er-Jahren mit ca. 3500 Einwohnern noch weitgehend bäuerlichen Charakter aufwies. In unserer unmittelbaren Nachbarschaft gab es zwölf Bauern, die fast alle den Ertrag ihrer Landwirtschaft notwendig brauchten. Drei Bauern hatten größenmäßig ständig eine oder mehrere fremde Arbeitskräfte nötig. In diesem Umfeld gab es natürlich für einen Buben, der sich von klein auf für alles interessierte, was sich in der Landwirtschaft abspielte, genug zu sehen und bald auch zu erleben. In der Erntezeit, damals wurde ja bei uns noch viel Getreide angebaut, war ich immer dabei, wenn meine Mutter beim Schnitt und der Heuarbeit als Tagelöhnerin mithalf. Hier waren die kleinen Kinder schon als „Wassertrager" und für sonstige leichter Arbeiten gefragt. Im Herbst bei der überall noch üblichen Herbstweide, lernten sie bereits als „Kühhüter" Verantwortung zu übernehmen!

Die Stundeneinteilung in der Volksschule war damals augenscheinlich weitgehend auf die Bedürfnisse der Landwirtschaft ausgerichtet. Die meisten Kinder mussten ja so bald als möglich, entweder auf dem Elternhof oder – soweit es sich um keine Bauernkinder handelte – sonst in der Landwirtschaft mithelfen. Deshalb gab es nur in der „toten Zeit" Ganztagsunterricht (von 8.00 bis 11.00 Uhr und von 13.00 bis 15.00 Uhr) mit einem schulfreien Wochentag (Donnerstag). Im Frühjahr und einige Zeit nach den Sommerferien war Halbtagsunterricht. Im letzten Schuljahr gab es außerdem bei entsprechendem Lernfortschritt die Möglichkeit der „Sommerbefreiung". Aber auch die „Herbstbefreiung" kam in Frage (Kühhüter bis 31. Oktober). Außerdem gab es noch im „Ausschuljahr" für Kinder (hauptsächlich Buben), die in der Almwirtschaft benötigt wurden, die Beendigung des letzten Schuljahres schon zur Zeit des Almauftriebes. So konnte auch ich anstatt am 15. Juli, bereits Mitte Mai 1936 die Volksschule St. Johann in Tirol verlassen.

* * *

Wörgl, Viehmarktstraße, Geburtshaus von Josef Wörgötter.

St. Johann in Tirol, Fieberbrunnerstraße 439, Villa „Fiechter", erbaut ca. 1900, Aufnahmedatum: ca. 1935, Wohnung für die Familie Wörgötter von 1927 bis 1960. In diesem Haus gab es 5 Zwei-Raum-(=Ein-Zimmer)-Wohnungen und 1 Zimmer.

St. Johann in Tirol, Almdorf, ca. 1950.

Vater Josef Wörgötter, geb. 16.12.1888 (2. Reihe sitzend, 1. von links), aktive Dienstzeit von 1909 bis 1912 beim 4. Kaiserjägerregiment, 8. Kompanie in Mezzocorona und Schwaz.

Mühlbach am Hochkönig, der „Kirchsteinhof", ca. 1985, später abgebrannt, Heimat der Familie Plenk.

Großvater Anton Wörgötter, geb. am 25.2.1849 in Reith bei Kitzbühel, vermisst 1897, Tischler und Kleinbauer in Mühlbach am Hochkönig.

Mühlbach am Hochkönig, Hof „Wegscheid", Geburtshaus von Josef Wörgötter, geb. 16.12.1888.

Kirchdorf in Tirol, Fraktion Gasteig, der neu errichtete „Vordererhof", 2004, Urgroßvater Johann Wörgötter war auf diesem Hof „Vorderer Bauer".

Reith bei Kitzbühel, ca. 1930.

Reith bei Kitzbühel, der alte „Rumler-Hof", Vater Josef Wörgötter war mit 8 Jahren Waisenkind und verbrachte hier seine Kindheit ab 1897.

Gemeinde Kitzbühel, Weg über Fieberbrunn in den Pletzergraben, 2013, „Lachtalalm" auf 1700 m Seehöhe, Größe: 253 ha.

St. Johann in Tirol, ca. 1900, rechts zwischen den Bauernhöfen: die Fieberbrunnerstraße; rechts der beiden Personen ist der Bahnkörper der eingleisigen „Giselabahn" zu erkennen.

St. Johann in Tirol, Firma KARL, 1908/09, von links: Josef Wörgötter, Hausmeister; Anna Hechenberger, Köchin; Magd; Frau und Herr Karl.

Kelchsau, „Moderstock"-Alm, ca. 1928, Bruder Toni Hechenberger (rechts).

Giselabahn, Streckenabschnitt zwischen Kitzbühel und Oberndorf, 1912/13, Bauarbeiten am 2. Geleise, rechts: Vater Josef Wörgötter als Vermessungsgehilfe.

St. Johann in Tirol, Gasthaus „Bacherwirt", 1914,
Tag der Mobilmachung zum 1. Weltkrieg.

Winklern-Zwischenbergen in Kärnten, 1997,
das alte Wohnhaus „Unterer Reiterer".

Mörtschach–Sagritz in Kärnten,
der Geburtsort der Großmutter ist der Hof „Innerer Waller".

Mörtschach-Asten in Kärnten, am Hof „Auernigg", 1980,
Toni und Maria Suntinger sind Verwandte von Großmutter Eder.

Bezirk Schwaz, Achental, 1929,
Großvater Alois Eder bei der Holzarbeit (1. Reihe, 3. von links).

Wörgl, Lazarett, 1916,
Großmutter Eder als Wäschereileiterin (1. Reihe, 1. von links).

Wörgl, 1949,
Großmutter Elise Eder feiert die Goldene Hochzeit.

Holzaufladen auf Schlitten, ca. 1950.

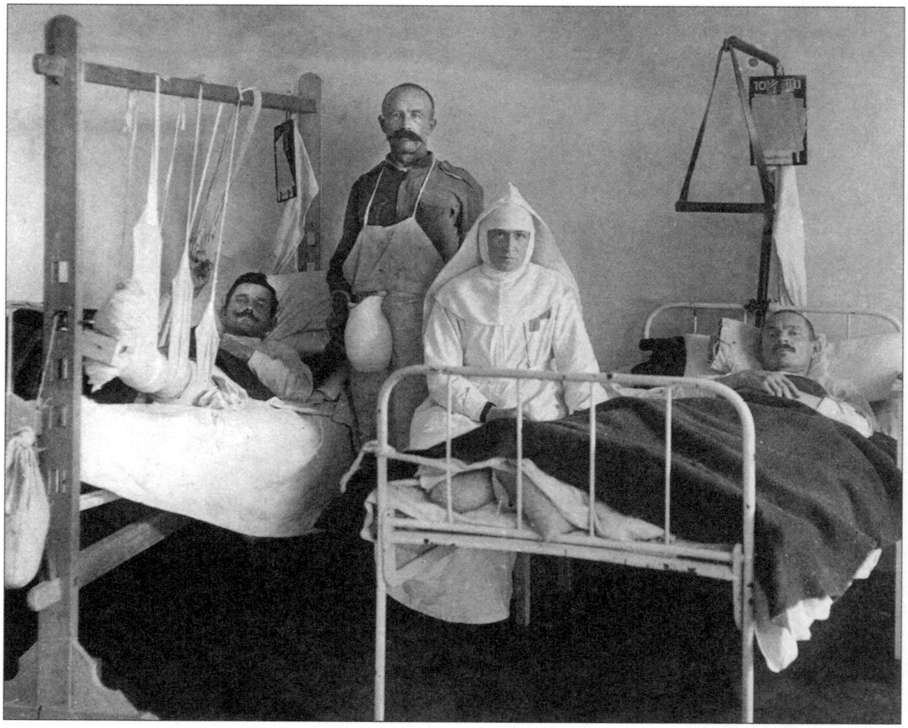

1. Weltkrieg, 1916, Agnes, die Schwester von Großmutter Eder als Klosterschwester Vinzencia.

Wörgl, 1927, die Familie Alois und Elise Eder.

*Fieberbrunn, „Fischerbauer", ca. 1960,
Altbauer mit Enkel beim Anlernen zum Kühehüten.*

Manuelle Arbeit hatte meistens Vorrang vor schulischer Arbeit, ca. 1950.

Aber nun zurück in das Jahr 1932:

„Viefohra" beim Peternbauer

Im Alter von 10 Jahren begann ich also meine landwirtschaftliche Tätigkeit als „Viefohra" beim „Peternbauer" in Reitham St. Johann in Tirol, nachdem ich schon vorher beim Kühhüten, Wassertragen, Ährenklauben, Kartoffelauflesen und dgl. bei benachbarten Bauern mit der Landarbeit in Berührung gekommen war. So trat ich also diese Stelle gerne an. Damit war die schulfreie Zeit ausgefüllt. Der Vorfahrer (im Dialekt „Viefohra") hatte seine „Dienstgradbezeichnung" daher, dass er beim Heuen das Pferd am Zügel führen musste, während das Heu beidseits des Wagens mit Gabeln (in unserer Gegend waren vierzinkige Holzgabeln gebräuchlich) von den „Zammschlagzeilen" (Zusammenschlagzeilen) „aufgeworfen" wurde. Die „Fuderfasserin" (meistens taten Frauen diese Arbeit) richtete das ihr auf den Wagen gegabelte Heu so, dass schließlich ein schönes und haltbares Heufuder zustande kam bevor es, niedergehalten durch den „Wießbaum", in die „Rehm" (Scheune) eingefahren wurde. Da das „Fuderfassen" auf einem fahrenden Wagen aber nicht gut möglich und bei zunehmender Höhe des Futterstockes auch nicht ungefährlich war, konnte fast nur beim Stillstand des Heuwagens aufgeworfen werden. Das hieß, der „Viefohra" musste abwechselnd das Pferd bewegen und anhalten, jedoch immer nur so weit fahren, dass die beiden „Aufwerfer" mit dem aufgegabelten Heu nicht weit zu gehen hatten. Dazu gab einer der beiden Aufwerfer (soweit vorhanden waren es Männer) das Kommando zum Anfahren mit dem Zuruf „hob di" (halt dich), das gleichzeitig dem „Viefohra" und der Fuderfasserin als Signal galt. Ein langgezogenes „hoo" war dann das Zeichen zum Anhalten. So ging es das Feld hin und her, bis alle zum „Einfahren" vorbereiteten Zeilen aufgeladen waren. Während des Aufwerfens hatten einige Arbeiter, meist Frauen, vollauf zu tun, um mit dem „Ziehrechen" (aus Eisen) das noch am Boden liegende Heu zu kleinen Querzeilen „nachzurechen", die dann wieder seitwärts zur nächsten „Zammschlagzeile" gerecht wurden. Diese Arbeit tat meistens ein alter oder sonst nicht voll arbeitsfähiger Mensch, etwa der Altbauer oder die Altbäuerin. Nachzutragen wäre noch, dass sachgerechtes „Aufwerfen" und das gekonnte „Fuderfassen" nicht nur deshalb wichtig waren, weil beim Einführen möglichst kein Heu verlorengehen sollte, sondern vor allem auch damit in der Rehm das

„Ableeren" gut vonstattengehen konnte. Auf dem Felde war vor dem „Einführen" die vorletzte Arbeit am Fuder, dass mit dem „Wießbaum" das Heu auf dem Wagen fest niedergepresst wurde. Dazu musste diese runde Holzstange mit einer am Vorderteil des Heuwagens angebrachten Eisenkette so umwickelt werden, dass der Wießbaum, welcher ja der Länge nach auf dem Fuder zu liegen kam, gerade noch hinten mit dem, auch am Wagen hängenden „Klobenstrick" niedergezogen werden konnte. Dazu war einige Kraft nötig und der Strick musste von guter Qualität sein. Hie und da kam es beim Fuderbinden zu Unfällen, wenn ein solches Seil bei zu langer Benützung während des Niederziehens riss, der unter starker Spannung stehende „Wießbaum" hochschnellte und die Fuderfasserin traf, die sich ja zu diesem Zeitpunkt noch auf dem Fuder befand und mithalf, den Wießbaum niederzudrücken. Schließlich wurde das fertige Heufuder noch auf allen Seiten „abgerecht", d.h. von losem Heu befreit, das beim „Einführen" noch herabfallen hätte können. Dann ging es ab in die Rehm. Bei größeren Bauern mit mehr als einem Pferd wurden die fertigen Fuder fortlaufend eingefahren, vom „Ableerer" und den „Räumern" mit Gabeln auf die Heustöcke befördert und dort verteilt (Gebläse, Aufzüge oder Förderbänder gab es ja zu der Zeit noch nirgends), während ein inzwischen geleerter Wagen wieder auf das Feld rollte. Bei den größten Bauern wurden auf diese Weise an einem Tage bis zu 50 oder mehr Fuder eingebracht. Selbstverständlich musste der „Ableerer" nicht nur stark, sondern auch ein Könner seiner Arbeit sein. Er war deshalb auch meistens besser bezahlt. Aber auch die „Räumer" auf dem Heustock hatten kein Honiglecken besonders dann, wenn das Heu weit zurück und in jeden Winkel gebracht werden musste. Sehr mühselig wurde es dann gewöhnlich für „Ableerer" und „Räumer" im Grummet, wenn die Stöcke bereits vom ersten Schnitt (Egartmahd) hoch waren und unter dem Dach noch der zweite Schnitt Platz finden sollte. Da kam es oft zum „Schoppen". Dazu und zum Heutreten wurden vielfach auch die Kinder herangezogen. Aus eigener Erfahrung weiß ich, dass dies keine leichte und angenehme Arbeit war.

Nur der „Peterer", welcher im Winter ca. 30 bis 35 Stück Vieh fütterte, zählte nicht zu den Großbauern, von denen vorher die Rede war. Deshalb gab es an keinem Tag so viel zu heuen. Allerdings standen dafür auch weniger Arbeitskräfte und nur ein Pferd zur Verfügung. „Bräunl", ein nicht mehr ganz junger Noriker, zählte sicher nicht zu den schnellsten Gäulen, aber die „Bremsen" und Fliegen setzten damals den Rössern so arg zu, dass selbst das ruhigste Pferd auf dem Feld aus dem Stampfen und am Zügel-Reißen nicht herauskam. Da half auch auf Dauer kein „Bremöl", mit dem Pferde an den empfindlichsten Stellen bestrichen wurden. Auch nicht das „Bremnetz" am Zaumzeug des Kopfes und am Kummet. Die maikäfergroßen „Saubremen" und unzählige, kleinere Quälgeister sowie Scharen von Fliegen ließen sich kaum abwehren.

Als „Viefohra" musste man nicht nur auf das erwähnte Kommando anfahren und halten und mit dem aus Rossschweifhaaren gefertigten „Fliegenwedl" möglichst viel lästiges blutsaugendes Ungeziefer erschlagen bzw. vertreiben. Dabei war es gar nicht so einfach das Pferd überhaupt zum Stehen zu bringen. Nicht nur einmal trat mir dabei der „Bräunl" mit einem Vorderhuf auf die Füße. Und meine Füße steckten in niederen Holzschuhen, von denen das Oberteil aus Leder bestand, das natürlich beim Gewicht des Pferdes kaum Schutz gegen den Huf bot.

Bei dem Kampf mit dem geplagten Gaul kam es dann oft vor, dass der Heuwagen weiter rollte als den „Aufwerfern" lieb war. Zum Glück waren diese Männer auf unserem Hof eher von der ruhigen Art, sie schimpften und brüllten nicht sofort, wenn das Pferd fast „durchging", was an besonders „bremigen" Tagen, wie vor Gewittern, passierte. Überall erging es in solchen Fällen den Buben nicht so gut ...!

Da uns – wie gesagt – nur das eine Pferd zur Verfügung stand, wurden meistens einige Wagen aufgeladen und dann nacheinander „eingeführt", oder auch bei den nahe gelegenen Feldern mit jedem fertigen Fuder in die Rehm gefahren bzw. in Stadeln abgeladen. Als ich schon länger am Hofe war, machte es mir viel Spaß, wenn ich einen geleerten Wagen zurück aufs Feld fahren durfte. Ich hatte dabei bald heraus, wie man das Pferd mit dem langen „Leitseil" lenkend auf dem Wagen stehen konnte, ohne das Gleichgewicht zu verlieren – auch bei schneller Gangart des Gauls.

Die Arbeit des Heueinbringens versuchte man übrigens so einzuteilen, dass möglichst wenig Leerlauf zwischen dem Beladen und Entladen der Heuwagen entstand. Deshalb wurden für die Heumahd gewöhnlich „Tagwerker" oder für die ganze Erntezeit „Sommermahder" angestellt, wenn auf dem Hofe selbst zu wenige Arbeitskräfte vorhanden waren. Wie viele fremde Arbeiter damals auf dem Petererhof beschäftigt waren, kann ich heute nicht mehr sagen.

Mein Einsatz zu Petern begann während der Halbtagsschule vor den Ferien erst am Nachmittag. Sofort nach dem Mittagessen zu Hause, rannte ich die ca. 1,5 km zu meinem Arbeitsplatz, sofern am Hofe Arbeit zu erwarten war. Nach der Heuarbeit auf dem Felde und fallweise auch noch in der Rehm, ging ich mehr oder weniger müde nach Hause, wo noch oft die Hausaufgabe wartete.

Voll in die Arbeit einsteigen hieß es dann in den Ferien. Während dieser zwei Monate blieb ich auch in der Nacht beim Peterer. Ungewohnt war mir das „wirkene" (grobleinene) Bett mit dem schweren „Goiter" (eine Art Steppdecke). Sonst fühlte ich mich in Reitham bald recht wohl. Bei der Arbeit und abends auf der Hausbank gab es immer etwas zu hören, das für einen zehnjährigen, äußerst neugierigen Buben von Interesse war. Männliche und weibliche Hilfskräfte konnten damals ja leicht für die Heuarbeit und den Getreideschnitt angeheuert werden. Speziell viele Arbeiterfrauen besserten sich so das Haushaltsgeld auf. Die meisten hatten ja, im Gegensatz zu heute, auch wenn sie keine Bauerntöchter waren, in der Kindheit und Jugend die Bauernarbeit erlernt. Auch meine Mutter kam öfters als Heuerin oder Schnitterin zum Peterer. Da gab es natürlich allerhand Gespräche, die es wert waren die Ohren zu spitzen.

Hier muss kurz eingefügt bzw. vorausgeschickt werden, dass 1932 noch überall im Bezirk Kitzbühel und so natürlich auch im Weiler Reitham, ein umfangreicher „Selbstversorger-Getreidebau" üblich war, der viel Handarbeit erforderte, besonders zur Erntezeit. Das Getreide wurde nur von Hand mit der Sichel geschnitten.

Ähnlich verhielt es sich mit der Heumahd. Auf größeren Bauernhöfen waren zwar pferdegezogene Mähmaschinen schon im Einsatz, meistens aber noch ohne Aufbau-Motor, sodass die Pferde nicht nur die Maschine selbst, sondern auch das Mähwerk bewegen mussten. Deshalb waren für solche Mähmaschinen zwei Pferde notwendig. Als dann später das Mähwerk mittels Benzinmotor angetrieben wurde, genügte meistens ein Pferd, da ja nur mehr die Maschine zu ziehen war. Es gab auch dann bald leichtere Mähmaschinen, die ohne Motor von einem Pferd bewältigt werden konnten. Die ersten handgelenkten „Motormäher" kamen bei uns erst nach 1938.

Beim Peternbauer war noch keine Mähmaschine im Einsatz. Die Mäher und Mäherinnen mussten deshalb bereits in der Morgendämmerung mit den Sensen ausrücken, sodass bis zum Frühstück eine schöne „Breite" darniederlag. Das blieb übrigens bei den Mähmaschinenbesitzern den Leuten trotz dieser Hilfe auch nicht erspart.

Meine Arbeit begann mit dem „Anworpen" der „Mahden", wozu eigene zweizinkige „Worpgabeln" verwendet wurden. Diese dienten anschließend auch zum „Anbrechen" der „Schieber" (Schöber), so ferne solche vom Vortag bereitlagen, was aber während der Hauptheuzeit fast immer der Fall war. Selbstverständlich blieb ich bei dieser Arbeit nicht dauernd allein.

Nachdem das „angebrochene" Heu (kleine Haufen) gut abgetrocknet war, musste dieses meist noch vor dem Mittagessen gewendet werden. Das geschah zum Teil mit dem Pferde-Gabelwender, der übrigens die einzige Heumaschine auf dem Hofe war. Dazu wurden noch alle verfügbaren Arbeitskräfte für das händische „Wenden" oder „Umkehren" mit dem Rechen eingesetzt. Auch ich lernte diese Arbeit bald. Nebenbei bemerkt, gab es noch eine Abart des Heuwendens, das sogenannte „Zoasn". Dabei wurde das Heu nicht nur gewendet, sondern darüber hinaus zusammengeballte Heuschöpfe mit dem Rechen auseinandergeschlagen. Notwendig war diese Prozedur vor allem dann, wenn das Heu längere Zeit „verregnet" wurde und der Gabelwender geländebedingt nicht eingesetzt werden konnte bzw. das Pferd geschont werden musste, oder der Gabelwender zu wenig sauber arbeitete (bei langsamer Fahrt).

An normalen Sonnentagen galt es nach dem Mittagessen, zunächst das neugemähte Futter erstmals zu wenden. Gemäht wurde ja bis in den Vormittag hinein, solange die „Schneid" anhielt. Das war in der Regel so lange, bis die letzte Nachtfeuchtigkeit im Gras verdunstet war. Inzwischen, je nach Witterung und Sonne, wurde bald mit dem „Zusammenschlagen" des zum „Einfahren" reifen Heus begonnen. Normalerweise waren zwei Sonnentage zum Trocknen notwendig, „einsonnig" wurde auf den „Egarten" nur ausnahmsweise geheut, auf den mageren Wiesen öfter.

Zwei Leute von je einer Seite rechten das Futter zu einem größeren „Schwad" (Zusammenschlagzeile) zusammen. Nun konnte der Heuwagen in Aktion treten, wie schon beschrieben. War „aufgeheut", d.h. wenn sich alles für den Tag „hergerichtete" Heu in der Rehm bzw. auf den Wägen befand, konnte sich ein Teil der Belegschaft wieder dem am Morgen dieses Tages gemähten Gras zuwenden, das ja mittlerweile schon als „Halbheu" zu bezeichnen war. Dieses musste nun für die Nacht noch „geschiebert" (geschöbert) werden, wozu zwei Arbeitsgänge erforderlich waren. Zunächst wurden „Schieberzeilen" gerecht. Dazu machte jeder von uns Beteiligten einen kleineren Schwad, diesmal alle in einer Richtung den Rechen führend. War diese Arbeit erledigt, nahm sich jeder jeweils eine Zeile vor, machte im Gehen einen Rechenstrich in dieser Richtung, blieb kurz stehen und holte aus der Gegenrichtung einen Rechen voll Heu, das dann mit einer leichten Drehung auf das bereits von der anderen Seite herangezogene Häufchen gesetzt wurde. So entstanden die „Schieber".

Man machte sie eigentlich, um dem Tau der Nacht bzw. eventuellen Regenfällen möglichst wenig Fläche zu bieten. Wer einige Übung hatte, brauchte allerdings beim „Schiebervorgang“ oder „Haufen“, wie auch gesagt wurde, kaum mehr stehen bleiben, so flott gingen die Arbeitsvorgänge ineinander. Bei der Heuarbeit war mir das immer die liebste Beschäftigung. Da der „Viefohra“ daneben auch eine Art Laufbursche war, musste ich zwischendurch auch Wasser tragen und sonstige Gänge verrichten.

Beim Getreideschnitt war das „Garbentragen“ und zuletzt das „Ächerklauben“ (Ährenklauben) eine meiner Aufgaben. Es wurde ja damals überall darauf geachtet, dass tunlichst keine von den Halmen abgebrochenen Ähren auf dem Acker zurückblieben. Nachdem das Getreide mit der Sichel geschnitten war, blieben zunächst die ca. 40 cm hohen Halmreste („Haim“ genannt) stehen, die später mit der Sense gemäht wurden. Vorher suchte man aber den Acker bzw. das Stoppelfeld noch genau nach Ähren ab. Dies geschah morgens, solange das Feld taunass war. Was dabei noch nicht ins Blickfeld der „Ährenklauber“ fiel, hoben dann noch die „Haimmahder“ auf. Man konnte deshalb Mäher sehen, die aus Gründen der Zeitersparnis die so gesammelten Ähren einfach bis zu einem geeigneten Ablegeplatz mit den Zähnen festhielten und so weitermähten. So sparsam ging man damals mit dem „Täglichen Brot“ um!

Der Peternbauer hat in jener Zeit alle in der Gegend gedeihenden Getreidearten wie Weizen, Roggen, Gerste und Hafer angebaut. Außerdem auch etwas Flachs und Hanf sowie Kartoffeln und Rüben. Alles war hauptsächlich für den Hausgebrauch bestimmt. Verkauft hat er nur Kartoffeln, weil diese auf einem Teil seiner Felder besser gediehen, als auf vielen anderen Höfen des Gebietes.

Das im Weiler Reitham relativ günstige Kleinklima zeigte sich auch im Obstbau. Der Hoferbe Andrä, damals noch ledig, befasste sich außerhalb der notwendigsten Feldarbeit viel mit dem ausgedehnten Obstgarten, in dem gut gepflegt verschiedene Obstarten und -sorten vorkamen, die sonst eigentlich in der klimatisch für den Obstbau ungünstigen Lage St. Johanns kaum vorkamen. Seine zweite Vorliebe galt den vielen Bienenvölkern, die auch wesentlich zum Obstertrag beitrugen. In den Wintermonaten und bei Schlechtwetter beschäftigte sich Andrä viel mit der Weberei, wobei er der Tuchweberei nachging, sein Bruder Seppei jedoch hauptsächlich Fleckerlteppiche „wirkte“. Ich hielt mich bei jeder Gelegenheit gerne in diesen Nebenarbeitsbereichen auf, besonders natürlich, wenn es zum Honigschleudern oder zur Obsternte kam.

Aber wieder zurück zur Feldarbeit:

Soweit diese im Zusammenhang mit dem Getreidebau steht, werde ich bei späterer Gelegenheit und andernorts noch ausführlich darauf zu sprechen kommen.

So wie überall in der Gegend kamen auch beim „Peterer" nach dem Egartheu und der Hauptgetreideernte zunächst die „Schmelchen" (einmähdige Wiesen) und die „Mööser" (vernässte Flächen) zur Aberntung. Ein Teil davon befand sich auf dem, damals noch zu Petern gehörenden „Feilmoos", einer ca. 6 Hektar großen Bergwiese. Dieses Grundstück, das unterhalb der Fraktion „Scheffau" liegt, bestand aus mäßig bis steilen Hängen und ca. 1,5 Hektar Moos. Ein Teil der trockenen Hänge wurde sogar ackerbaulich genutzt, vor allem kam Hafer zum Anbau. Für die Heuernte musste teilweise die „Schloapf" (Heuschleife) verwendet werden. Das Heu kam im Herbst und Winter im „Feilmoos-Stall" an das Galtvieh zur Verfütterung. Jedenfalls war der Arbeitsaufwand hier relativ hoch; umso mehr, als es ja auf diese hauptsächlich von Wald umschlossene Wiese, keinen Zufahrtsweg im heutigen Sinne gab.

Nach der „Schmelchenmahd" bzw. dem Abheuen der Egartflächen auf dem Feilmoos reifte im Tal bereits der Hafer heran und auch das Grummet sollte noch unter Dach gebracht werden. Der „Hoor" (Flach, Lein) war inzwischen auch schon „gerauft", also ausgerissen worden.

Das Grummetheuen empfand ich gegenüber dem Egartheu geradezu als Erholung. Jetzt war es nicht mehr so heiß, oft wehte schon ein kühles Lüftchen. Dadurch verringerte sich die Ungezieferplage. Es gab weniger Bremsen und die wenigen waren auch nicht mehr so „bös". Auch sonst fiel die Arbeit leichter. Der Heuertrag war damals im zweiten Schnitt durchwegs nicht sehr ergiebig. Ich erinnere mich noch gut, dass auf einigen Egarten im Spätsommer der „Augentrost" und andere Magerpflanzen zum Bestand gehörten. Das kam daher, dass zu jener Zeit der Acker gegenüber dem Grasland absolut Vorrang hatte, was auch in der Düngung zum Ausdruck kam. Außerdem wirkte es sich auf den Grummetertrag negativ aus, dass mit dem ersten Schnitt allgemein sehr spät, kaum vor Sonnwend bzw. Peter und Paul, also mindestens 3 bis 4 Wochen später als heute begonnen wurde. Die Zeit für den zweiten Aufwuchs war dementsprechend kurz. Einen dritten Schnitt gab es deshalb in unserer Gegend früher überhaupt kaum. Dies änderte sich nach dem 2. Weltkrieg mit der Auflassung des Ackerbaues, durch bessere Düngung und Vorverlegung der Schnittzeiten beim Dauergrünland, in das die ehemaligen

Egarten (ackerbares Land) übergeführt wurden. Bei Zweischnittnutzung steht jedenfalls heute meistens in der „Herbstweide" mehr Gras als früher im Grummet. Die erste Herbstweide bekam man übrigens vom Roggenfeld des Jahres, weil diese Getreideart als erste, ca. ab dem 20. Juli zur Aberntung kam und der Acker hernach der Naturberasung überlassen wurde, wie dies bei der sogenannten „Naturegartwirtschaft" üblich war. Danach folgten die Weizen- und Gerstenäcker. Die Gräsung von diesen „Neuen Egarten" nannte man „Riegweide". Diese bot für das Almvieh, welches je nach Witterung gegen Ende September abgetrieben wurde, bereits gute Weidemöglichkeit bis dann auch die übrigen Felder „zugerauht", d.h. nachgewachsen waren.

Daneben begann wieder der Anbau des Wintergetreides, zuerst des Roggens, dann des Weizens. Die für die Wintersaaten vorgesehenen „Länder", besonders die Roggenegart, mussten hinsichtlich der Schnittzeit entsprechend berücksichtigt werden. So erfolgte auch der zweite Schnitt unter der Bezeichnung „Tratten-Grummet" zuerst und etwas früher als normal.

Für mich war inzwischen die Ferienzeit vorbei und ich kam nur mehr im Bedarfsfalle nachmittags oder sonst in der schulfreien Zeit zum Kühhüten, Mithelfen bei der Obsternte und beim Kartoffelklauben, zum Entsteinen der Äcker usw. auf den Hof. Auch als „Vorgeher" beim Säen war ich meiner Erinnerung nach tätig. Zu den dringendsten Arbeiten konnte man auch tageweise eine Schulbefreiung erreichen, wie etwa zur Zeit der Kartoffelernte, zum Almabtrieb und dgl.

Einmal bekam ich zum Viehtreiben anlässlich eines „Fieberbrunner-Marktes" frei. Der Tag ist mir deshalb so gut in Erinnerung geblieben, weil der „Treiberlohn" 5 Schillinge ausmachte, für die damalige Zeit und für einen 10 bis 11jährigen Buben sehr viel Geld. Ich bekam diese Summe vom Peternsohn „Christa", dem späteren Mann von Elise Obermoser, der im Sommer gemeinsam mit seinem Bruder Hans das Almvieh betreute, sonst aber sich etwas mit dem Viehhandel beschäftigte. Dieser Markttag verlief für ihn sehr zufriedenstellend, was mir also auch zugutekam.

Diese beiden Peternsöhne wurden dann Opfer des 2. Weltkrieges. Hans war passionierter Jäger gewesen und übte das Waidwerk auch auf der Eigentumsjagd „Ober-Raintal" aus. Seine umfangreiche Trophäensammlung zog mich natürlich gewaltig an.

Aber um nochmals auf den Treiberlohn von 5 Schillingen zurückzukommen:

Der erschien mir schon deshalb als sehr hoch, weil ich ja sonst für den ganzen Sommer kaum mehr als 1 bis 2 Schillinge für meine Arbeit als Viefahrer erhielt. So genau weiß ich das aber nicht mehr. Vielleicht gab es auch nur die „Kost" und fallweise Naturalien wie Butter, Eier, Milch, Obst, Honig und Kartoffeln, wie das ja in einer Zeit äußerster Geldknappheit vielfach üblich war. Was die Verpflegung anbelangt, gab es wohl auch bessere Plätze. Das „Kirchtagsessen" war aber an Reichhaltigkeit und Güte kaum zu überbieten:

Nach ca. 8 bis 10 Gängen, die von einem „Voressen" (Beuschel) eingeleitet wurden, kamen zum Schluss noch „Hünkige Apfelküchl" (Apfelküchel mit Honig) und zum Trinken sogar Met. Mir wurde von dem vielen und ungewohnt üppigen Essen sterbensübel.

Zusammenfassend möchte ich über meine „Viefohrazeit" zu Petern sagen, dass ich in den zwei Sommern 1932/33 allerhand sehen und lernen konnte und mir die Arbeit, wenn auch teilweise zu schwer, doch in dem Gefühl etwas geleistet zu haben, Freude machte.

* * *

St. Johann in Tirol, Weiler Reitham, 1. Hof von links: Peternbauer, als „Vorfahrer" 1932 und 1933.

St. Johann in Tirol, Weiler Oberhofen, ca. 1950,
der „Wießbaum" sichert das fertige Heufuder bei der Heimfahrt.

St. Johann in Tirol, 1938,
Heuarbeit am Hof „Paulern", der „Viefahrer" bei den Pferden.

„Viefohra“ beim Peternbauer

„Einholzen“ – auch eine Kinderarbeit – sicher nicht schädlicher als mancher zu früh geübte „Leistungssport“.

St. Jakob in Haus, „Sanhartbauer“, ca. 1960, Heuwenden („Zoasn“).

St. Johann in Tirol, Roggenschnitt, 1953, re. – li.: Pletzer Sebastian, geb. 1905, „Binder" St. Johann in Tirol; Tochter Anna; Luzie, Frau Pletzer; Midi Innerkofler (Egger Midi); Nani Wörgötter.

St. Johann in Tirol, Almdorf, Anfang 1930, Frühjahrsanbau am Lechnerfeld.

St. Jakob in Haus, ca. 1950,
„Weizenjäten".

Oberndorf in Tirol, Ried Bichlach,
ca. 1955, Haferschnitt mit „Schöbern".

St. Johann in Tirol, Baumoosvieh auf der Herbstweide, 1951/52,
die Buben sind als „Kühhüter" immer gefragt.

Erholung auf Almen im Hörndler-Graben und interessante Begebenheiten aus jener Zeit

Wie sich zeigte, war ich durch die Arbeit am Peternhof körperlich doch etwas überfordert. Aus diesem Grunde setzte sich mein Vater dafür ein, dass ich im Sommer 1934 während der Ferien zu einer Alm-Sommerfrische kam.

Damit begann eigentlich meine spätere Laufbahn als „Alminger". Etwas auf den Geschmack war ich ja schon einige Jahre früher gekommen. So verbrachte ich als Neunjähriger einen Teil der Ferien auf der „Krepperalm" in Erpfendorf, wo unsere Hausfrau Nani die Stelle der Sennerin bekleidete.

Ein Jahr früher betreuten Nani und ihr Mann Seppei für die Grubalm- und Farmangerbauern das Galtvieh auf dem „Jufen" und dem „Kar". Auch dort war ich einige Zeit Gast. Jedenfalls hat es mich zum Almleben schon immer hingezogen. Bereits im frühen Kindesalter waren mir die liebsten Spiele: Almhütten mit Fichten- und Tannenzapfen als Kühe bzw. Stiere. Viele Tage beschäftigte ich mich gemeinsam mit anderen Buben im Wald, die entsprechenden Ställe zu bauen, das Vieh aus- und einzutreiben, sowie auch sonst möglichst nachzuahmen, was es auf der Alm an Arbeit gab. Im Herbst veranstalteten wir regelrechte Almabtriebe. Im Winter wurden solche Spiele in der Küche veranstaltet. Rosskastanien, die im Herbst damals häufiger zu finden waren als heute, stellten das Vieh dar. So mancher Kastanienbaum in St. Johann musste ja bereits dem zunehmenden Straßenverkehr oder Baumaßnahmen weichen. So auch jener, der zuletzt auf der Verkehrsinsel Fieberbrunn-Bahnhofstraße gegenüber dem Gemeindeamt stand.

Nun sollte ich also erstmalig die ganzen Sommerferien auf einer Alm verbringen dürfen, noch dazu im Hörndler-Graben, einem echten Almgebiet. Die „Krepper-Alm" zählte ja zu den sogenannten „Brat-Almen". So wurden diese kleinen, niedrig gelegenen Almen genannt, die unmittelbar an die Talregion grenzen. Dort war auch von der frischen Almluft noch wenig zu spüren. Die Bezeichnung „Brat-Almen" kommt wohl von der „brütenden" Hitze, die dort bei längeren Schönwetterperioden herrscht.

Von vorneherein hatte mein Vater also für diesen Sommer mit zwei ihm gut bekannten Bauern aus Pfaffenschwendt vereinbart, dass ich je vier Wochen auf ihrer Alm als „Sommerfrischler" bleiben könne. So kam ich zuerst auf die „Wörgött-Alm", die dann später im

Zusammenhang mit dem Magnesitabbau zur „Fritzalm“ (Weissensteinalm) kam. Dort bestand das Almpersonal aus dem Melker Mascht (Martin), einem Bruder des Bauern und dem Kühbub „Baschti“ (Bartlmä), der auch ein engerer Familienangehöriger war. Die Milch wurde täglich zu „Speerkas“ (Magerkäse) verarbeitet.

Ich war gleich mit Begeisterung dabei, dem Kühbub beim Kühtreiben und „Stallscharren“ (Ausmisten) zu helfen. Beim Melken machte ich mich als „Motzer“ (Anrüster) nützlich. Zu meinen täglichen Aufgaben gehörte noch, gutes Trinkwasser von einer entfernter liegenden Quelle zu holen. Selbstverständlich gab es auch kleinere Obliegenheiten in der „Hütte“ zu erledigen. Ich tat dies alles gerne, denn für mich war einfach alles interessant. Bei Schönwetter streifte ich in der Freizeit gerne durch den nahegelegenen Wald, um „Kaupech“ zu suchen und allerhand zu beobachten. An Regentagen beschäftigten wir uns mit Kartenspiel und sehr gerne auch mit dem Brettspiel „Fuchs und Henne“. Beide Spiele erlernte ich hier vom Melker und dem Kühbuben. Auch Lesestoff war genug vorhanden, besonders hatte es mir der Reimmichl-Kalender und verschiedene „Universal-Kalender“ angetan. Soviel ich mich erinnern kann, faszinierte mich am meisten der „GEMSENHIRT“, ein Roman von Reimmichl.

Eine lustige Begebenheit aus dieser Zeit, welche ich schon öfters erzählte, ist mir besonders im Gedächtnis geblieben:

An einem Sonntag kam eine lustige Gesellschaft von Heimingern aus Hochfilzen auf Besuch. Die Männer und Frauen, etwa zehn an der Zahl, hatten bereits im „Seehäusl“ (Wildseeloder-Hütte) Einkehr gehalten, waren selbst auch noch mit Schnaps ausgerüstet und deshalb in bester Stimmung, d.h. manche nicht mehr ganz nüchtern. Auf allgemeinen Wunsch musste „Mascht“ eine große Pfanne voll „Mus“ (Schmarren) mit darüber gestreuter „Granggl“-(Preiselbeer)Marmelade kochen. Vorauszuschicken wäre noch, dass alle ihr gutes Sonntagsgewand anhatten. Die Weiberleut trugen über den Röcken noch schöne, seidene „Fürter“ (Schürzen).

Wie also die ganze Runde um den Tisch Platz nahm, auf dem die Pfanne mit dem leckeren Mahl stand, musste einer von den Männern, welche auf der Bank hinter dem Tisch saßen, noch dringend austreten. Um die anderen nicht zu belästigen, wollte er dabei den kürzesten Weg nehmen und einfach mit einem Schritt von der Bank über den äußeren Tischrand, zwischen den etwas auseinandergerückten Frauen, auf den Boden springen. Weil er aber nicht mehr ganz sicher auf den Beinen stand, traf er anstatt der Tischplatte den

Pfannenrand. Die Muspfanne kippte deshalb mit Schwung nach außen, wodurch das ganze „Grangglmus" auf den Seidenschürzen der dort sitzenden Frauen landete. Man kann sich das Geschrei und Wehklagen der unglücklichen Damen vorstellen, deren teure „Fürter" durch das fette Mus und die Marmelade total ruiniert waren. Für manche in der damaligen Zeit wohl auch ein sehr schmerzlicher finanzieller Verlust!

Auf der oberhalb der „Wörgött-Alm", auf dem Gebiete der „Weißenstein-Alm" (heute Fritz-Alm), wo dann später der Magnesitabbau begann, hat mich damals dieses weiße und weiche Gestein sehr interessiert. Eine Wanderung führte mich auch zu der am Ostabhang des Weißensteins gelegenen „Schmerl-Alm", die sich heute im Besitze der ÖAMAG bzw. ÖMAG befindet. Sie war als sehr „gutgräsig" bekannt, d.h. es wuchsen auf diesem „Aibi" (Älpchen), dessen kleine Hütte sich romantisch in die schöne Umgebung schmiegte, besonders wertvolle Gräser und saftige Kräuter, sowie eine besonders reichhaltige Alpenblumensammlung. Ein Teil davon ist jetzt leider unter Abraummaterial vom Magnesit-Bergwerk begraben.

Zu den Ausflügen in die nähere Umgebung gehörte auch der Weg über die „Hochhörndler-Alm" und das „Hörndl" zum Wildseeloder-see, dem romantischen Bergsee, auf dem eine Bootsfahrt und die Einkehr im „Seehäusl" zu den schönen Buben-Erlebnissen zählten.

Nur ungern übersiedelte ich hinaus auf die „Leandl-Wald-Alm", die linksufrig des Hörndler-Graben-Baches zwischen den sogenannten „Schreienden Brünnen", angeblich einem unterirdischen Abfluss des Wildsees und der „Eisernen Hand" liegt, höchstens 15 Gehminuten vom Bach entfernt. Das Vieh wurde vom Melker Toni betreut, einem älteren Junggesellen, der auch die Milch verarbeitete. Mit ihm verstand ich mich bald sehr gut. Ich war ihm ja eine willkommene Hilfe beim Kühtreiben, Melken der 10 bis 12 Geißen und sonstigen Arbeiten. Von mir aus gesehen war der Mann deshalb interessant, weil er im 1. Weltkrieg lange Zeit in russischer Gefangenschaft verbracht hatte und deshalb viel und spannend zu erzählen wusste. Auch sprach er nach meinem Empfinden sehr gut russisch, wovon er mir auch einiges beibrachte.

Ich spitzte die Ohren, als mich mein Vater ein- oder zweimal besuchte und dabei mit dem Toni auch russisch redete, das er ja nach 6-jähriger Gefangenschaft noch einigermaßen beherrschte. Nebenbei besaß Toni ein Flobertgewehr, mit dem er einmal von der Hütte aus einen Hasen schoss, der sich am Klee des großen „Mahds" (Bergwiese), das unterhalb der Hütte lag, gütlich tat. Ich hatte ihn im Verdacht, dass er auch sonst gelegentlich wilderte. Auf alle Fälle gefiel es mir auch bei ihm sehr gut, ja es war sogar noch aufregender als auf der ersten Alm.

Zum Anfang meines Dortseins: Meine Schlafgelegenheit, eine „Granse" (primitives Bett aus Brettern, gefüllt mit Stroh oder Heu) befand sich ganz hinten auf der „Hoss", dem Heuboden über dem „Hag" (Kuhstall). Bei Regenwetter, wenn die Tropfen auf das Schindeldach prasselten, fühlte man sich da oben normalerweise so richtig wohl und geborgen. Andererseits war ich nicht ganz frei von Aberglauben und Geisterfurcht. Die Ursache dafür war vermutlich mein vieles Lesen von schauerlichen Geschichten. Zusätzlich trug aber auch bei, dass zu der Zeit auf den Almen, wenn man abends an der „Ess", der offenen Feuerstelle zusammensaß, allerhand angeblich wahre Begebenheiten in dieser Richtung erzählt wurden. So etwa vom „Almputz", den „Kasermandeln", der „Wintersennin" usw.

Solche Dinge beschäftigten natürlich die Phantasie eines Buben meines Alters. Es passierte aber einige Zeit nichts! Ich war abends müde, schlief immer sofort ein und hörte die ganze Nacht nichts.

Eines Abends aber, es war mondhell, konnte ich länger keinen Schlaf finden. Da hörte ich plötzlich außerhalb der Hütte – und zwar an der linken Seite, wo meine Liegestatt stand, sonderbare Geräusche. Es klang, als wenn dort jemand über den steinigen Boden mit den damals ja genagelten Holzschuhen ständig auf und ab ginge. Zuerst glaubte ich, es sei der Melker, welcher draußen noch etwas zu tun habe. Aber die Schritte schienen nicht aufzuhören. Unablässig hörte ich trap, trap, trap ... Langsam wurde es mir unheimlich. Ich zog den „Goiter" über den Kopf und schlief schließlich ein. In der nächsten Nacht wiederholte sich das Unheimliche! Jetzt horchte ich von vorneherein auf die Tritte, die nur von einem Geist kommen konnten! Meine Phantasie gaukelte mir allerhand vor, mich gruselte in meinem einsamen Bett. Dem Melker wollte ich mich nicht anvertrauen, weil ich fürchtete, ausgelacht zu werden. Das ging nun einige Nächte wo weiter. Ich konnte schließlich nur einschlafen, wenn ich mir die Ohren zuhielt und unter die Decke kroch. Bald sah ich jedoch, dass diese Nächte kein Dauerzustand bleiben konnten. Am Morgen sah ich nicht sehr gut aus, was auch der Melker bemerkte.

So beschloss ich mit Todesverachtung der Sache auf den Grund zu gehen und dem „Geist" kurzerhand entgegenzutreten. Von diversen Geschichten her wusste ich ja, dass man mit dem Anruf „Alle guten Geister loben Gott den Herrn" sozusagen unangreifbar wurde. Als wieder die gefürchteten Schritte zu hören waren, stieg ich kurz entschlossen, allerdings mit einem sehr unguten Gefühl, durch die rückwärts ins Freie führende Tür und leuchtete mit der Taschenlampe um das Hütteneck und die ganze Längsseite hinunter. Von einem Geist keine Spur! Ich hörte aber ganz deutlich wieder das Geräusch. Als ich diesem nachging, stellte sich die Ursache bald heraus: An der Stallseite befand sich auch der Geißhag, wo die Ziegen in der Nacht eingesperrt wurden. Das war also des Pudels Kern! Beim Wiederkauen, wenn sich der Unterkiefer bewegte und die Mahlzähne aufeinandertrafen gab es diesen Ton, der wie das von mir gehörte Tappen von Holzschuhen auf dem steinigen Boden klang. Mir fiel ein Stein vom Herzen und der ungestörte Schlaf war gerettet.

Dem Melker Toni gegenüber habe ich selbstverständlich weiterhin über dieses Abenteuer Stillschweigen bewahrt, obwohl wir sonst allerhand beredeten.

Toni sprach gerne auch über die politischen Verhältnisse dieses ereignisreichen Jahres 1934. Das konnte er deshalb, weil er regelmäßig Zeitung las. War doch erst am 25. Juli bei dem nationalsozialistischen Putschversuch in Wien der Bundeskanzler Engelbert Dollfuß ermordet worden und hatte am 30. Juli 1934 Dr. Kurt Schuschnigg seine Nachfolge angetreten. Also schicksalsschwere Tage, wie sogar ich mitbekam!

Einige Jahre später im Herbst 1937, zur „Granggl-Zeit", gab es übrigens im Hörndler-Graben einen Mordfall, der die Gemüter der Bevölkerung ungemein erregte: Die Frau des Bahnbediensteten Hans Neuner aus St. Johann war mit ihrer Tagesausbeute an Preiselbeeren auf dem Heimweg, als sie von einem ebenfalls in St. Johann wohnenden Burschen brutal erwürgt und ihrer Beeren beraubt wurde. Man fand die Frau im Bachbett nahe der Pulvermacheralm. Der Mörder konnte bald ausgeforscht und verhaftet werden.

Am 1. August 1934 wurde über die „Drei Teufel von Hopfgarten" (Lechner, Bachler und Clementi) das Urteil gesprochen, die von 1929 bis 1933 ihr Unwesen getrieben hatten. Die vielen Brandstiftungen und sechs Morde in Hopfgarten hatten über vier Jahre lang nicht nur in der unmittelbar betroffenen Gemeinde für ständige Aufregung und Angst gesorgt.

Aber auch sonst war das eine ungute Zeit. Im Mai 1933 gab es in Österreich rund 334.000 unterstützte Arbeitslose, darüber hinaus noch fast so viele „Ausgesteuerte", die in bitterster Armut lebten und zum Teil die Straßen als Bettler bevölkerten.

Da wir ja neben der vielbegangenen Fieberbrunnerstraße wohnten, klopften an unsere Türe täglich einige von ihnen, an manchen

Tagen waren es auch mehr. Ihr Sprüchlein: „A armer Arbeitsloser oder Ausgesteuerter tat bitten um a Klanigkeit“, habe ich noch heute im Ohr. Bessere Bettler, meistens Studenten, arbeitslose Lehrer, auch Akademiker usw. boten oft als Gegenleistung musikalische und gesangliche Darbietungen. Von Zeit zu Zeit machten auch „Bärentreiber“ die Runde. Der an einer Kette mit Nasenring geführte „Tanzbär“ musste sich nach den Klängen einer Tamburizza, die sein Herr schlug, drehen während die Begleiterin die wenigen Groschen einsammelte. Für uns Kinder jedenfalls waren diese Auftritte immer ein Mordsgaudium.

Daheim hatten wir, obwohl selbst nicht reich, immer ein kleines Gefäß mit Ein- und Zweigroschenstücken für die noch Ärmeren bereit. Allerdings bekam kein Bettler mehr als einen oder zwei Groschen, fallweise auch etwas zu essen. Die Bettler hatten auch ihre bestimmten Schlafplätze, meistens bei Bauern. Eine sehr beliebte Schlafstelle war unser Nachbar, der „Baumooser“.

Ich möchte gerne wissen, wie viele solcher „Schnallendrücker“ oder „Fechtbrüder“, wie die Bettler auch genannt wurden, später in achtbare Positionen aufstiegen. War es unter den damaligen Umständen abwegig, dass der Nationalsozialismus gerade unter den Akademikern auch viele Anhänger fand, die im Anschluss an Deutschland ihr Heil erblickten? Tatsache ist, dass in Deutschland nach der Machtübernahme Hitlers am 30. Jänner 1933 die Zahl der Arbeitslosen rapide zurückging und anscheinend das erste „Wirtschaftswunder“ geschah!

* * *

Gemeinde Fieberbrunn, „Wörgött-Alm", 1956,
Josef Wörgötter als 12-Jähriger auf 4 Wochen Erholung (1934).

Kössen, „Grünbachalm" (Bratalmei), ca. 1960.

Fieberbrunn, Wildseeloder-See und –Schutzhaus, 1936.

Fieberbrunn, Almgebiet um den Wildseeloder, 1930er-Jahre, eine lustige Runde, wie sie am „Loder" oft zusammenkamen: 2. Reihe 3. v. li.: Wörgötter Stefan „Schulhaus Steff", Hochfilzen (Vater meiner Cousine Elsa); 2. R. 4. v. li.: Wörgötter Sebastian „Schulhaus Wast", Hochfilzen (Bruder von Stefan); 3. R. 1. v. li.: Dag Michael „Fiechter Mich", St. Johann in Tirol; 3. R. 7. v. li.: Wieshofer Max, Fieberbrunn.

Gedenkstätte anlässlich der Ermordung des Bundeskanzlers Dr. Engelbert Dollfuß, 1934.

Bärentreiber in St. Johann in Tirol, ca. 1933/34.

Kirchberg in Tirol, „Stöcklhof", 1930, Bettler mit Zither.

Bettler waren in der Notzeit der 1930er-Jahre alltäglich.

St. Johann in Tirol, Berglehen, ca. 1935, eine willkommene Erwerbsmöglichkeit in einer Zeit mit vielen Arbeitslosen: „Schiträger" zur „Angerer-" und „Stangl-Alm".

Herbstliches Brauchtum

Wieder daheim reizten uns Buben die Herbstwinde, wie jedes Jahr, wieder zum Bauen und Steigenlassen der „Drachen". Gekaufte Drachen kamen damals ja kaum in Frage. Auf den Beginn der Herbstzeit freute sich die Schuljugend vor allem auch wegen der gegen Ende September zu erwartenden „Almfahrten" (Almabtriebe), die damals ja noch ungehindert durch Motorfahrzeuge stattfinden konnten. Voraus die Geißen, welche auf kaum einer Alm fehlten, getrieben vom Kühbuben, soweit auf der betreffenden Alm vorhanden, dem „Geißer" (Geißbuben), denen in der Regel die aufgebüschten und das Geläut tragenden Kühe folgten. Der dumpfe Klang der bauchigen großen „Tuschglocken" bzw. der länglichen „Keil" gaben bei einem gut zusammengestimmten „Geläut" gemeinsam mit den heller tönenden, in der Form den Kirchenglocken ähnlichen „Speisglocken" ein harmonisches Klangbild, wenn die Glockenkühe zügig einherschritten. Man hatte dabei echt das Gefühl, dass die Glocken und Buschen von den Kühen mit Stolz getragen wurden. Untermalt wurde das Glockengetön durch die „Schalpern" und „Speisglöcklein", welche die Hälse von Galtvieh und Geißen zierten. Zwischen diesen und dem nachfolgenden Kuh- und Jungvieh, wo meistens auch der Stier nicht fehlte, der zur Feier des Tages einen alten Melkhut als Glocke trug, gingen weitere Treiber. Den Schluss bildete meistens der Melker, der im Bekanntenkreise die „Schnapsglocke" (Flasche) herumreichte oder die Sennerin, sofern diese Weibsperson nicht weiter hinten mit dem Nachtreiben der Schweine beschäftigt war, was allerdings nur beim Abtrieb von näher gelegenen Almen geschah. Für sehr lange Wegstrecken bis zum Heimhof fehlten den „Almfaken", wenn sie auch den Sommer über viel im Freien herumliefen, doch die Voraussetzungen. Sie wurden deshalb in solchen Fällen in Kisten auf einem „Alpwagerl" befördert.

Diese pferdegezogenen Gespanne, kleine vierrädrige eisenbeschlagene Leiterwägelchen, bildeten für gewöhnlich den Abschluss einer Almfahrt, kamen aber immer noch vor dem „Fakentrieb", wenn es einen solchen gab. Auf den „Alpwagerln" waren all die Dinge verstaut, die im Sommer nötig waren und nicht auf der Alm überwintern konnten, wie Truhen der Alminger, das kleinere Milch- und Kochgeschirr, „Rührkübel" (Butterkübel), Bettzeug usw. Auf dem Gefährt saß auch meistens der „Putzer", da es sich bei dieser, für die Pflege der Almweiden wichtigen Person, oft um ältere Männer handelte.

Uns Kinder interessierte vom Almpersonal am meisten die Sennerin oder „Schoßdirn“ (Sennerin in einer Almhütte, wo Schweizerkäse bzw. Bergkäse erzeugt wurde). Von dieser erhofften wir immer, einige der begehrten „Almnüßl“ zu ergattern.

Rezept nach Angabe einer langjährigen Sennerin:

Aus ca. 1 kg Weizenmehl, 4 bis 5 Eiern, Salz, Rahm und etwas Zucker – dünne Würstchen auswalken. Davon unter Drehen des Teiges kleine Stückchen mit der Schere abschneiden, sodass die Nüßl die Form eines verdrehten Kopfpolsters erhalten. Diese nun in einer Metallseihe im heißen Fett (Butter, Kunstfett, Öl) leicht anbräunen. Die Nüßl sollten die Größe eines halben Haselnußkernes haben.

Nachdem damals noch das gesamte Almvieh auf der Straße getrieben wurde und ein Großteil der Almfahrten aus dem Fieberbrunner Gebiet zu den Bauern westlich und südlich von St. Johann durch unseren Ort mussten, rissen an „Treibtagen“ (Montag, Mittwoch, Freitag, Samstag) die Almfahrten um die Mittagszeit kaum ab. Zum Gaudium von uns Buben, wenn wir zeitgerecht aus der Schule kamen. Sonst hatten es die Lehrpersonen in diesen Stunden nicht leicht. Sobald in der Ferne das Geläute einer Almfahrt zu hören war, konnte uns der interessanteste Unterrichtsstoff nicht mehr fesseln. Es gab dann keine größere Strafe, als während des Vorbeizugs von Almvieh sitzen bleiben zu müssen. Das war aber nur selten der Fall. Meistens durften wir ja vom Fenster aus das fröhliche Treiben auf der Straße beobachten.

Nicht immer ging es aber bei dem Abtrieb so lustig zu. War im abgelaufenen Jahr jemand aus dem Hause des Almbauern verstorben, so trugen die Kühe Kränze mit schwarzem Papierbehang. War auf der Alm ein Stück Vieh abgestürzt oder sonst zu Tode gekommen, man war also „unreimig“ gewesen, so gab es überhaupt kein „Aufbüschen“ und keine lustige Heimfahrt.

Die schön aufgebüschten Almfahrten zogen uns Buben außerhalb der Schule magisch an! Dabei gab es einen Sport, den sich besonders die Dorfbuben gerne leisteten. Es ging dabei darum, von den Almbuschen möglichst etwas von den bunten Papierbändern zu „rupfen“. Dies weniger der Papierfransen wegen als vielmehr die „Schneid“ zu beweisen, denn die Viehtreiber passten höllisch auf und waren beim Austeilen von Schlägen nicht zimperlich, wenn sie die Übeltäter erwischten. Den schönsten Anblick boten jene Almfahrten, wo sich auf den Wipfeln der von den Kühen getragenen Lärchen- oder Latschenbuschen weiße Hahnenfedern wiegten. Der Traum von uns Buben war es, einen solcherart geschmückten Wipfel zu rauben. - Und dann war es so weit! Von Almdorf her näherte sich eine wunderschön aufgebüschelte Herde rot-weiß gefärbten Pinzgauer Viehs. Die weißen Hahnenfedern auf dem Wipfel der Buschen, es waren jeweils zwei, spielten im Wind. Uns Buben wurde der Mund wässrig. Ich dachte mir: „Jetzt oder nie!" Geschehen muss es, bevor der Trieb die Bahnunterführung passiert. Ich stellte mich etwas erhöht vor dem „Durchlass" unterhalb unserer Behausung auf und hoffte, es möge eine der Buschenträgerinnen in erreichbare Nähe kommen. Das Glück schien mir hold - eine geschmückte Kuh rupfte sogar auf meiner Seite einige Maul voll Gras ab. Die Federn neigten sich dadurch geradezu einladend meinen rasch zupackenden Händen entgegen. Mit der so leicht ergatterten Beute lief ich den kurzen Hang hinauf und davon, während ein schon etwas älterer Treiber die Missetat bereits gesehen hatte und stockschwingend und schimpfend hinter mir herlief. Aber natürlich war ich schneller und konnte mich so in Sicherheit bringen. Eigentlich war ich hinterher gar nicht so glücklich! Vielleicht wurde mir bewusst, dass dieser Streich genau betrachtet eine Gemeinheit war, hatte ich doch in diesem Jahr als Zwölfjähriger bereits weitere Almerfahrung gesammelt! Einige Jahre später, selbst Alminger, sah ich dann die Sache noch besser von der anderen Seite, als wir wochenlang mit Liebe bei der Vorbereitung zum Aufbüscheln unsere Freizeit opferten.

Diese, meine „Schandtat" hatte übrigens ein gutes halbes Jahr später ein Nachspiel, wie noch zu berichten sein wird.

* * *

Going, ca. 1965, Heimfahrt mit Geißen, Bauernhof „Ginsberg".

St. Johann in Tirol, ca. 1960, Alminger am Heimfahrtstag.

„Sommerbefreit"

Im Winter 1934/35, ich saß in der 2. Abteilung der 6. Klasse der Volksschule St. Johann und hatte als Klassenlehrer Anton Villunger, begann ich noch mehr als bisher alles zu lesen, was mir unter die Finger kam. Mein Vater musste mir zur Essenszeit oft das Buch wegnehmen, weil ich mich nicht davon trennen wollte. Nicht selten las ich auch während des Unterrichtes und sogar abends bei Taschenlampen-Beleuchtung unter der Bettdecke.

Mit dem Lesen war es dann allerdings im Frühjahr 1935 bald vorbei. Ich suchte in der Schule um „Sommerbefreiung" an, sie wurde wegen des guten Lernerfolges auch bewilligt. Diese Möglichkeit einer sechsmonatigen Freistellung vom Schulbesuch gab es für Arbeiten in der Landwirtschaft auch dann, wenn der Schüler kein Bauernkind war.

So kam ich also anfangs Mai zum „Rohrmoosbauern" Georg Gogl in Ellmau. Der vereinbarte Monatslohn für meine Tätigkeit als „Viefohra" (dieser niedrige „Dienstgrad" wurde ja schon an anderer Stelle beschrieben) betrug 5 Schillinge und war somit mein erstes, geregeltes Einkommen. Der Dienstantritt gestaltete sich für mich allerdings unangenehm! Als ich das am Faistenbichl gelegene Bauernhaus betrat, kam mir im Hausgang ein älterer Mann entgegen, der mir sofort irgendwie bekannt vorkam. Darüber nachzudenken blieb mir aber erspart, denn er schrie mich an, kaum dass er meiner ansichtig wurde: „Du bist ja der Lausbua, der mir voriges Jahr beim Heimfahren den schönen Buschen mit den Hahnenfedern gerupft hat! Soll ich dir gleich die Ohren ausreißen, du Lauser?"

Soweit kam es dann allerdings nicht. Wir verstanden uns später sogar ganz gut, wenn ich ihn auch im Verdacht hatte, dass er es war, der mein Mitgehen beim Heimfahren von der Alm im Herbst vereitelte. Das war dann eine harte, aber wie ich zugeben muss, gerechte Strafe für das Bubenstück des Vorjahres!

Er hieß Mich und war der ledige Bruder des Bauern. Zunächst muss ich ziemlich belämmert dreingeschaut haben. Vor allem war mir das Personengedächtnis des Mannes fast unheimlich. Jedenfalls hätte ich hier einen anderen Empfang erwartet, wurde aber dann bald getröstet, als ich in die Küche zur Bäuerin kam, und diese mich recht freundlich empfing und bewirtete. Auch der Hausvater kam mit keinem Wort auf meine Freveltat zu sprechen. Überhaupt gefiel es mir auf dem Hofe bald sehr gut. Noch war das ganze Vieh daheim, so um 30 Stück Rinder. Die Tochter Nani, später Bruckhäuslwirtin in St. Johann, der jüngste Sohn Thomas und besagter Mich gingen Ende Mai auf die am Kalkstein gelegene Alm. Besonders vom „Thoma“, der ca. 5 Jahre älter war als ich, trennte ich mich ungern. Er hatte ein angenehmes, immer freundliches Wesen und war deshalb auch überall beliebt. Leider ist er dann 10 Jahre später gegen Kriegsende in Ungarn gefallen.

Der zweite Sohn Bartl und der Älteste „Örg“ (Georg) sowie die jüngere Tochter „Stina“ (Christine), nachmals Peternbäuerin in St. Johann, blieben auf dem Heimhof. Außerdem lebten in dem Familienverband die beiden Enkelkinder Otto, nach dem Kriege Bergbahnangestellter in St. Johann, damals 4½ Jahre alt und seine Schwester Anna, etwa 3 Jahre alt. Dieses Mädchen habe ich als besonders liebes und anhängliches Kind in Erinnerung. Es hatte rotblonde gelockte Haare und ein niedliches, mit Sommersprossen übersätes Stupsnäschen. Tragisch, dass es noch im Vorschulalter eines grausamen Todes sterben musste: Das Kind fiel in einen Waschkessel mit siedend heißer Lauge. Wie ihr Bruder erzählte, schien Anna den frühen Tod geahnt oder fast herbeigesehnt zu haben. Sie redete immer wieder davon, zu den Engeln in den Himmel zu wollen!

Die Arbeitskräfte auf dem Hof „Rohrmoosen“ wurden über den Sommer noch durch den „Sommermahder“ (Saisonarbeiter) Josef verstärkt. Dieser war von Beruf eigentlich Schmied, fand jedoch zu der Zeit wahrscheinlich als solcher keine Arbeit. Er stammte meines Wissens aus einem östlichen Bundesland.

Der Rohrmoosvater war ein eher wortkarger Mann, sonst aber von angenehmer Art. Wie ich später erfuhr, hatte er damals große wirtschaftliche Sorgen. Durch eine Bürgschaft war er in Schulden geraten. Dieses „Gutstehen“ für andere wurde in den Jahren der Weltwirtschaftskrise vielen zum Verhängnis. So kam auch der Rohrmooser zum Handkuss. Ich hörte ihn öfters klagen, dass er den Verkaufserlös für ein Jungpferd dringend brauchen würde. Es ging dabei um einen Noriker-Jährling, den er meiner Erinnerung nach um rund 900 Schillinge – für damalige Verhältnisse ein guter Preis – nach Deutschland verkauft hatte. Von dort ließen aber die Zahlungen für die, an sich schon eingeschränkten Exporte häufig längere Zeit auf sich warten. So wurde auch der „Rohrmooser“ von den politisch bedingten, wirtschaftlichen Repressalien jener Jahre vor dem Anschluss an das Deutsche Reich unmittelbar betroffen!

Die Bäuerin, eine freundliche und gastliche Frau, wurde von allen Mutter genannt. Sie ließ es mir vom ersten Tag an nichts fehlen. Die gute Harmonie der Bauersleute übertrug sich auf das ganze Zusammenleben im Hause, sodass ich mich in kürzester Zeit heimisch fühlte. Was den Hausbrauch allgemein anbelangt, gab es ja im Gegensatz zu anderen Gegenden, im Tiroler Unterland zwischen den Bauersleuten und den Dienstboten - von Ausnahmen abgesehen - ein recht familiäres Verhältnis. Jüngere Dienstgeber wurden mit ihren Vornamen angeredet. Waren bereits größere Kinder da, so sagten die jüngeren Dienstnehmer gleich den Bauernkindern Vater und Mutter zu Bauer und Bäuerin. Es wurde auch mit Ausnahme einiger größerer Betriebe am gemeinsamen Tisch gegessen.

Was meine Arbeit auf dem Hofe betrifft, gab es zunächst auch im Bereich der Bäuerin verschiedenes zu erledigen. Soweit keine Außenarbeiten drängten, half ich ihr durch „Einholzen", Hühner- und Schweinefüttern, „Eieraufheben", wobei mir das Suchen „verlegter" Eier viel Spaß machte. Dazu kamen noch das Milchzentrifugieren und sonstige Hilfsdienste in Küche und Haus. Übrigens gab es auf dem Hofe, für unsere Gegend eine Seltenheit, sogar einige Perlhühner, deren kleine Eier eine Rarität darstellten. All diese Tätigkeiten waren durchwegs leichte Arbeiten. Härter wurde dann für mich das Leben nach dem Almauftrieb. Bis dahin beschränkte sich meine Tätigkeit, außer den geschilderten, auf etwas Mithilfe im Stall, „Brennholzaufzoan" (aufschlichten), „Stoanen" (auf dem Akker Steine einsammeln) usw.

Jetzt kam aber eine Arbeit dazu, die ich fortan täglich neben der sonstigen zu erledigen hatte. Bevor ich aber darauf eingehe, soll der Hof „Rohrmoosen" sowie die nähere Umgebung kurz beschrieben werden:

Wie schon der Name verrät, handelte es sich zumindest bei einem Teil der Wiesen um mehr oder weniger vernässte Flächen.

Wenn wir vorerst wieder zum Rohrmooser zurückkehren, so erstreckten sich südlich, also bergwärts die Waldungen, denen eine „Heimötz" (Hutweide) und leicht geneigte Wiesen vorgelagert waren. Hinter der westlichen Umzäunung des Anwesens begannen die etwas tiefer liegenden Felder des Hofes „Nieder-Leiten". Nieder-Leiten war die Heimat der jungen Ober-Leitenbäuerin Julie. Deren Brüder Sepp, Christa, Hans und Hausa (Balthasar) Widauer hatten zu der Zeit bereits einen Ruf als besonders kräftige Männer und gute Ranggler. Sepp, der nach dem Kriege bis zu seinem etwas frühen Tode in St. Johann lebte, galt in seinen jungen Jahren als besonders geübter Lastenträger. So ging er ohne große Mühe mit 100 kg auf der „Kopfkraxe" oft von Ellmau oder Going den mehrstündigen Weg auf die Gruttenhütte. Außerdem war der Nieder-Leiten-Sepp ein bekannter Stehgreifsänger, der zu den verschiedensten Anlässen seine meist lustigen selbstverfassten Lieder zum Besten gab. Den Niederleiten-Brüdern wich ich nach Möglichkeit aus, nachdem sie mir einmal übel mitgespielt hatten, als ich sie, zu der Zeit ein frecher und „fotzgescheiter“ (vorlauter) Lauser, entsprechend herausgefordert hatte.

Etwas Verbindung gab es dann noch zu dem östlich der Rohrmoosgründe liegenden Hof „Harmstätt“, da der Sohn Peter ungefähr im gleichen Alter mit dem Rohrmoos-Thoma stand. Auch er kehrte aus dem Krieg nicht mehr zurück. Einigen Kontakt gab es auch zu den nördlich, eine Terrasse tiefer liegenden Bauern „Vorder-“ und „Hinter-Niedermoosen“. Hier ist mir besonders der Seppei in Erinnerung geblieben, der ständig auf Handelschaft unterwegs war und vor allem auf „Kunter“ (Ziegen, Schafe) und Schweine spezialisiert war. Alle die genannten Bauernhöfe bildeten den Kern der Fraktion „Faistenbichl“, zu dem ja auch noch „Vorder-“ und „Hinter-Schnabl“, noch näher dem Dorfe Ellmau zu stehend, gezählt werden müssen. „Hinter-Schnabl“ ist das sog. „Bergdoktor-Haus“ aus der bekannten TV-Serie.

An diesen beiden Höfen kam ich nun während dieses Sommers fast jeden Tag vorbei. Bei meinem Dienstgeber verblieben nämlich nach dem Almauftrieb noch einige Heimkühe. Diese wurden von der Tochter Stina betreut. Ich half beim morgendlichen „Kuhgraseinbringen“ (Grünfutter) für die im Stall zu fütternden Kühe, wobei ich mir auch die ersten Mähkenntnisse mit der Sense aneignete. Diese brauchte ich dann auch zum Mähen des vorwiegend aus kurzem „Fußrasen“ (Rispe) bestehenden „Saugrases“ (Beifutter für die Schweine). Auch das bisher nur an Geißen geübte Handmelken erlernte ich jetzt einigermaßen gut auch bei den Kühen.

Meine Hauptmorgenarbeit bestand aber dann darin, die im Hause entbehrliche Milch von den Heimkühen hinab in die ca. eine ¾-Gehstunde entfernte Sennerei Ellmau zu befördern. Das musste bereits ziemlich früh geschehen, weil die Morgenmilch für die Emmentaler-Käserei des Tages benötigt wurde. Als Transportfahrzeug stand mir ein zweirädriger eisenbereifter „Gratten“ (Karren) zur Verfügung. Dieser war sehr stabil gebaut und hatte deshalb ein beachtliches Eigengewicht. Er musste wie ein Hornschlitten gezogen werden (mit zwei aufgebogenen Handgriffen). Zum Bremsen diente der hinten in umgekehrter Richtung gebogene „Starz“, der seine Bremswirkung umso mehr zeigte, je fester man das Gefährt vorne hochdrückte. Der Karrenweg auf den Faistenbichl wies damals zwei starke Steigungen auf. Die erste lag zwischen „Acheln“ und den „Schnablhöfen“, die zweite zwar kürzere, aber noch steilere, kam kurz vor Erreichung des Plateaus, auf dem die Höfe „Rohrmoosen“ und „Ober-Leiten“ liegen. Unvergessen bleibt mir, mit welchem Gefühl ich mich das erste Mal von oben kommend dem Steilstück unterhalb der Rohrmoosfelder näherte und dann von meinem Gratten , auf dem sich eine 25-Liter-Milchkanne befand, regelrecht talwärts geschoben wurde. Beinahe wäre es zu einer Katastrophe gekommen, denn der Schub war für mein geringes Gewicht fast zu stark. Über den „Schnablbühel“, dessen Steigung länger und noch dazu mit vielen Auskehren (Querrinnen zur Regenwasserableitung) versehen war, hatte ich noch mehr Mühe, die Herrschaft über mein Gefährt nicht zu verlieren. Der Schweiß stand mir nicht nur wegen der Anstrengung auf der Stirne, als ich endlich im flacheren Wegabschnitt beim „Acheln“ ankam. Die Strecke ins Dorf, vorbei beim „Au-Bauern“, bis zu der am östlichen Ortsende von Ellmau befindlichen Sennerei, verlief ja Großteils eben. So empfand ich diesen Teil des Weges geradezu erholsam, obwohl hier der Karren gezogen werden musste.

Zurück ging es dann zwar mit der leeren Milchbutte, aber nun lag der „Faistenbichl“ in umgekehrter Richtung vor mir. Als ich die Steigung hinter Acheln vor mir sah, war ich mir nicht sicher, ob meine Kraft ausreichen würde, den schweren Gratten hinaufzuziehen. Im Geiste sah ich die ganze Weglänge vor mir: das härteste, weil längste Stück bis zu den Schnablhöfen, gefolgt von einem längeren, aber flacheren Teil, und schließlich der „Steilstich“, der mir am meisten Sorge machte. Seither kann ich mir auch gut vorstellen, wie sich die Schi-Rennläufer ihre Strecke im Geiste Stück für Stück einprägen! Mir wurde jedenfalls diese „Abfahrts- und Kriechstrecke“ im Laufe des Sommers 1935 sehr gut bekannt. In der Handhabung des Fahrzeuges lernte ich bald die nötigen Tricks bei der Abfahrt, schwieriger war es bergauf, denn da kam es nur auf die eigene Kraft an.

Der letzte Verschnaufpunkt vor dem „Aufstieg“, das kleine Anwesen „Acheln“, gehörte damals der ledigen Bäuerin Thresl, „Maschlthres“ genannt, weil ihr Hals ständig von einem Mascherl, ähnlich einer Selbstbinderfliege geziert war. Von Seppei, ihrem Ziehsohn, wird im Verlaufe meiner Erinnerungen, sieben Jahre später noch die Rede sein. Die Thres steckte mir häufig eine Stärkung zu, bevor ich den Gratten bergauf zog. Und dieser machte mir Mühe genug! An den steilsten Stellen kam ich einige Male vor Zorn zum Weinen, wenn das Gefährt kaum mehr zu bewegen war, was vor allem nach stärkeren Regenfällen passierte. Auftrieb gab mir dann immer wieder der etwas jüngere, aber kräftigere Nachbarsohn Peter, der auch öfters die gleiche Tour machen musste und hinter dem ich nicht gerne zurückstehen wollte. Er ist 1943 in Rumänien gefallen.

Was die Plagerei anbelangt, ging es uns nur dann besser – meistens einmal in der Woche – wenn auf dem Heimweg von der Sennerei „Juten“ (Molke) für die Schweine zu liefern war. Dies geschah immer für beide Höfe gemeinsam. An diesem Tage durften wir das zweirädrige Pferdefuhrwerk benutzen. Dazu wurden abwechselnd unser schon etwas älterer und an sich recht braver, brauner Noriker und der junge „Fuchs“ des Ober-Leitners eingespannt.

Dabei gab es mit dem Rohrmooser-Bräundl keine Schwierigkeiten. Dafür umso größere mit dem Fuchs, der erst vor kurzer Zeit das Ziehen gelernt hatte. Dieser war normalerweise schon sehr temperamentvoll, dazu war er aber noch fürchterlich auto- und motorradscheu. In jener Zeit gab es noch sehr wenige Motorfahrzeuge. So hatte ein junges Pferd vom Berg kaum Gelegenheit, sich an den Straßenverkehr zu gewöhnen. Diese Rösser blieben deshalb oft längere Zeit „grausig“, wie man sagte. So eben auch der besagte Fuchs! Kaum kamen wir Buben mit dem Milchgefährt in die Nähe des Dorfes bzw. der Hauptstraße, die durch Ellmau führt, spitzte der Gaul die Ohren, wurde unruhig und ab ging es im Schweinsgalopp! Der Karren, auf dem wir zwei Buben saßen, wurde hin und her geschleudert, sodass die Milchkannen auf und nieder hüpften. Obwohl wir beide nach Kräften am Leitseil zogen, hatten wir jedes Mal die größte Mühe, das Pferd wieder unter Kontrolle zu bringen. Im Dorf selbst mussten wir den Fuchs sowieso meistens beidseitig am Zügel führen, immer eines Ausbruchs gewärtig. Heute kaum mehr denkbar, dass es einmal auch solche Probleme gab.

Eine positive Seite meiner Milchliefertätigkeit war, dass ich viele Bekannte machte, die mir dann vier Jahre später beim zweiten Dienstantritt in Ellmau zugutekamen.

Meine Tätigkeit beschränkte sich aber natürlich im weiteren Verlauf des Sommers nicht auf die bereits geschilderten Arbeiten. Nach dem täglichen Milchziehen und der anschließenden Jause, die reichlich und gut ausfiel, gab es noch genug zu tun. Bei schönem Wetter sogar sehr viel, bei Regen weniger. Es kam ja die Erntezeit! Auf dem Felde war der zukünftige Hoferbe Örg der Macher. Er schaute drauf, dass etwas vorwärts ging bei der Ernte! Das Mähen der ebenen bis leicht hängigen Flächen besorgte er mit einer damals in Ellmau noch seltenen Pferde-Mähmaschine, die zum Antrieb des Mähwerkes einen Aufbaumotor hatte. Auch ein Gabelwender war vorhanden. So wurde bei entsprechendem Wetter, zusammen mit den Sensenmähern, meistens eine beachtliche Fläche zum Heuen „vorgegeben“. Ich nahm also an diesen Tagen nach der Rückkehr vom Dorf für die am Felde arbeitenden Leute die „Marende“ (Vormittagsjause) mit. Dann half ich beim „Anworpen“ des frischgemähten Grases und dem anschließenden „Anbrechen“ der am Vorabend gemachten „Schieber-Haufen“. Das waren Arbeiten, die mir ja von „Petern“ her noch geläufig waren. Dann ging es weiter mit dem „Wenden“, entweder vor oder nach dem Mittagessen, dem „Zusammenschlagen“ und „Heuen“, wie schon früher beschrieben.

Weiters fiel mir bei der Heuarbeit die Mithilfe beim „Schieberzeilenrechen“ und „Schiebern“ zu, was ich ja sehr gerne tat. Auch blieb ich selbstverständlich vom Heustock nicht verschont, wenn es erforderlich war. Zum Wassertragen auf das Feld wurde schon fallweise der kleine Otto herangezogen.

Beim Getreideschnitt, der mit dem „Korn“ (Roggen) nach dem ersten Mahd (Egartheu) begann, hätten allerdings seine schwachen Kräfte nicht ausgereicht, um den Durst der vielen weiblichen und männlichen Schnitter zu stillen. Zur normalen Belegschaft des Hofes kamen ja hier mehrere im Taglohn angestellte Schnitterinnen dazu. Auch mir wurde bald eine Sichel anvertraut. So lernte ich diese Arbeit und brachte es dabei sogar in kurzer Zeit zu einer gewissen Fertigkeit. Das wohl deshalb, weil sie mir zusagte, jedenfalls besser als das „Garbentragen“, das den nackten Beinen, wegen der kniehohen mit Disteln, Ackerhohlzahn und sonstigen „waxen“ (stacheligen, rauen) Unkräutern vermischten Stoppeln, arg zusetzte.

Ackerbau zur Selbstversorgung

Wie in unserer Gegend und in vielen niederschlagsreichen Gebieten üblich, erfolgte ja die Selbstversorgung mit Getreide damals fast überall im Rahmen der sogenannten „Naturegartwirtschaft“. Das heißt, es wurde bei uns das ackerbare Land, die sogenannten „Egarten“ abwechselnd für die Acker- und Grasnutzung verwendet. Dies meistens im Turnus ein Jahr Ackerland, 3 bis 4 Jahre Grünland. Das heißt, nach dem Umbruch des Graslandes wurde Getreide angebaut (Roggen, Weizen, Gerste, Hafer). Nach der Aberntung des reifen Getreides blieb die „Egart“ dem natürlichen Graswuchs, der Naturberasung überlassen, bis diese Fläche nach einigen Jahren Grasnutzung, hauptsächlich zur Heugewinnung, wieder für den Getreidebau umgebrochen werden musste. Je nach Getreideart und Witterungsverlauf war der „Troadacker“ bereits vor dem Schnitt mehr oder weniger stark mit Gras und den verschiedenen Nutz- und Unkräutern durchwachsen. Diese Gräser und Kräuter konnten bei dem damals ausschließlich gebräuchlichen Sichelschnitt recht unangenehm werden! Hatte es im Vorsommer bereits starke Regenfälle oder gar Hagel gegeben, so lag das Getreide am Boden und die Halme mussten mühsam mit der Sichel „herausgehaggelt“ werden, bevor jeweils eine bindfertige Garbe beisammen war. Das „Aufbinden“ der Garben konnte ich auch bald ganz gut. Das geschah in der Weise, dass ein dünnes Halmbüschel um die zu bindende Garbe geschlungen, mit einem raschen Griff zusammengedreht und unter dem nun ziemlich fest sitzenden Band dessen Ende fixiert wurde. Diese Arbeit verrichteten sonst vor allem die Männer. Sie war aber, wenn man den „Dreh“ begriffen hatte, nicht sehr schwer, deshalb tat ich sie gerne. Auf alle Fälle lieber, als das anschließende Garbentragen zu den „Hieflern“, wo sie zur Nachtrocknung „aufgeschöbert“ wurden. An der Anzahl der „Schöber“ konnte man in normalen Jahren, d.h. wenn es keinen Hagelschlag oder sonstige ungünstige Witterungseinflüsse gegeben hatte, bereits den ungefähren Kornertrag abschätzen. Gab es z.B. beim Roggen von 2 Schöbern 1 Star (25 Liter), so konnte der Bauer unter den damaligen Verhältnissen zufrieden sein.

Wie der Sommer 1935 beim Rohrmooser von den Erträgen her verlief, weiß ich nicht mehr genau zu sagen. Meiner Erinnerung nach gab es aber keine außergewöhnlichen Witterungsverhältnisse. Gut im Gedächtnis sind mir jedoch die vom Garbentragen arg zerkratzten Waden und auch die schwer beschädigten Fußsohlen geblieben, obwohl die Fußunterseite zumindest teilweise von einer ansehnlichen Hornhaut überzogen war. Üblicherweise ging man ja als Bub bei den meisten Feldarbeiten barfuß. Nur im Stall und zum Milchziehen, sowie beim Führen des Pferdes benutzte ich die in unserer Gegend gebräuchlichen Holzschuhe.

So erfolgte also die noch gänzlich auf Handarbeitsbasis beruhende Getreideernte. Es war das bei sengender Sonnenhitze Großteils eine ziemlich schweißtreibende Tätigkeit. Andererseits gab es aber auch genug Unterhaltung, denn die aus dem Dorf oder von anderen Höfen kommenden Schnitterinnen brachten ja allerhand Neuigkeiten bzw. Gesprächsstoff mit, und auch die Männer sparten nicht mit mehr oder weniger derben Scherzen. Natürlich durfte dadurch der Arbeitsfortgang nicht beeinträchtigt werden. Aber eine gute Schnitterin erledigte ihr Tagespensum trotzdem noch zur Zufriedenheit des Bauern.

Knapp an einem Unfall vorbei

Die weiteren Erntearbeiten verliefen ungefähr in der gleichen Reihenfolge wie schon beim „Peterer“ in St. Johann beschrieben. Der in die Heuwägen eingespannte Bräundl des Rohrmooser war zwar auch ein eher ruhiges und handsames Ross, hatte aber auf Grund seines geringeren Alters doch etwas mehr Temperament als der alte „Petern-Bräundl“. Dafür war ich aber inzwischen älter, kräftiger und erfahrener geworden. So glich es sich aus. Das Vorfahren an heißen, bremsigen Tagen gehört jedenfalls auch hier nicht zu den schönsten Erinnerungen.

Dieses Pferd wäre mir aber außerhalb der Heuarbeit einmal beinahe zum Verhängnis geworden und das durch meinen Übermut: Abends nach getaner Arbeit, manchmal wenn es das Wetter zuließ und das Pferd gerade nicht gebraucht wurde auch untertags, führte ich es auf die einige hundert Meter oberhalb des Hofes liegende „Heimötz“, wo es – nur mit einem Zaum angetan – grasen und sich tummeln konnte. Auch das Holen des Gauls fiel mir öfters zu. Nachdem ich so den Bräundl einige Male brav am Zaum führend den leicht hängigen Feldweg heruntergebracht hatte, stach mich eines Tages der Hafer! Ich dachte mir, das wäre doch eine günstige Gelegenheit, das Reiten zu üben. Ich saß also auf, hielt mich an der Mähne fest und los ging es talabwärts. Da mir aber bald das Tempo zu langsam erschien, trieb ich das Pferd mit dem Zuruf „wiaa“ und einigen Handschlägen auf das Hinterteil an. Die Reaktion des guten Bräundl war dann allerdings eine andere, als die von mir erwartete! Anstatt die Gangart etwas zu beschleunigen, fing er zu galoppieren an und ehe ich mir's versah, flog ich schon über seinen Kopf hinweg auf den Grasboden. Ein ausschlagender Hinterhuf zischte haarscharf an meinem Kopf vorbei. So blieb es bei dem einen Reitversuch auf dieser Strecke. Aus mir wurde sowieso nie ein guter Reiter! Zukünftig setzte ich mich nur gelegentlich auf das voll angeschirrte Ross, wenn ein Wagen vom Feld zu holen war oder bei ähnlichen Gelegenheiten.

An dieser Stelle sei erwähnt, dass es bei uns die meisten Bauern gar nicht so gerne sahen, wenn ein Zugpferd geritten wurde. Deshalb waren wohl auch in unserer Gegend kaum gute Reiter zu finden und der Reitsport war auch nicht sehr populär. Wahrscheinlich entsprang diese etwas zu „tierfreundlich“ scheinende Einstellung der Tatsache, dass zu dieser Zeit die Rösser durchwegs ganzjährig viel, und besonders im Winter beim Holztransport sehr harte Arbeit leisten mussten. Dies im Gegensatz zu heute, wo die wenigen auf den

Bauernhöfen noch vorhandenen Pferde (hauptsächlich Noriker und Haflinger) arbeitsmäßig kaum mehr ausgelastet sind und vielfach mehr zur Zucht, im Rahmen „Ländlicher Reitergruppen“ oder im Fremdenverkehr Verwendung finden.

Meine Kindheitserlebnisse mit Pferden könnten sogar 7 Jahre später beim Militär entscheidend gewesen sein, als ich bei der Abstellung zur Fronteinheit meine landwirtschaftliche Vergangenheit verschwieg, um der Zuteilung zu einer Pferdestaffel auszuweichen.

Noch einiges vom Ackerbau und den Arbeiten im Spätsommer und Herbst

Was die Getreideernte anbelangt, galt es zunächst die „Haim“ (Halme oder Stoppeln) zu mähen und getrocknet einzubringen, nachdem die Garben zur Nachtrocknung „aufgehiefelt“ waren. Da diese je nach Getreideart mehr oder weniger mit Gras bzw. Kräutern durchwachsen waren, gaben sie ein begehrtes Beifutter zur Ergänzung des Winter-Heuvorrates ab. Für die Kühe bildete es sozusagen den „Nachtisch“, dem „Galtvieh“ musste es aber vielfach als ein wesentlicher Teil des Hauptfutters genügen. Die Rindviecher suchten auf alle Fälle die „Haim“ gründlich nach Heubestandteilen aus und verzehrten darüber hinaus noch einiges an Stroh. Was noch übrig blieb, diente dann als Streu, wie auch die übrigen „Uressen“ (Urassen), das bei der nächsten Futterzeit noch im Barren befindliche Überbleibsel an für das Vieh ungenießbaren Resten. Dies war bzw. sind die gröbsten Heustengel, verdorbenes Heu, schlechtes Stroh sowie Schmutz und sonstige Fremdkörper. Der Ausdruck „... mit den Gottesgaben – vor allem Lebensmitteln – ‚Urassen‘ ...“ (wie solches minderwertiges Überbleibsel behandeln), dürfte wohl von daher stammen! Auf die heutige Wohlstands- und Wegwerfgesellschaft übertragen, wo nachweisbar mehr Lebensmittel verderben und in Abfallkübeln landen, als in der Notzeit nach dem Kriege auf den Lebensmittelkarten zugeteilt werden konnten, ist ja der Ausdruck „Urassen“ von einiger Aktualität!

Was seinerzeit, um noch einmal auf die Viehfütterung zurückzukommen, bei der durchwegs sehr knappen Winterfütterung von einer Futterzeit auf die andere im Barren übrigblieb und auf das „Mistbett“ geworfen wurde, war allerdings nicht sehr viel und tatsächlich nur mehr der vom Vieh nicht mehr freßbare Überrest.

Beim „Haim-Heuen“ war das Fuderfassen wegen des sperrigen und vielfach mit stacheligen Unkräutern durchsetzten Stoppelstrohs eine unangenehme Arbeit. Die nackten Beine und Arme bekamen dabei nicht wenige Kratzer ab, wie auch dann beim „Garben-Einführen“, wenn nach einiger Zeit die Getreideschöber abgeräumt wurden. Besser ist mir der „Herbstbau“ (Anbau des Wintergetreides) im Gedächtnis geblieben. Ob außer Roggen auf dem Faistenbichl auch Winterweizen zur Aussaat kam, kann ich auch nicht mehr sagen.

Nach der Einbringung des „Trattengrummets“ von den für das Wintergetreide vorgesehenen Egarten, kam zunächst die „Baudung“. Dies war eine starke Stallmistdüngung. Selbstverständlich gab es dazu nur den pferdegezogenen Dungwagen, von dem der Mist in Zeilen mit dem „Mistkrall“ „abgeschlagen“ wurde, während das Ross im langsamen Schritt am Zügel zu führen war. Jene, die nicht beim Misthaufen als „Auflader“ beschäftigt waren bzw. mit einem beladenen Wagen am Felde zu tun hatten, mussten „Mistbreiten“, d.h. mit den fünfzinkigen Gabeln die Zeilen anstreuen. Den undankbarsten Job hatten bei der Dungarbeit die Auflader, denn der Misthaufen war ja meistens schon im vergangenen Winter oder Frühjahr auf der betreffenden Egart oder in unmittelbarer Nähe errichtet worden. So kam der leere Mistwagen ziemlich rasch zurück und das Pferd wurde in den nächsten Wagen, der schon beladen sein sollte, eingespannt. Die Auflader standen also ganz schön unter Druck. Natürlich gab es damals noch keinerlei maschinelle Hilfe beim Mistaufladen und eine Fuhre reichte nicht sehr weit, weil bei der „Baudung“ mit dem Mist nicht gespart wurde.

Zum anschließenden Pflügen kam zu unserem Bräundl als „Zuspann“ der junge Oberleitner-Fuchs, der sich – abgesehen von der schon geschilderten Schwäche – als gutes Zugpferd erwies. Ob die Saat von Hand oder bereits mit einer Sämaschine erfolgte, ist mir auch entfallen.

Nach dem Pflügen und Eggen, wobei ich zeitweise die Rösser führen musste, kam noch vor der Saat die Arbeit des „Steinens“. Bei Handsaat wäre schließlich noch das „Bauland“ zur Überdeckung der Saatkörner mit dem Holzrechen bearbeitet worden. Damit war dann „uichikricht“ (angerichtet), wie es im Dialekt unserer Gegend hieß.

Inzwischen waren nach dem Egartmahd auch die „Mööser“ (vernässte Wiesen) abgeerntet. Davon gab es ja beim Rohrmooser relativ viele. Der Bräundl „schoss“ dabei beim Heuen öfters ein, d.h. er sank mit den Beinen tief ein, was auch für mich, den „Viefohra“ nicht angenehm war. Bei der anschließenden Grummeternte auf den trockenen Feldern bzw. Egarten war ich ebenfalls wieder voll dabei.

Dazu hatten wir noch den kleinen Hof „Schuster" am westlichen Ortsende des Dorfes „einzuarbeiten". Das Feld lag ungefähr dort, wo sich heute die Dorfeinfahrt befindet. Wir waren mitten in der Heuarbeit, als zufällig mein geliebter Klassenlehrer Anton Villunger mit dem Fahrrad unterwegs war, so kam es dann zu einem kurzen Plausch mit ihm.

Als dann um den 25. September das Almvieh heimkam, war eine meiner Hauptbeschäftigungen das Viehhüten, was ich nicht ungern tat, weil man dabei meistens etwas Zeit zum Lesen hatte. Zuerst fand das Vieh Nahrung auf der sogenannten „Riegweide", wo das Korn gestanden hatte. Weniger Weide lieferten die später geschnittenen Getreidearten. Bis die grastragenden Egarten und Wiesen nach dem Grummet wieder „zugerauht" waren, d.h. die entsprechende Herbstweide boten, gab es aber auch auf den übrigen neuen Egarten für das Vieh etwas abzubeißen.

So gingen die Tage der Sommerbefreiung mit verschiedenen Herbstarbeiten wie Kartoffelgraben, Obsternte usw. sowie der Mithilfe im Stall langsam zu Ende.

In den letzten Oktobertagen packte ich mein Bündel und ab dem 3. November sah mich wieder das St. Johanner Schulhaus. Ob ich gerne in das Klassenzimmer zurückkehrte oder nicht, ist mir entfallen. In Ellmau beim „Rohrmooser" war ich jedenfalls sehr gerne, hatte wieder allerhand gelernt und die ersten 30 Schillinge verdient. Die Arbeit war wohl für einen nicht sehr kräftigen Buben teilweise hart und trotzdem beneide ich kein Kind, das nie lernen musste, sich durchzubeißen.

* * *

Als „sommerbefreiter“ St. Johanner Volksschüler in Ellmau.

Als „Viefahrer“ beim „Rohrmoosbauern“ in Ellmau,
Monatslohn 5 Schillinge und mein erstes Dienstzeugnis.

Ellmau, 1925.

Beim „Rohrmoosbauern“ in Ellmau, ca. 1955,
links: Altbauer Georg Gogl, 3. v. li.: die Altbäuerin.

St. Johann in Tirol, Bahndurchlass Fieberbrunner-Straße, Lechnerbachlüberführung, „Alpfahrt“ ca. 1935.

Beginn der Mechanisierung in der Landwirtschaft: Pferdemäher mit oder ohne Aufbaumotor.

St. Johann in Tirol, „Sunnseit-Leiten“, ca. 1960,
Bauer Sepp beim täglichen Milchtragen zum Milchauto.

St. Johann in Tirol, Kellnerbäuerin Nani, ca. 1960, Brotbacktag.

Ellmau, Roggenschnitt beim „Rohrmoosbauern“, ca. 1950.

Going, „Lagerroggen“ nach 30 cm Schneefall, 8. Juli 1954.

Rechts: St. Johann in Tirol, Bauernhof „Guggern“, ca. 1960, Altbauer beim „Roggen-Schöbern“.

Kirchdorf in Tirol, Natur-Egart im 1. Jahr.

Fieberbrunn, Bauernhof „Pranger“, ca. 1950, Mistauflegen.

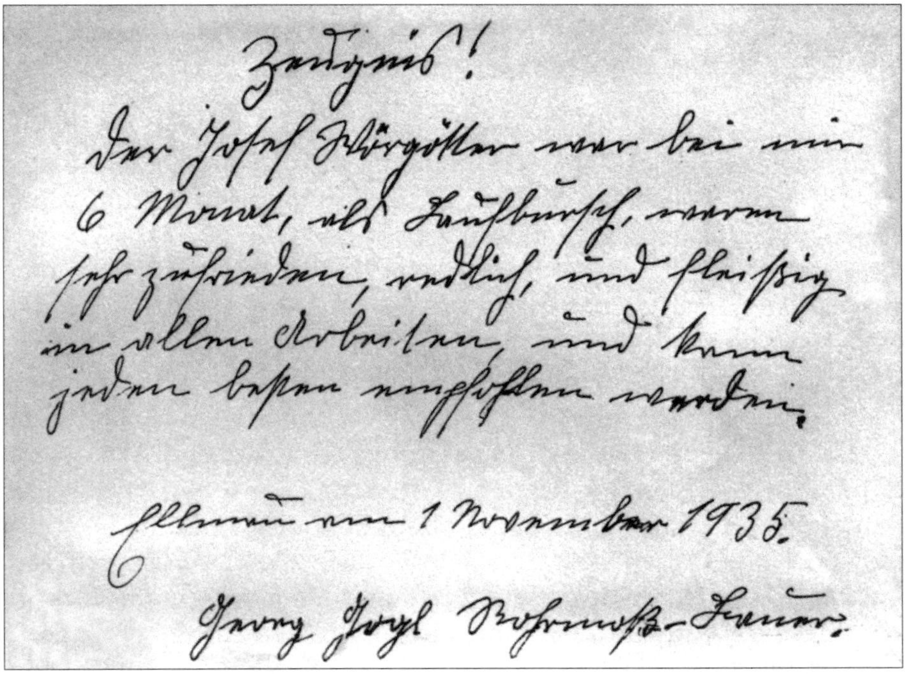

Zeugnis!
Der Josef Wörgötter war bei mir
6 Monat, als Laufbursch, waren
sehr zufrieden, redlich, und fleißig
in allen Arbeiten, und kann
jeden besten empfohlen werden.

Ellmau am 1 November 1935.

Georg Gogl Rohrmoß-Bauer.

Zeugnis in Deutscher Kurrentschrift: Diese Schrift war bis in die Mitte des 20. Jahrhunderts (1950er-Jahre) die gebräuchliche Verkehrsschrift im deutschsprachigen Raum. In dieser Form wurde sie über 100 Jahre an Schulen gelehrt.

Zeugnis!
Der Josef Wörgötter war bei mir
6 Monat, als Laufbursch, waren
sehr zufrieden, redlich, und fleißig
in allen Arbeiten, und kann
jeden besten empfohlen werden.
Ellmau am 1 November 1935.
Georg Gogl Rohrmoß-Bauer.

Zeugnis: Wort- und zeilengetreue „Übersetzung“ in lateinischer Schrift.

Zwei Sommer als „Kühbub“ auf der Farmanger-Alm

Das Schuljahr an der Volksschule St. Johann endete 1936 zwar erst am 15. Juli, für die Landwirtschaft bzw. das Almpersonal gab es aber eine vorzeitige Befreiung, die auch mir gewährt wurde.

So konnte ich bereits früher, um den 20. Mai meinen Dienstplatz als Kühbub auf der Farmanger-Alm im Pletzergraben, Gemeindegebiet Aurach, antreten. Der vereinbarte Monatslohn betrug für diesen ersten Sommer 10 Schillinge. Das war nicht sehr viel, wenn man bedenkt, dass 1 Paar feste Schuhe ca. 25 Schillinge kostete. Ich freute mich aber trotzdem auf die Arbeit und, gegenüber dem Vorjahr in Ellmau, nun doch schon höheren Verdienst. „Farmanger“ gehörte damals schon je zur Hälfte dem „Theinerbauern“ in Reith bei Kitzbühel und der Witwe Elise Feller, Großmutter des Besitzers vom Restaurant „Lemberger“ in St. Johann. „Feller-Lisei“, wie meine Chefin allgemein genannt wurde, war mit einem Bruder des Lembergbauern verheiratet gewesen und ziemlich früh (1927) Witwe geworden. Sie stammte vom Hofe „Kellnern“ in St. Johann und war nicht nur eine sehr tüchtige, sondern auch echt fromme Frau. Ihr jüngerer Sohn Hansi, der damals ca. 11 Jahre alt war und nach dem Tode seiner Mutter deren Alpanteil übernahm, starb 1987. Sein Bruder Sepp, geb. 1915 kam 1986 auf tragische Weise bei einem Verkehrsunfall ums Leben. Dieser hatte auf die Alm verzichtet und dafür die „Villa Lemberg“ in der Bahnhofstraße geerbt. Als ich dazumal auf die Alm kam, übte er die Funktion des Melkers aus. Das Kommando hatte allerdings eindeutig seine Mutter, die den Posten der Sennerin bekleidete. Elise Feller starb 1970 im 88. Lebensjahr. Ab Ferienbeginn kamen dann noch der schulpflichtige Hansi und eine ledige Schwester von Lisei zur Mithilfe auf die Alm.

Mit dem Sepp verstand mich ich schon deshalb sehr gut, weil er immer gut gelaunt war, gerne die Gitarre und Mundharmonika spielte, wovon auch ich profitierte. Auf dem „Fotzhobel“ (Mundharmonika) brachte er mir bald einige leichte Melodien bei. Auf der Gitarre konnte ich ja schon einige Akkorde spielen, hatte aber hier noch Gelegenheit zum Üben, zunächst allerdings nur bis zum Eintreffen des Großviehs. Bis dahin hatten wir nur die 12 bis 15 Geißen und einige Schweine auf der Alm. Die Ziegen versorgten uns mit Milch und Butter. Sie waren wie alljährlich bei einem Bauern am „Taxenbacher-Sonnberg“ im Pinzgau über den Winter „ausgefüttert“ worden.

Die Feller besaßen ja außer der Alm keine Landwirtschaft. Ihre Existenzgrundlage waren die Alm und das Wohnhaus in St. Johann, von dem einige Räume vermietet wurden. Die den Hausbesitzern auf der Farmanger-Alm gehörenden Almgräser (Grasrechte) wurden ausschließlich mit „Lehnvieh“ bestoßen.

Insgesamt hatten wir ca. 35 Milchkühe und 10 Kälber auf der Kuhalm. Darüber hinaus betreute ein eigener „Hüter“ auf dem höher gelegenen „A-Loch“ am „Daniel“, dem Gebiet am Fuße des westlichen „Rankens“ um und oberhalb der „Daniel-Kapelle“ und dem nordwestlich verlaufenden „Hahnenkamp“ die 23 Stück ein- bis zweijährige Rinder der beiden Almbesitzer. (Die Bezeichnung „A-Loch“ geht lt. Dr. Herwig Pirkl wahrscheinlich auf einen Weideplatz für ein Mutterschaf zurück).

Außerdem gehörten dazumal zum „Farmanger“ 25 Grasrechte auf dem Galtvieh-Leger „Jufen“ der Grubalm. Die Betreuung dieses Jungviehs oblag aber dem Hirten der Grubalm. Die alten Grasrechte dürften auf jene Zeit zurückgegangen sein, als der Bergbau „Lannern“ - „Göbra“, welcher sich zu einem Großteil im Bereiche der Farmanger-Alm abspielte, noch viel Bedeutung hatte. Inzwischen haben sich die „Farmangerer“ die Jungviehgräser auf der Grubalm ablösen lassen.

Im Sommer 1936 war als „A-Loch-Hüter“ ein alter Mann mit Vornamen Hansjörg angestellt, dessen Vollbart die gleiche graue Farbe hatte wie sein Treibhund. Die zwei passten nicht nur deswegen gut zusammen, der Hund verstand anscheinend jedes Wort seines Herrn. So konnte ihn dieser beim Treiben der ihm anvertrauten Jungrinder mit wenigen Worten dorthin dirigieren, wo es notwendig war und so sich selbst die mühsamsten Wege ersparen. Hansjörg besaß eine Zither, die er recht gut spielte. Außerdem sang er nicht schlecht und kannte viele alte Lieder, was ihn für mich sehr interessant machte. Dazu trug noch bei, dass er allerhand spannende Geschichten aus seinem Leben zu erzählen wusste. Er kam dann im Sommer jede Woche mindestens einmal auf die Kuhalm herunter, um sich mit Proviant einzudecken. Außerdem traf ich ihn ja auch auf der Hochalm öfters beim Kühtreiben, da zwischen unserem und seinem Weidebereich keine Abzäunung bestand. Hansjörg hauste in einer primitiven Steinhütte, an die der Galtvieh-Stall angebaut war. Seine Lebensmittelvorräte konnte er fast eisgekühlt im Eingang zu einem ehemaligen Bergwerksstollen aufbewahren, der unmittelbar neben der Hütte lag. Aus diesem und den anderen Stollen war bis in die neuere Zeit hauptsächlich Eisenerz gefördert worden, das zum Großteil in

Fieberbrunn verhüttet wurde. Die Spuren dieser Knappenzeit waren zu meiner Zeit noch überall festzustellen. Von den Gebäuden befand sich die Kapelle „St. Daniel" noch im besten Zustand, zumindest war das Dach einigermaßen in Ordnung.

Einige Jahre später, nach dem Brand des „Kalbinnen-Scherms", der nordseitig unterhalb der Kapelle stand, diente diese als Notunterkunft für das Vieh und verfiel schließlich ganz, bis sie dankenswerterweise von Mitgliedern der Bergwacht Fieberbrunn etwa um das Jahr 1977 neu aufgebaut wurde. Anstelle des früheren Galtvieh-Scherms wurde von derselben Gruppe eine Unterkunftshütte gebaut. Mauerreste gab es zu meiner Zeit auch noch von den anderen Berghäusern in Lannern und den Pferdeställen am Wege kurz vor der Grenze zum „Ziedersberg". Vom Umfang des seinerzeitigen Bergbaues zeugen heute noch die vielen Abraumhalden auf dem Farmangergebiet.

Die Kuhalm „Farmanger" bestand auch damals aus dem „Grund" (Niederalm) mit der „Theinerhütte", wo die Milch gemeinschaftlich zu Schweizerkäse (Bergkäse) verarbeitet wurde, sowie der „Fellerhütte" und der „Putzerhütte". Alle drei Hütten bestanden aus der „Vorhütte" und dem angebauten „Hag" (Stall) und trugen die ortsüblichen mit Steinen beschwerten Schindeldächer. Dieselbe Gebäudeeinteilung gab es auf der Hochalm. Die Weidezeit verlief ungefähr in folgender Reihenfolge und Zeitdauer:

Grund: ca. 2 Wochen
Hochalm: ca. 5 Wochen
Grund: ca. 2 Wochen (Mitterweil genannt)
Hochalm: ca. 4 Wochen
Grund: ca. 2 Wochen

Der Auftrieb war Ende Mai/Anfang Juni. Bevor die Kühe zum ersten Mal von der Hochalm auf die Niederalm kamen, wurde dort das erforderliche Notheugras gemäht und auf der „Hoss" (Heuboden oberhalb der Ställe) gelagert. Eine entsprechende Menge Heu musste ja seinerzeit, wo es keine mit heute vergleichbaren Zufahrtswege und Fahrzeuge gab, für krankes Vieh und starke Schneefälle immer vorhanden sein. Auf dem „Farmanger" musste man allerdings nur bei argem, bis in tiefere Regionen reichenden Schneefällen auf die Heuvorräte zurückgreifen, da ein „Schneefluchtrecht" im tiefer liegenden „Planggen" eingebrieft ist. Es ist dies ein Gebiet der Bundesforste zwischen „Farmanger-Grund" – „Ziedersberg" bis fast hinaus zur Weggabelung, von unten vom Weg bzw. Bach begrenzt. Allerdings gibt es dort heute im Gegensatz zu damals fast keine Gräsung mehr, da inzwischen der Wald die Fläche bedeckt. Aber jetzt bedeutet es ja keine Schwierigkeit mit Traktor und Ladewagen gegebenenfalls Heu auf die Alm zu bringen.

Für die Festsetzung des Auftriebsbeginnes, der Weidetermine, Weideeinteilung und Organisation für notwendige Gemeinschaftsverbesserungen, sowie die Anstellung des „Putzers" und des Galtviehhirten war der jedes Jahr wechselnde „Alpherr" verantwortlich.

Auf dem Farmanger hat sich seit meiner Zeit als Kühbub vieles verändert:

Auf der Niederalm sind der Wohnteil der „Fellerhütte" und der ehemaligen „Theinerhütte" vermietet. Anstelle der im Laufe der Zeit baufällig gewordenen „Putzerhütte" wurde dann ein „Kälberscherm" („Scherm" - Bezeichnung für Unterstand bzw. weniger stabiler Almstall) gebaut. Im Übrigen ergab sich nach dem 2. Weltkrieg in mehreren Abschnitten bis in die letzten Jahre, wie auf vielen Almen, eine totale Umstellung auf die Erfordernisse der heutigen Zeit (Ende des 20. Jahrhunderts). Dies sowohl gebäudemäßig wie auch in der Wirtschaftsweise. Die erste größere Veränderung erreichte die Familie Feller 1982 durch den Bau einer geräumigen Hütte mit dem Stall für ca. 60 Kühe auf der Hochalm. Der Wohnteil ist mit allem ausgestattet, was eine zeitgemäße Wohnung auch im Tale aufweisen soll. Der Stall besitzt eine moderne Melkanlage und eine Schwemmentmistung für die Güllerei. Auch die Stallungen der „Theinerhütte", die Platz für das meiste Jungvieh bieten, sind zweckmäßig. Die Hütte selbst, deren Wohnteil auch vermietet ist, wurde ja erst nach dem 2. Weltkrieg erbaut. Anstelle der „Putzerhütte" steht eine kleinere Behausung.

In der Bewirtschaftung selbst ergaben sich Veränderungen in mehrfacher Hinsicht. Sie wurden vor allem dadurch ausgelöst, weil der Mitbesitzer, inzwischen ist dies nicht mehr der „Theiner" sondern der „Sonnhofer" in Reith, seinen Alpanteil an die Familie Feller verpachtet hat. Zur Mithilfe wird über den Sommer jeweils ein Landwirtschaftspraktikant angestellt. Dieses Personal muss also rund 125 Stück Vieh betreuen, davon 60 Milchkühe. Außerdem ist noch ein Großteil der Heuarbeit auf dem Hofe der Schwiegereltern von Georg, „Schwefelbad" in Fieberbrunn zu erledigen. Deshalb ist die schon vor längerer Zeit erfolgte Umstellung der Weidezeit wichtig und zweckmäßig. Auch der 1992 erfolgte Bau eines modernen Milchviehstalles auf der Nieder-Alm und die ausreichende Stromversorgung aus dem eigenen, 1989/90 errichteten Klein-Wasserkraftwerk, waren notwendige Investitionen, um mit so wenig Personal den Almbetrieb aufrecht zu erhalten.

Seinerzeit hatten auf der „Farmanger-Alm" acht Personen vollauf Arbeit:

1 Schweizer (gleichzeitig Käser und Melker in der „Theinerhütte"),

1 „Schoss-Dirn" (Sennerin in der „Schweizer"-Hütte),

1 Sennerin in der „Feller-Hütte",

1 Melker „Feller-Hütte",

1 „Alm-Putzer",

1 Galtvieh-Hirte,

2 „Küh-Buben"

Dazu kamen noch zeitweise, besonders in den Schulferien, schwächere Hilfskräfte.

Was den Weidebetrieb ausmacht, gab es früher in unserer Gegend bis Jakobi (25. Juli) nur das sogenannte „Richtzeiteln", d.h. die Kühe waren über Nacht im Stall, wurden morgens nach dem Melken auf die Weide getrieben, mittags eingestallt, um ca. 18 Uhr nach dem Melken „ausgelassen" und vor Einbruch der Dunkelheit wieder von der Weide herein getrieben.

Heute bleiben die Kühe bei normaler Witterung vom ersten Tag an über Nacht im Freien, werden am Morgen zum Melken geholt und verbringen den ganzen Tag bis nach dem Abendmelken im Stall. Man verschaffte sich auf diese Weise jene arbeitsmäßige Erleichterung, die seinerzeit erst im Nachsommer üblich war.

In anderen Gegenden Tirols betrieb man ja schon von jeher diese Art der Weidenutzung, bei uns erzwang sie in erster Linie der Mangel an Almpersonal. Dieser war ja auch eine Ursache dafür, dass sich die Verarbeitung der Milch auf den Almen fast gänzlich aufgehört hat. Genauso wie man jenen Arbeiter kaum mehr findet, der seinerzeit auf jeder größeren Alm dafür angestellt war, dass er die Weideflächen von jeglichem Aufwuchs an Stauden, Waldanflug und Steinen säuberte, die Wege und Wassergräben in Ordnung hielt, Zäune und Gebäude reparierte, „Waschgräben" für die damals übliche „Güllerei" zog usw. – nämlich den „Putzer". In Wahrheit lebt ja die Almwirtschaft, was die Weideflächen betrifft, heute noch weitgehend davon, dass diese Verbesserungs- und Erhaltungsarbeiten von vielen früheren Generationen geleistet wurden. 1936 war das aber noch weitgehend eine Selbstverständlichkeit.

Als ich so gegen den 20. Mai nach einem 1½-stündigen Marsch von Fieberbrunn aus durch den Pletzergraben auf die „Farmanger-Alm" kam, um meinen ersten Kühbubensommer zu beginnen, traf ich auf der Niederalm neben den Angehörigen der Fellerfamilie auch schon den „Putzer" Seppei bei der Arbeit an. In diesem Sommer war er „Strohwitwer", weil seine Frau Nani auf einer anderen Alm Sennerin war. Die nächsten 10 bis 12 Tage, bis uns die Lehnbauern das Großvieh brachten und auch das Theinervieh ankam, mussten wir die auf „Feller" entfallende Alparbeit verrichten. Normalerweise wurde diese ja von den „Heimingern" (Arbeiter vom Heimhof) getan. Aber die Feller waren ja „Alminger" und „Heiminger" in einem. Anteilsmäßig half uns dabei auch der Putzer bei gewissen Verrichtungen.

So ging es zunächst ans „Zäunen", wobei neben Stacheldrahtzäunen auch noch viel „Schrazaun" (Pinzgauer Schrägzaun) aufzustellen war, den man ja im Herbst umlegte. Die Grundbegriffe der Herstellung eines solchen Zaunes und auch das Decken von Schindeldächern konnte ich mir hier unter sachkundiger Anleitung aneignen. Selbstverständlich hatte auch der Mitbesitzer einige Leute für die genannten und sonstigen Arbeiten auf der Alm im Einsatz.

Damals auf der Alm musste ich mich nebenbei auch um die Ziegen kümmern. Vor allem oblag mir die Melkarbeit, welche eine gute Vorübung für das Kuhmelken war. Da bei den Geißen auch einige junge Erstmelkende dabei waren, verlief der Melkvorgang nicht immer problemlos, wie in der letzten Strophe des Liedes „Es war amoi a Schneidarin krank" zum Ausdruck kommt: *„Weib, da hast d' Muich, und i sag dir wias is, sie is a wenk bräuna, ja bräuna als sist!"*

Das Kuhvieh des „Theinerbauern" wurde am festgesetzten Tage in einer Almfahrt aufgetrieben. Er stellte ja einen großen Teil eigenes Vieh und nur einen kleinen Rest Lehnvieh. Bei uns trudelten die „Lehnbauern" im Verlauf des Tages mit größeren oder kleineren Viehtrieben ein. Da es sich meistens um schon langjährige „Kundschaften" der „Feller-Lisei" handelte, einige von damals sind der Alm bis heute treu geblieben, gab es für Lisei und den Sepp keine größeren Probleme beim Erkennen und Einstallen der Tiere. Es war aber bei der großen Anzahl der verschiedenen „Viehpassen" (Gruppen) trotzdem notwendig, das Vieh mit einem Buchstaben zu kennzeichnen, was mittels eines dicken Blaustiftes geschah. Bis dann die Farbe verblasste, kannte jeder von uns alle auf der Alm weidenden Rinder. Ich tat mich zu der Zeit diesbezüglich überhaupt noch sehr leicht. Heute hätte ich kein Gedächtnis mehr dafür. Im Gegensatz zu den meisten Almen dieses Gebietes, wo durchwegs nur Pinzgauer Vieh aufgetrieben wurde, gab es auf der Farmanger-Alm neben dieser Rasse auch noch viel Fleckvieh (damals allgemein noch als Simmentaler bezeichnet) und einige Kreuzungen. Die Besitzer dieses Viehs waren Bauern aus dem „Kirchbichler-Boden“ und „Wörgler-Boden“. Allgemein hießen sie „die Ausländer“. Von diesem Vieh gefielen uns die „Kreuzungen“ zwischen Pinzgauern und Fleckvieh am besten. Sie wurden wegen der weißen Köpfe und braunen Körperfarbe als „Helm“ bezeichnet. Das Kennlernen des Viehs bereitete also keine großen Schwierigkeiten.

Etwas Geduld brauchte man, bis das Vieh von den verschiedenen Bauern die Standplätze im Hag akzeptierte. Da ging es in der ersten Zeit beim „Eintun“ (Einstallen) nicht ohne Raufereien, Gedränge, Geschrei und Gefluche ab. Sepp musste sich für seine Flüche und für den - nach ihrem Gefühl - zu starken Gebrauch des „Steckens“ so manche Mahnung seiner Mutter anhören. Bei mir hatte sie diesbezüglich wenig Anlass zur Rüge. Dies nicht deshalb, weil ich weniger gerne und weniger gekonnt geflucht hätte, aber ich hätte mich einfach nicht getraut, nachdem mir inzwischen ja die fromme Einstellung meiner Chefin bekannt geworden war. So beteten wir gemeinsam zumindest jeden Sonn- und Feiertag einen „Rosenkranz“. Dabei war ich entschieden der bessere „Nachbeter“ als Sepp, dem mich Lisei gerne als Vorbild vor Augen hielt, wenn er gelegentlich nicht recht „bei der Sache war“. Vollauf entschädigt wurde ich aber beim Essen. Ein besseres „Miasl“ (Schmarren) als bei der Feller Lisei - kommt mir vor - habe ich später nie mehr gegessen, wenn sie auch die übrigen, auf Almen gebräuchlichen Speisen, wie Kas- und Speckknödel, Pressknödel, Kasspatzl, Türkenkoch (Maismehl-sterz), sonstige Milchspeisen und die verschiedenen „Nocken“ (Mehlspeisen mit Waldbeeren, Äpfeln, Kirschen) usw. sehr gut zu kochen verstand - das „Miasl“ war ihre Spezialität!

Im engen „Hag“ dirigierte sie mit bewundernswertem Geschick bei ärgstem Gedränge das Vieh am Beginn der Alpzeit auf die noch ungewohnten Plätze, wobei sie den Stock nur ganz behutsam zu Hilfe nahm. Auch von der Behandlung der verschiedenen Krankheiten und Verletzungen beim Vieh verstand sie mehr als viele Männer. Man kann von ihr sagen, dass sie das Leben gemeistert hat, obwohl ihre beiden Söhne beim Tod des Mannes erst 12 bzw. 2 Jahre alt waren. Es ist ihr damals sicher nicht leicht gefallen, allein auf sich gestellt, die Alm weiter zu bewirtschaften. Kaum war ihr Mann unter der Erde, wollte man ihr die Almanteile bereits abkaufen. Solche Angebote gab es genug, Lisei blieb aber eisern und verschaffte sich bald allgemein Respekt und Anerkennung. Heute würde man sagen, sie war eine voll emanzipierte Frau.

Man konnte als junger Mensch von ihr tatsächlich viel lernen, vor allem auch den richtigen Umgang mit dem Vieh.

Das sah ich schon am ersten Weidetag nach dem Auftrieb! Die „Farmanger-Alm" hatte nämlich eine Besonderheit und echte Schwierigkeit. Sie galt als eine der gefürchteten „Vollwerd-Almen". Das heißt, man hatte in der ersten Almwoche jedes Jahr außerordentlich stark unter dem „Vollwerden" - das ist die Pansenblähung der Rinder - zu leiden. Es hieß, auf dem Farmanger sei dafür ein gewisses „Vollkraut" (Lerchensporn) die Ursache. Jedenfalls war es eine Tatsache, dass jenseits des Baches, der nur einige hundert Meter unterhalb der Farmanger-Grundalm die Grenze zur gegenüberliegenden „Grubalm" bildet, kaum ein Fall von Pansenblähung auftrat, während man herüben alle Hände voll zu tun hatte, das Schlimmste zu verhüten. Sobald in dieser Zeit das Vieh auf die Weide kam, mussten ständig einige Leute unterwegs sein und die Kühe im Auge behalten. Wenn sich bei einem Rind eine abnormal starke Wölbung der linken Oberbauchseite zeigte, musste das Tier schleunigst in den Stall getrieben werden. In leichten Fällen verflüchtigten sich die Pansengase, welche ja die Ursache für die Blähungen waren, nach einiger Zeit von selbst. Wir strichen solchen Rindern noch eine Handvoll Kuhdreck ins Maul, damit sie nicht gleich wieder mit dem Grasen begannen, wenn sie auf die Weide zurückkamen. Bei hartnäckigem Anhalten der Blähung oder von vorneherein schon starker Wölbung und Verhärtung der Pansenpartie bekamen die Tiere eine Flasche „Einguss" verpasst. Diese kräftige Medizin bezog man vom alten „Theiner", der ja ein bekannter Nottierarzt war und sich zu dieser Zeit immer selbst auf der Alm aufhielt. Die Kühe wehrten sich natürlich, wenn ihnen die Flasche mit dem bitteren Trunk ins Maul gesteckt wurde. Von meiner Sennerin hatte ich aber bald den Trick gelernt, wie sich diese Prozedur am besten bewerkstelligen ließ. Als letztes Mittel, wenn auch die „Eingüsse" nicht mehr halfen und die Gefahr des „Zerreißens" bestand, gab es noch den „Trokar", d.h. mit Hilfe des „Pansenstiches" konnten die Gase normalerweise noch einen Ausweg finden.

Später, auf einer anderen Alm, kam mir dann der Fall unter, dass eine Kuh trotz fachgerecht durchgeführten Pansenstiches zugrundeging. Das war aber sicher eine Ausnahme.

Im „Pletzergraben" gab es übrigens noch einige andere Almen, die unter dem „Vollwerden" zu leiden hatten, wenn auch nicht so stark wie am „Farmanger", so meiner Erinnerung nach z.B. „Lachtal" und „Schlinach". Warum man heute vom Vollwerden auf diesen seinerzeit gefährdeten Almen nichts mehr hört, dürfte wohl den

Grund haben, dass damals das Vieh bei der durchwegs sehr knappen Winterfütterung heißhungrig auf die Alm kam. So verschlang es das Gras zu hastig, in dem sich ja jenes genannte Kraut befunden haben wird. Dazu kam noch auf diese Weise zu viel Luft in den Pansen, wodurch die geschilderte Erscheinung zustande kam. Jedenfalls ist mir die Tatsache, dass wir oft bis zu 20 „volle“ Rinder im Stall stehen hatten, eine bleibende Erinnerung an meinen ersten Kühbuben-Sommer geblieben. Nach der ersten Woche und überhaupt dann auf der Hochalm gab es kein „Vollwerden“ mehr.

Dafür kam oben bei der großen Ausdehnung des Almgebietes mit den langen „Triebwegen“ auf uns Kühbuben viel mehr Arbeit zu! Andererseits fühlte man sich hier erst richtig auf der Alm. Am meisten gefreut haben sich oben wohl die Geißen, die nun bei schönem Wetter ihre bevorzugten Weideplätze am „Ranken“ aufsuchen konnten, wo sie reichlich bestes würziges Futter fanden. Es gab dort auch genug schattig kühle Liegeplätze. So war es verständlich, dass die Ziegen, die ja sonst von selbst um die Mittagszeit in ihren Stall fanden, gelegentlich bei heißem Wetter den „Abmarsch“ verpassten und dann aus den Felsen geholt werden mussten. Natürlich war es kein reines Vergnügen, den Geißen im „Ranken-Gewände“ nachzusteigen, während sich mittags die anderen Hüttengenossen aufs Ohr legen konnten.

Meine Chefin Lisei, deren einziger Viehbesitz außer den Schweinen die Ziegen waren, legte mir von Anfang an ihre Geißen besonders ans Herz und schärfte mir ein: „Wenn sie dich ärgern, dann darfst du dir ja nichts anmerken lassen und schon gar nicht darfst du grob werden!“

Dieser Rat war leicht zu befolgen, weil ich meine meckernde Herde vom ersten Anblick an gerne mochte, was anscheinend auf Gegenseitigkeit beruhte. „Die Geißen gingen mir zu“, wie man landläufig sagte. So musste ich auf der Hochalm nur ein- oder zweimal den Gang auf den „Ranken“ antreten. Dazu kam mir noch ein Umstand zugute: Die alte „Glockengeiß“ (Leittier der Herde) war ganz scharf auf frischen „Juten“ (Molke), den wir täglich nach der Käserei als Abfall für die Schweinefütterung aus der „Schweizerhütte“ holten. Deshalb kamen meine Geißen fast regelmäßig bereits vor der Mittagszeit in den Stall, wobei die „Alte“ zum Lohn und Anreiz einen „Sechter“ voll der ersehnten Labung erhielt.

Was uns „Kühbuben“ betrifft, waren wir auf der Farmanger-Alm beide ziemlich gleich ausgerüstet: Die Fußbekleidung bestand zu jener Zeit aus niederen Holzschuhen, vorne spitz zulaufend mit Lederoberteil, in die wir barfuß oder mit „besetzten" Wollsocken schlüpften. Der „Besatz" bestand aus einem starken Bauernleinen, das uns die Mütter auf den Sohlen- und Fersenteil der Socken genäht hatten. Die Holzschuhe wurden aber nur beim „Eintun" (einstallen und an die Kette legen), beim „Auslassen" (von der Kette lassen und austreiben) sowie zum Melken und „Scharren" (Stall säubern) getragen. Die hohen Lederschuhe zog man nur an, wenn Schnee fiel oder bei Gängen aufs Land (ins Tal). Sonst lief jeder Kühbub im Gelände beim Kühtreiben und allen sonstigen Außenarbeiten nur barfuß. Zu den Lederschuhen gab es wohl Socken, meistens wurden die Füße aber nur mit „Fußfetzen" umwickelt. Die weitere Bekleidung eines Kühbuben bzw. Almingers bestand – um bei den Füßen zu bleiben – aus den sogenannten „Beinhosen" (gestrickte Wadenwärmer, wie sie ähnlich bei bayerischen Trachtlern heute noch zu sehen sind). Dann kam als wichtigstes Bekleidungsstück die kurze Lederhose mit dem Hosenträger aus gleichem Material. Unterhosen oder gar Unterleibchen gab es selbstverständlich nicht. Die Lederhose zogen wir übrigens auch beim Schlafen kaum einmal aus. Wurde sie bei Regenwetter nass, so ließ man sie meistens im Bett am Leib trocknen. So musste man wenigstens am Morgen nicht in eine feuchte Hose schlüpfen. Nur bei ganz argem Sauwetter, wenn es Schneefall gab, kam eine lange blaue Barchentunterhose als Knieschutz dazu. Vervollständigt wurde die normale Bekleidung mit einem Hemd und durch den blauen „Fetzen" (Schürze), von dem der untere Teil mit einem Zipfel so in das um den Bauch geknüpfte Band gesteckt war, dass der andere Zipfel die Form eines Dreieckes zeigte. Wichtig waren schließlich noch der feste Rock und ein guter Filzhut. Der Regenschutz bestand aus einem lodenen, ärmellosen Umhangmantel. Gummimäntel und Gummistiefel kannte man damals noch auf keiner Alm. Zur Melkarbeit und Stallreinigung hatten wir einen dünnen Melkrock über dem Hemd an. Als Melkhut wurde zu der Zeit den ganzen Sommer über der gleiche alte „Deckel" benützt, der dann im Herbst ganz schön „speckig" war. Zur Fußbekleidung wäre noch nachzutragen, dass sowohl die Holzschuhe als auch die Lederschuhe dicht benagelt waren, die Lederschuhe sogar am Sohlenrand mit „Flügelnägeln", weshalb solche aus Schuhen ausgebrochenen Nägel auf allen Wegen und Steigen lagen, wenngleich sie nicht alle vom Almpersonal stammten. Dass überall solche spitzen Dinger vorhanden waren, bekamen wir Barfußläufer, vereinzelt aber auch das Vieh zu spüren, wenn wieder einmal ein Nagel in der Fußsohle bzw. in einer Kuhklaue steckte. Da diese Nägel oft schon rostig waren, muss man sich wundern, dass nie eine Blutvergiftung oder ähnliches daraus entstand. Entweder wirkten die aufgelegten „Pechpflaster" so gut oder wir waren schon ziemlich immun, wahrscheinlich beides!

Den Kühen, die durch solche Nageltritte meistens stark hinkten, schnitt man nach dem Herausziehen des Nagels um das Nagelloch eine kegelförmige Erweiterung, in die man etwas Lysol und dann „Steinöl" rinnen ließ. Dann wurde die Klaue für einige Tage in einen festen Verband gelegt. Heute gibt es dieses Problem kaum mehr, nachdem anstelle der genagelten Schuhe Gummistiefel bzw. Gummisohlen getreten sind.

Auf der Niederalm schliefen wir Männer damals im Heu, auf der Hochalm lagen wir in „Gransen" (einfache, mit Brettern umrandete Liegestatt), wobei die Unterlage aus Heu und Farn bestand, die „Zuhüll" aus einem „Goita" (schwere Steppdecke).

Beide Schlafgelegenheiten befanden sich auf der „Hoss". Dort war es besonders schön romantisch und anheimelig, wenn der Regen auf das Schindeldach prasselte und die Kühe wiederkauten, sich „änzten" (wohlig schnauften und ächzten), die Ketten klirrten und die auch in der Nacht am Halse bleibenden kleineren Glocken und „Schallpern" (Schellen) dazu die Begleitmusik abgaben.

Jetzt ist es vielleicht angebracht, einen Arbeitstag auf der „Farmanger-Alm" zu beschreiben: Das Tagwerk begann im Vorsommer mit dem Melken um ungefähr 2 Uhr früh. Aus meiner ganzen Almzeit ist mir dieses Frühaufstehen als Vierzehnjähriger in schlimmster Erinnerung. Bei schönem Wetter, wenn die Kühe nach dem Abendmelken wegen der Ungezieferplage relativ spät auf die Weide kamen, gab es selbstverständlich auch kein frühes „Eintreiben". Bis die letzten Tiere im „Hag" an der Kette hingen, war es dunkel. Dazu kam es öfters vor, dass eine oder mehrere Kühe fehlten, was meistens erst im Stall festzustellen war. In diesen Fällen mussten wir – mit Laterne und Taschenlampe versehen – noch einmal in die Finsternis hinaus, um alle Schlupfwinkel abzusuchen. Hatte man Glück, dauerte das nicht allzu lange. Öfter aber ging es schon gegen Mitternacht, bis das Vieh vollzählig im Hag stand. Für einen Buben im besten Wachsen war es eine Qual, nach so kurzem Schlaf wieder geweckt zu werden. Deshalb ist es eine meiner schönsten Erinnerungen an diese Zeit, wenn wir gelegentlich irrtümlich um eine Stunde zu früh geweckt wurden, der Irrtum aber dann noch rechtzeitig bemerkt wurde, bevor wir aus dem Bett stiegen. Wenn Lisei, die sich ja vorher am Wecker „verschaut" hatte, dann heraufrief: „Buben, ihr könnt noch weiterschlafen!" drehte man sich mit einem unbeschreiblich wohligen Gefühl auf die Seite und schlief augenblicklich wieder ein. Leider wurde uns dieses Glück nicht sehr oft zuteil!

Längere Nächte gab es auch, wenn Schnee gefallen war. Dann wurde morgens sehr spät gemolken, um das Vieh nicht vorzeitig unruhig zu machen. Vor Mittag war an solchen Tagen an das „Auslassen" meistens sowieso nicht zu denken. Speziell auf der Hochalm gab es bald Probleme, weil ja nur ganz wenig Notheu vorhanden war. Man konnte von Glück reden, wenn um die Mittagszeit ein Zipfel vom „Gwösch" (begüllte Fläche), das ja auf der Hochalm am weitesten hinunter reichte, einigermaßen aper geworden war. Sonst hieß es aber, das Vieh auf die Niederalm zu treiben. War der Schneefall sehr ergiebig, was ich auch erlebte, so musste die ganze Herde auf die „Schneeflucht" hinausgetrieben werden. Dieses Gebiet war schon damals stark mit Stauden und Jungbäumen verwachsen. Die Tiere dort zusammenzuhalten und dann wieder heimzutreiben war eine ausgesprochene Sauarbeit. Triefend vor Nässe vom Kopf bis zum Fuß kamen wir mit dem Vieh dann in die Ställe. Die seinerzeit vorhandene Regenbekleidung bot ja nur wenig Schutz gegen Nässe. Dauerte das schlechte Wetter längere Zeit an, so hatte man tagelang kein trokkenes Gewand zum Anziehen. Es fehlte sowohl an Kleidungsstükken, als auch an der Möglichkeit zum Trocknen.

Aber um wieder auf die Schneefälle zurückzukommen, von denen die Almen meiner Erinnerung nach in den Sommern 1936 und 1937 mehrmals heimgesucht wurden: Ein- oder zweimal gab es für die Tiere sogar auf der „Schneeflucht-Weide" nichts mehr zu grasen. Der Schnee lag bis weiter hinaus im Pletzer-Graben. So mussten Heu und „Gleck" (Heublumen mit Salz und Kleie) gefüttert werden, um die schlimmsten Tage ohne zu großen Leistungsabfall zu überbrükken. Das Arge an solchen Wetterstürzen war ja damals für die Almen – besonders wenn sie bald nach dem Auftrieb eintraten –, dass sich der Milchrückgang auf die ganze Sommermelkung nachhaltig auswirkte.

Die einmal stark abgefallene Milchleistung stieg nie mehr auf die vorherige Höhe an, selbst bei besten Futterbedingungen. Solche Wetterumstürze werden kaum in den Liedern über die Almromantik behandelt. Die Romantik bestand an solchen Tagen höchstens darin, dass die Alminger um das offene Feuer der Esse saßen, dabei vorne zu heiß hatten und hinten froren. Diese Situation ergab sich oft, wenn auch nur selten wegen eines Schneefalles. Wenn es nämlich wochenlang regnete und kein Sonnenstrahl wärmte, war es auch für Mensch und Vieh keine schöne Zeit. Gottlob kamen dann wieder freundliche

Tage, wo uns das Almleben freute. Dies war dann vor allem im Nachsommer ab Jakobi der Fall. Aus dieser Zeitspanne stammen wohl die meisten poetischen und gesanglichen Ergüsse, welche das Almleben verherrlichen.

Vorläufig sind wir aber noch im Frühsommer, der auf größeren Almen in jener Zeit wenig Spielraum für Unterhaltung bot.

Wohl gab es zum Ausgleich für die kurze Nachtruhe in der Regel einen ca. zweistündigen Mittagsschlaf, trotzdem war ich im Vorsommer nie ausgeschlafen. Allerdings auch der um ca. 7 Jahre ältere Sepp nicht, der zum Ärger seiner Mutter meistens noch schwerer wach und über die „Hoßleiter" herunterzubringen war. Mein erster Gang war dann zunächst in den Geißstall. Auf der Hochalm lag dieser sozusagen im Kellergeschoß, der etwas abseits stehenden „Putzerhütte". Diese Hütte bewohnte im ersten Sommer der schon erwähnte Putzer Seppei. Im zweiten Sommer war das Ehepaar Seppei und Nani auf der Alm vereint. Gemeinsam verrichteten sie die Arbeit des „Putzers" und des „A-Loch-Hüters".

In diesem Sommer war für mich das Geißenmelken unterhalb dieser Wohnung oft sehr unterhaltsam, weil ich beim Melken zwangsläufig die Morgengespräche des in jeder Hinsicht ungleichen Paares anhören durfte. Diese Wortgefechte waren sehr amüsant für einen wissbegierigen Buben. Seither scheint mir der Spruch: „Er lost, wie der Fak (Schwein) bei der Mühltür" recht treffend. Dies aber nur nebenbei bemerkt! Mehr möchte ich darüber nicht schreiben, weil diese Dialoge meist sehr persönlichen bzw. intimen Charakter annahmen.

Bevor ich meinen Geißen in der schon beschriebenen Weise die Euter entleerte, tauchte ich regelmäßig meine Arme in das kalte Brunnentrogwasser als Mittel gegen die „Melkhände", die mir hauptsächlich im ersten Almsommer gewisse Schwierigkeiten bereiteten. Diese äußerten sich in der Weise, dass sich die Finger zu Beginn der Melkarbeit nur schwer schließen ließen. Es handelte sich dabei wohl um eine Art Krampf oder Durchblutungsstörung, was sich aber durch die Einwirkung des kalten Wassers löste. Die gründliche Morgenwäsche kam dann nach dem Melken und dem Auslassen des Viehs, wobei die Sennerin darauf achtete, dass es nicht eine zu oberflächliche „Katzenwäsche" wurde. Übrigens musste das „Trogwasser" mehrmals am Tage, so nach dem „Hagscharren", dem „Einstallen", beim Füßewaschen vor dem Mittags- und Abendschlaf usw. benutzt werden. Für die gründliche Körperpflege stand am Samstag ein Kessel mit heißem Wasser bereit. Das Zähneputzen erfolgte mangels einer Zahnpasta mit Asche aus der Esse.

Nun wieder zum Ablauf der Tagesarbeit:

Zunächst musste ich nach den Ziegen noch 6 bis 7 Kühe melken, was mir im ersten Sommer gar nicht so leicht fiel. Das Geißenmelken ist doch wesentlich einfacher und auch weniger anstrengend. Nachdem die Geißen gemolken und bei schönem Wetter bergwärts gezogen waren, sich aber sonst eher unterhalb und in näherer Umgebung der Hochalmhütten aufhielten, ging die Melkarbeit im Kuhstall weiter. Insgesamt waren ja im Vorsommer ca. 35 Kühe zu melken, natürlich von Hand, da es zu dieser Zeit bei uns noch keine Melkmaschinen gab. Die Milch von den „Lehnbauern" schrieb die Almbesitzerin Lisei täglich auf eine Tafel, von wo sie in das „Milchbuch" übertragen wurde, das im Herbst als Unterlage für die Abrechnung mit den Vieheigentümern diente. Was dabei über die „Grasmilch" ermolken wurde, hatte der Lehnbauer abzüglich eventueller „Galtviehweidezinse" oder sonstiger Auslagen, wie etwa Tierarztkosten usw. von der Almbesitzerin in bar oder Naturalien zu bekommen. Hatte der Viehbesitzer aber sehr schlecht melkende bzw. früh „galtwerdende" Kühe, wodurch er die „Grasmilch", das Entgelt für Futter und Betreuung nicht erreichte, bekam die Almbesitzerin entsprechend dazugezahlt. Da früher hauptsächlich herbstkalbende Kühe auf solche Almen kamen und diese vor dem Kalben ca. 6 bis 8 Wochen Galtzeit benötigten, gaben sie oft kaum die Grasmilch. Die Grasmilch für eine Kuh betrug damals ca. 300 Liter (Milchpreis war 16 Groschen/Liter), 1956 waren es auch noch 300 Liter zu 1,94 Schilling, 1992 - 600 Liter zu 6,60 Schilling. Der Weidezins für die Kalbinnen betrug 1956 Schilling 280,-, 1992 - S 1.100,-; für Jährlinge waren es 1956 S 170,-, 1992 - S 850,-; für Kälber - 1992 S 700,-. 1936 bezahlte man für Jungvieh 10 bis 15 Schillinge Weidezins, gleichviel wie der Monatslohn für einen 14 bis 15-jährigen Kühbuben ausmachte.

Aber weiter zur täglichen Arbeit:

Nach dem Melken hängten wir den Leitkühen die „Grasglocken" um und ließen die Tiere der Reihe nach von der Kette. Unter Ho-Ho-Geschrei und gelegentlich notwendigen Stockhieben ging es hinaus auf die Weideplätze. Wirklichkeitsfremde Tierschützer hätten dabei sicher einiges auszusetzen gehabt oder wären gar empört gewesen über die Grobheit der Viehbetreuer. Es gibt aber auch beim Rindvieh - wie beim Menschen - Exemplare, die nur durch hartes Durchgreifen davon abzuhalten sind, anderen Spezies Schaden zuzufügen. So manche rauflustige Kuh benützt ein Gedränge - wie es bei Viehtrieben entsteht - um den eigenen Artgenossinnen gegenüber aggressiv zu werden. Es gab deshalb immer wieder Fälle von Frühgeburten oder andere Verletzungen, die durch einen Hornstoß in den Bauch ausgelöst wurden. Häufig entstehen solche Raufereien im Stall beim Anketten und Ablassen, sowie durch brünstige Tiere. Da in solchen Fällen mit gutem Zureden nichts erreicht wird, muss gelegentlich der Stock in Aktion treten, was von übertriebenen und wenig sachkundigen Zusehern als gemeine Brutalität ausgelegt wird. Was aber nicht ausschließt, dass sich unter dem Viehpersonal keine Schlägertypen befinden, denen es Freude macht, den hilflosen Tieren möglichst viele Schläge zu verpassen. Es waren und sind dies aber sicher Einzelerscheinungen.

Auf der „Farmanger-Hochalm" wurden die Kühe in der Regel am Morgen auf die entfernteren Weideplätze getrieben. Diese reichten ja – wie schon gesagt – bis in die Nähe der Daniel-Kapelle und dem, von dort nordostwärts verlaufenden ehemaligen Erzförderweg bis zur Grenze der „Ziedersbergalm". Es waren das auch Bereiche, wo keinerlei Düngung, außer den vom Vieh zurückgelassenen Fladen, möglich war. Für die Düngung kamen nur die tiefer liegenden Weideflächen in Frage, welche über offene Gräben mit „Schorrer" (streufreier Kot aus dem „Scharrkasten") versehen wurden. Da diese Schorrkästen (primitiv aus Steinen zusammengefügte Güllegruben) relativ klein waren, musste alle 2 bis 3 Wochen „gewaschen" werden. Diese Arbeit, bei der es sehr dreckig herging, verrichteten meistens die Alminger selbst. Am betreffenden „Waschtag" wurde der Schorrkasten, welcher nie ganz voll sein sollte, mit Wasser gefüllt und dieses Gemisch, das im Prinzip der richtigen Gülle entsprach, nur dickflüssiger war, so lange durcheinander gerührt, bis es in dem offenen Graben zur vorgesehenen Weidefläche rinnen konnte. Dazu gab es die größeren, immer wieder benützten „Waschgräben" und kleinere, die vom Hauptgraben abzweigten. Die Erhaltung bzw. Anlegung dieses Grabensystems lag – wo vorhanden – in der Hand des „Putzers".

War der „Schorrer" entsprechend flüssig, öffnete die für den „Schorrkasten" zuständige Person, meistens ein Mann, die mittels eines senkrecht stehenden Brettes verschlossene Ausflussöffnung und ließ das Kot-Wassergemisch in den Graben. Zum Aufrühren und Vermischen in der Grube hatte er eine langstielige „Krucke". Wenn nun der „Schorrer" durch den Hauptgraben bergab floss, leitete man ihn dorthin, wo die Düngung geplant war. Das konnte entweder direkt unterhalb des Hauptgrabens sein, wozu an der Stelle nur „ausgekehrt" werden musste, oder der Putzer hatte kleinere Seitengräben ausgehackt, um auf die dünge-bedürftige Fläche zu kommen (das notwendige Werkzeug war dabei die „Kreuzhaue"). Das ganze übrige Personal war mit „Waschkrucken" bewehrt und erwartete so den „Schorrer". Die Krucken hatten an einem runden, rechenlangen Stiel ein ca. 70 cm langes und 15 cm breites Querbrett befestigt, das meistens wegen der besseren Haltbarkeit noch zwei, vom Stiel abzweigende Seitenstreben aufwies, oder es war der Stiel überhaupt am unteren Ende gespalten.

Wenn dann die Gülle oft mit ziemlichem Gefälle über die zu spritzenden Weideflächen rann, traten die Krucken in Aktion. Mit schwungvollem Schub verteilten die „Kruckenträger" (männlich und weiblich) den „braunen Segen". War das Gelände an dieser Stelle ziemlich glatt, so ging das „Waschen" recht flott vorwärts, bei „schroppigem" Boden konnte diese Arbeit recht unangenehm sein. Vor allem auch deshalb, weil dann fast unvermeidlich ein Teil des wertvollen Düngers talab rann und verloren ging. Auf alle Fälle durfte man bei dieser Tätigkeit Schmutz und Gestank nicht scheuen!

Der Nachteil bei dieser Art Düngerverwertung war, dass relativ kleine Flächen auf diese Weise gedüngt und teilweise sogar überdüngt werden mussten. Dies war ja auch besonders auf der Grundalm (Niederalm) der Fall, wo das unterhalb der Hütte liegende Gelände wenig Möglichkeit für die „Gefällsgüllerei" aller Art bot.

Für die abendliche Weide wurde also bevorzugt dieses „Gwösch" (Gewäsch) benutzt, da sich die Rinder dort am raschesten sättigten. Der Futternachwuchs war ja dort auch am besten und außerdem lag die Weide nicht zu weit von der Hütte entfernt. Dies galt vor allem für die Hochalm, auf der Niederalm (Grund) waren die Entfernungen sowieso nicht so groß. Da ging das Theinervieh vorwiegend talaus, das Fellervieh taleinwärts.

Auf der Hochalm gab es noch eine Besonderheit: Ein größerer, weithin sehr steiler Almteil nordöstlich der Hütte, südöstlich situiert und getrennt durch einen Zaun, konnte nur an bestimmten Tagen geweidet werden. Sowohl bei Regenwetter als auch bei länger anhaltender Trockenheit bestand hier die Gefahr des „Abkugelns" (Abstürzens). Der Boden ist dort sehr „morerdig" (mürbe), d.h. unter der Grasnarbe befindet sich zwar sehr gutes, aber eher lockeres Erdreich, das den Tritten schwerer Kühe wenig Halt gibt. Früher, wohl in der Zeit des Bergbaues, soll hier sogar Ackerbau betrieben worden sein. Darauf deutet auch der Name „Weizleit" hin, der heute noch gebräuchlich ist. Diese Weidefläche zieht sich in der ganzen Länge von der Hochalm bis in die Nähe der „Grundhütten" und hat, wie man mir erzählte, schon so manchem Tier durch Absturz bzw. durch

Abrutschen das Leben gekostet. Zu meiner Zeit haben wohl der bereits bestehende Zaun und die Vorsicht hinsichtlich der Weidezeit einen solchen Unglücksfall verhindert.

Ein weiterer, sehr gefährlicher Bereich liegt direkt unterhalb der Hochalmhütten, die sogenannten „Egger". Diese bestehen aus steilen, aber sehr gutgräsigen Weideflächen und gefährlichen Gräben. Diese Gräben bilden eine ständige Gefahr für die darunter liegende Niederalm (erst 1987 kam es an einigen Stellen wieder zu Abrutschungen). Beweidet können die „Egger" nur durch Kälber, Ziegen und Schafe werden. Für die Kälber ist diese Weide allerdings nur bedingt geeignet, weil der sehr saftige und üppige Graswuchs den Jungrindern wenig zuträglich ist.

Die vorher geschilderte „Weizleit" ist übrigens, was den Futterwert anbelangt, eine der besten Weideflächen auf dieser Alm. Sie fällt in jenen, mit Dolomiteinsprengungen durchsetzten Teil der Kitzbüheler Alpen, der sich sonst in der Grauwackenzone liegend, vom Spielberg – Wildseeloder – Bichlalm – bis in Bereiche südlich des Brixentales erstreckt, wobei noch einige Erhebungen südlich und nördlich dieser Linie eingeschlossen sind. Geradezu eine Leitpflanze für diese guten Weidegründe ist z.B. die „Braunelle", die auch in der „Weizleit" zumindest damals viel zu finden war. Zwar keine Leitpflanze, aber doch eine Rarität wuchs an einer anderen kleinflächigen Stelle nordöstlich der Daniel-Kapelle, nämlich weiße Almrosen. Dieser Flecken war nur einige Quadratmeter groß und es ist fraglich, ob er heute noch die Flora des Farmangers bereichert. An der Stelle konnte ich jedenfalls vor einigen Jahren von dieser Rarität keine Spur mehr finden.

Nun aber zurück zum eigentlichen Thema: Nach dem Austreiben war meine nächste Arbeit das „Schorren". Wie heute noch auf den meisten Almen, bestanden die Liegeplätze für das Vieh im Stall aus Holzdielen. Die „Hagdielen", wie sie genannt werden, sind 2,40 m lang. Das Vieh hing bei uns, wie auf den meisten Almen dieser Gegend, in Längsrichtung des Stalles mit dem Hinterteil zueinander. Dazwischen gab es nur eine ca. 10 cm breite offene Rinne, über die der Harn nach vorne abgeleitet wurde. Auf einer zweiten solchen Doppelreihe galt dieselbe Anordnung. In der Mitte standen die Kühe je einer Reihe mit den Köpfen zusammen, die zweite Reihe hing je an der Außenwand. Quer zum Gebäude, an den Wohnteil anschließend, war auf der sogenannten „Vorbrugg" (Vorbrücke) an der Wand ebenfalls Vieh angekettet, dessen Harn über eine Rinne, in die auch jener von den Längsständen floss, abgeleitet wurde.

Täglich zweimal musste also der Stall gereinigt werden. Dazu benötigte man die „Schorr-Krucke", mit welcher der Kot in Richtung der Mittelrinne heruntergekratzt wurde und eine Schaufel, ähnlich der Schneeschaufel, die dazu diente, den zusammengekratzten Kuhdreck in die vierseitig geschlossene „Schorr-Truhe" zu schöpfen. Der Transport in den mehr oder weniger entfernten „Schorr-Kasten" war besonders bei sehr flüssigem Zustand der Viehausscheidungen nicht einfach, wie dies im Frühsommer und bei gutem, üppigem Futter der Fall war. Am schwierigsten waren dabei die letzten Meter über den „Laden" auf die Dungstätte selbst, wo man den Schubkarren an der richtigen Stelle rasch umkippen musste. Speziell bei nasser Witterung und schlüpfrigem „Laden" konnte es schon passieren, dass dem „Ausradler" die volle Truhe beim Umkippen entglitt und in die Grube fiel. Das bekannte Gstanzl: „Lustig is gwesen am Jaggastag z'Alm, is da kloa Küehbua in ‚Schorrkaust' einigfalln", weist sogar darauf hin, dass die Truhe nicht immer allein abstürzte!

Mir selbst ist so etwas zwar nie passiert, die Truhe jedoch rutschte mir auch einige Male hinunter. War dann der gröbste Dreck ausgeradelt, so wurde noch der Hagboden mit der Krucke nachgeputzt und schließlich noch der Besen zum „ganz Saubermachen" eingesetzt. Die Stallbesen wurden, wenn möglich, aus Birkenreisig selbst hergestellt. Wir fabrizierten sie auf der Farmangeralm aus „Luderstauden" (Alpenerle), die am Ranken zur Genüge wuchsen. Der Vorgang des Bindens war einfach. Das für einen Besen vorgesehene Reiserbündel presste man mittels eines „Klobenstricks" möglichst dicht zusammen. Auf die Kopfseite, wo der Stiel einzusetzen war, kamen zwei Eisenringe. Der vordere buschige Teil wurde mit einer Schnur zusammengehalten. Die „Luderbesen" hatten zwar nicht die Lebensdauer der Birkenbesen, das Rohmaterial war aber dafür viel leichter zu beschaffen. Diese Besen waren im Rohzustand (grün) ziemlich schwer. Ihre Handhabung erfolgte beim „Schorren" nicht etwa wie mit einem Küchenbesen, sondern im Rhythmus: schwungvoller Strich mit den Handrücken außen, dann zur Säuberung des Besens ein Schlag auf den Boden, darauf wieder ein Strich usw. Viel lustiger und leichter war dabei ein nasser Hagboden gegenüber festerem Kot zu reinigen (abgesehen von „starken" Verdauungsprodukten des Nachsommers). Am wenigsten Mühe machte das Säubern des „Geißhages". Der Schweinestall, der unter der Vorhütte lag, wurde sowieso meistens von der Sennerin oder dem Buben Hansi gesäubert, da Lisei selbst für die 8 bis 10 Schweine sorgte. Die Hauptnahrung für das Borstenvieh bestand aus dem Käsereiabfall „Juten" und dem in der näheren Umgebung der Hütten für sie erreichbaren Gras.

Während ich die Ställe säuberte, wobei mir in den Ferien auch Hansi und teilweise Sepp halfen, musste dieser, wenn es die Feller anteilmäßig traf, in der Schweizerhütte den Rührkübel (Butterfass) drehen und auch sonst bei der Käserei mithelfen. In der Regel war dies jeden 2. oder 3. Tag, je nach Milchaufbringung. Die Sennerin Lisei musste nach Abschluss der Käserarbeit beim Geschirrwaschen dabei sein.

Damals gab es noch den schönen, romantischen und zweckmäßigen Brauch, dass in Gemeinschaftsalmen mit mehreren Hütten zum Geschirrwaschen in der Schweizerhütte „geklopft" wurde, d.h. man schlug mit einem Holzschlägel, den der Schweizer zum „Zusammentreiben" der Käsereifen brauchte, außerhalb der Hütte einige Takte auf den Boden eines leeren Melchsechters oder Schaffes. Da dieses Geschirr ja aus Holz bestand, gab es einen weithin hörbaren Klang. So war dies nicht nur für die eigenen Alpleute das Signal zum Geschirrwaschen, sondern man wusste dadurch auch gleichzeitig, wo die Nachbaralmleute mit der Milcharbeit zeitmäßig standen. Es war das oft sogar eine Art Wettbewerb. Diese Art der gegenseitigen Verständigung war seinerzeit, als noch auf der „Grubalm" und der „Farmangeralm" „geschweizert" wurde, allgemein üblich. Natürlich traf das auch auf anderen Gemeinschaftsalmen zu. Von daher kam wohl die folgende Gstanzlstrophe: „Lustig mia Almerer - mia Sechtaklopfa - wenn's Diandl amoi krank is - mach ma selba Dokta" (Alpacher Sänger).

Auf der Niederalm lagen die vier Grubalmhütten nur ca. 600 bis 700 m Luftlinie von unseren Hütten entfernt. So konnte man sich sogar mit Hilfe eines „Seihtrichters" (Holztrichter, in den zum Abseihen der kuhwarmen Milch ein „Seichwaschel" oder sonstiger Filter hineinkam) auch mündlich recht gut verständigen. Dass dabei auch verschiedene Spottreime und sonstiger lustiger Unsinn hin und her geschrien wurden ist verständlich, gab es doch auf den Almen zu jener Zeit genug und überwiegend junges Personal.

So waren z.B. auf der Grubalm 4 Sennerinnen, 4 Kühbuben, 1 Schweizer, 1 Putzer und der „Jufenhüter" sowie meines Wissens bis Mitte der 1930er-Jahre sogar noch ein eigener „Karhüter". Heute ist kaum mehr die Hälfte an Almingern vorhanden. Vielfach wird das Vieh von daheim aus betreut, sodass man besonders auf vielen Galtviehalmen vergeblich ständiges Almpersonal sucht (vor allem auch wenig junges!). Zu meiner Zeit schallte der innere Pletzergraben noch über vom Jauchzen und Treibergeschrei der Kühbuben, Kuhdirnen und Sennerinnen. Kein Wunder, dass man trotz der harten Arbeit gerne Alminger war.

Im Nachhinein betrachtet wiegt jedenfalls die Geselligkeit und einfache, naturnahe Tätigkeit, wie ich sie erlebt habe, alle Mühen und Unbilden des Almlebens auf. Jeder wird es allerdings nicht so schön sehen. Etwa wenn ein Kühbub an eine alte, griesgrämige Sennerin geriet oder mit dem Melker nicht harmonierte. Dann konnte ein Sommer eventuell sehr lang und freudlos werden. Mir ist das zum Glück nie passiert. So mancher Kühbub musste sogar arge Schikanen erleiden, denn ein Davonlaufen während des Sommers war zu jener Zeit nicht so einfach, weil Arbeitsplätze nicht so leicht zu finden waren und einem „Davonlaufer" oft auch mit Misstrauen begegnet wurde.

Somit bin ich aber wieder zu einer Ausweitung des eigentlichen Themas, der Tagesarbeit gekommen. Zum „Sechtaklopfen" wäre noch nachzutragen, dass dieses Verständigungsmittel auf größeren Gemeinschaftsalmen auch für den Beginn des Austreibens und Eintuns, sowie als Aufruf für andere Zusammenarbeit üblich war.

Wenn die „Fellerischen" in der Schweizerhütte bei der Käsereiarbeit sozusagen dienstfrei hatten, half mir auch Sepp teilweise bei meinen Obliegenheiten. Eine seiner Aufgaben bestand auch darin, die Milch in einer Rückenbutte aus Holz in die Schweizerhütte zu tragen und umgekehrt den Juten zu holen. Im Vorsommer wurden damals täglich ungefähr 500 bis 600 Liter Milch verkäst. Bei schönem Wetter hatte sich allerdings bereits lange vor Beendigung der Arbeit in der Schweizerhütte, das Vieh bei den Stallungen eingefunden. Es hatte, wie man sagte, „gebießt" (von der Hitze und dem Ungeziefer, wie Bremsen und Fliegen in Richtung Stall geflüchtet).

Merkwürdigerweise gibt es heute bei weitem nicht mehr so viele Bremsen wie damals. Für uns Kühbuben bedeuteten solche „Bießtage" einerseits weniger Arbeit, weil sie uns das Kühetreiben zu Mittag ersparten, andererseits gab es durch die längere Stallzeit mehr zu „schorren". Auch das Melken war an heißen Tagen in den engen Ställen nicht nur eine warme, sondern auch sonst sehr unangenehme Arbeit. Dies spürten wir besonders auf der Niederalm in der „Mitterweil". Wenn das Vieh zum ersten Mal von der Hochalm herunter kam, gab es überall Gras in Hülle und Fülle. Dementsprechend bekamen die Kühe auch durchfallsähnliche Zustände. Der ohnehin sehr enge Hag, wo die Tiere sich fast mit den Hinterteilen berührten, schwamm an solchen Tagen vor den Melkzeiten geradezu im Dreck. Die Kühe, auch innerhalb der Stallmauern noch von Fliegen geplagt, schlugen mit den ausgiebig im flüssigen Kot getauchten Schwänzen um sich. Dabei gab es einen „Volltreffer" nach dem anderen ins Gesicht, um den Hals und sogar vereinzelt in die Augen der Melker. War dann das Vieh aus dem Stall, musste man die ganze „Suppe" hinaus radeln, - die reinste Sisyphusarbeit, von der die heutige Generation im Zeichen der „Schwemmentmistungen" keine Vorstellung mehr hat. Zum Glück dauerte das Ärgste nur ca. 14 Tage. Auf der Hochalm gab es bei der zweiten Auffahrt bald mehr Platz. Immer mehr Milchkühe „gingen galt" (wurden trockengestellt) und blieben dann zumindest in der Nacht und bei trübem Wetter untertags im Freien. Vonseiten der Almbesitzer sah man das allerdings nicht sehr gern, weil dadurch wertvoller Dünger zum „Waschen" verlorenging. Auf der anderen Seite waren besonders für die hochträchtigen Kühe mehr Ruhe und weniger Treiberei notwendig. Erst in der Galtzeit konnte die Kuh die erforderlichen Reserven für das Kalb und die folgende Laktation (Melkperiode) anlegen. Ständig getrieben, sozusagen unter dem Stock, wäre dazu keine gute Voraussetzung.

Ab Jakobi war dann überhaupt das „Sedeln", die Umstellung vom „Richtzeiteln" auf das nächtliche „Ausliegenlassen" im Freien für das gesamte Vieh allgemein üblich. Damit begann auch für die „Alminger" eine schönere Zeit. Abgesehen davon, dass zu Jakobi nach altem Brauch die Almbesitzer mit Bäuerin und gleichermaßen auch die Lehnbauern den Almen einen Besuch abstatteten, um nach dem Vieh zu sehen, gab es bei dieser Gelegenheit allerhand Mitbringsel, die auf der Alm rar waren. So z.B. die ersten „Weißäpfel", Zopfenbrot, Lebkuchen, Schnaps oder auch einmal ein Fläschchen Wein und für die Küche manche Zutat. Nicht fehlen durfte auch eine Flasche Rum für den „Teesud", bei dem sich in der Folge das Almpersonal gerne reihum traf, um bei Zugin, Fotzhobel, Gitarre oder auch Grammophon das Tanzbein zu schwingen. Ein schöner, halbwegs glatter Hagboden genügte den holzschuhbewehrten Tanzpaaren vollauf. Kaum jemand von den jungen Leuten wäre es eingefallen, sitzen zu bleiben beim Klange der einfachen Instrumente im Gegensatz zu heute, wo die allgemein übliche elektronisch verstärkte und gesteuerte Tanzmusik anscheinend nicht mehr in die Beine geht! Jedenfalls ergab sich damals unter den Almleuten ohne viel Alkohol eine echte Fröhlichkeit. Höhepunkt der spätsommerlichen Unterhaltung waren dann in „Der Pletzer" (Gasthaus Innerpletzer) der „Bockball" mit dem üblichen Geißbock-Braten und kurz vor dem Almabtrieb das „Alminger-Abgruhn" (Verabschiedung der Almleute).

So wurde das Almpersonal im Nachsommer doch etwas für die harte Arbeit im Vorsommer entschädigt. Ich war allerdings mit knapp

14 Jahren noch zu jung, um überall mithalten zu können. Aber zumindest die üblichen Tänze wie Walzer, Polka und Bayerischer wurden mir unter Anleitung der Sennerinnen bald geläufig. Weitere Wissens- und Erfahrungslücken konnte ich im zweiten Almsommer schließen!

Damit bin ich aber der unmittelbaren Tagesarbeit schon wieder vorausgeeilt:

Außer den bereits geschilderten und sich täglich wiederholenden Aufgaben des Kühbuben gab es außerhalb des Mittagsschlafes immer allerhand sonstige, kleinere Beschäftigungen, sei es das Holzhacken, Einholzen, Spänemachen, von einer etwas entfernter liegenden Quelle gutes Trinkwasser holen, den Kühen, Kälbern und Ziegen „Gleck" verabreichen usw. Nicht selten galt es auch, einen „stierenden" (brünstigen) Galtling, der in seinem Liebesdrang auf dem „A-Loch" zum „Ziederberg" oder der „Grubalm" ausgerissen war, in sein Revier zurückzubringen, was oft eine recht zeitraubende und schwierige Angelegenheit war. Treibhund befand sich 1937 ja keiner mehr auf der Alm. Es gab aber auch sonst immer wieder „Ausbrecherinnen", die keinen Zaun respektierten, abgesehen von dem noch zu schildernden Spezialfall.

In den beiden Sommern 1936/37 hatten wir beim Jungvieh viel mit dem „Kotfärben" (eine Art Ruhr, wobei der Kot mit Blut vermischt abging) zu tun. Dabei kam das Vieh, vor allem waren das 1 bis 1½-jährige Galtlinge, körperlich gänzlich herunter und mussten einige Zeit im Stall bleiben. Dort mussten sie hungern, bevor sie dann langsam mit wenig Heu und einem speziellen „Einguss" auf die Beine gebracht wurden. Es dürfte sich bei dieser Krankheit wohl um Verkühlungen durch langanhaltendes, mit Schneefällen vermischtes Regenwetter gehandelt haben, dem das in höheren Regionen weidende, meistens im Freien lebende Jungvieh, nicht gewachsen war. Es traf vor allem solche Tiere, die in schlechter Kondition auf die Alm gebracht wurden. Unsere Chefin Lisei war unermüdlich um die kranken Galtlinge bemüht und brachte alle wieder zum Gesunden, obwohl das „Kotfärben" bei den damaligen veterinärmedizinischen Möglichkeiten auf Almen nicht ungefährlich war. Schlimmer allerdings, weil viel häufiger mit tödlichem Ausgang, wäre noch das „Wasserfärben" (Blutharnen) gewesen, das angeblich von Zecken übertragen wurde. Damit hatten wir zum Glück nicht zu leiden. Betroffen waren davon vor allem Gebiete und Almen mit starkem Staudenbewuchs.

Eine viel schlimmere Krankheit suchte uns in einem der Alpsommer heim - das „seuchenhafte Verwerfen". Dabei erwischte es vor allem die trächtigen Kalbinnen auf dem „Jufen". Der Hüter brachte jene Tiere, die das Kalb schon verloren hatten oder offensichtlich ein totes Kalb zur Welt bringen würden, zu uns auf die Hochalm. Dort bestand aber wieder die Gefahr weiterer Ansteckung. So mussten diese „Wurfkalbinnen" von ihren Besitzern weggebracht werden. Wie ich mich entsinne, hatte diese ansteckende Bangseuche in einem meiner beiden Farmanger-Sommer viele Opfer gefunden.

Das Kalb kam dabei meistens im 6. Monat tot zur Welt. Der dadurch den Bauern entstandene Schaden ging weit über das nicht lebensfähige Kalb hinaus. Zunächst blieb bei einer „Wurfin" die „Säuber" (Nachgeburt) meistens tagelang und länger stecken, sodass sich die ohnehin geringe Milchbildung noch mehr verringerte und das Rind auch körperlich stark litt. Dann war vor allem die Gefahr der weiteren Ansteckung eines ganzen Stallbestandes gegeben. So gab es für den betroffenen Bauern nur zwei Möglichkeiten: entweder die kranke Kuh der Schlachtung zuzuführen - oder „Ausleiden"! Das hieß: wenn der Stall sowieso verseucht war, die Bangrinder behalten, alle Nachteile in Kauf nehmen und so die Immunisierung abwarten. Nach drei Jahren konnte gerechnet werden, dass ein an Bang erkranktes Tier wieder normal kälberte. Natürlich gab es bis dahin kaum einen nennenswerten Milchertrag. Mit diesem Problem wurde ich erst viel später nach dem Kriege bei der Landwirtschaftskammer, mehr als mir lieb war, vertraut und befasst. In meiner Almzeit jedoch sah ich nur die großen Scherereien und die zusätzliche Arbeit, die uns durch die „Wurfkalbinnen und -kühe" erwuchsen. Ich glaube in dem einen Sommer, wahrscheinlich war es 1937, blieben am Jufen nicht viele unserer Kalbinnen den ganzen Sommer auf der Alm.

Mit zwei Stück Vieh, einem Ochsen und einer „leeren" Kalbin, die dem Theiner gehörten, machten wir auf andere Weise Bekanntschaft: Eines Tages brachte sie der Jufenhüter zu uns auf die Hochalm, obwohl sie beide keinerlei Krankheit aufwiesen. Eines aber hatten beide gemeinsam was uns zunächst auffiel, sie hatten sehr lange Beine. Auf die Frage, wieso die zwei Rinder auf dem Jufen, wo die Farmangerer jedenfalls genug Grasrechte besaßen, keinen Platz hätten, gab der Hüter zur Antwort, es sei ihm unmöglich, diese Viecher von den absturzgefährdeten Plätzen außerhalb der Sicherungszäune (Gföllzäune) fernzuhalten. Wir glaubten das zuerst gar nicht, wurden aber bald eines Besseren belehrt. Es gab auf der Hochalm nahe der nördlich gelegenen Ziedersberg-Alm an der höchsten Stelle der schon beschriebenen „Weizleit", einen mit „Lahnergras" bewachsenen Hang, der sich über einen sehr steilen, Großteils bewaldeten und mit Felsen durchsetzten Bergrücken hinab zieht. Wegen der Absturzgefahr war dieser Almteil mit drei Stacheldrähten und einer Luke aus Rundholz gesichert. Aber siehe da, bereits am nächsten Tage grasten die beiden Neuankömmlinge eifrig auf dem verbotenen Terrain. Sie hatten kurzerhand die Holzluke aufgebrochen. Nun gingen wir her und verstärkten und erhöhten diese anscheinend zu wenig stabile Zaunstelle mit Baumstämmchen, an denen sich noch die dürren Äste befanden. Hier gab es also kein Durchkommen mehr. Aus einiger Entfernung beobachteten wir dann den weiteren Verlauf der Dinge. Es war zum Staunen: Zuerst nahm der hochbeinige Ochse einen entsprechenden Anlauf und setzte wie ein gut dressiertes Springpferd über den hohen Drahtzaun, dann folgte in gleicher Weise seine weibliche Begleiterin. Uns war die Sache zunächst deshalb rätselhaft, weil auch auf der Alm selbst noch einigermaßen genug Gras vorhanden war. Bei näherer Besichtigung der beiden Pinzgauer Rinder, die der Abstammung nach verwandt waren und fast die gleiche „Scheckung" aufwiesen, bemerkten wir, dass ihnen ein arger Gebrauchsfehler anhing. Sie waren beide mit einem sogenannten „Schweinsmaul" behaftet. Das heißt, sie hatten von Geburt an ein ziemlich spitz zulaufendes Maul und was schlimmer ist, ein verkürzter Unterkiefer. Damit konnten sie niederes Almgras überhaupt kaum abbeißen und waren deshalb gezwungen, Weidegras mit hoher Graslage aufzusuchen. Dieses fanden sie aber nur außerhalb der Almumzäunung in den sogenannten Lahnern (mit hohem Gras bewachsene Steilhänge). Es blieb schließlich dem Besitzer der Tiere nichts übrig, als sie in den Heimstall zu bringen.

Diese Erfahrung kam mir übrigens später während meiner Beratertätigkeit im Zuge eines Zuchtstierankaufes zugute.

Zur schönen ruhigen Almzeit im Spätsommer mit den geänderten Weidezeiten wäre noch einiges nachzutragen: Die Kühe, welche nun über Nacht im Freien lagerten, ersparten uns Kühbuben das abendliche Kuhtreiben bis in den Stall. Lediglich zum „Zamleiten" (Zusammenleiten bzw. Zusammentreiben) der Milchkühe gingen wir noch vor der Abenddämmerung. Dabei wurden die am Morgen zu holenden Milchkühe in Richtung jener „Sedlplätze" (Liegeplätze) getrieben, wo sie voraussichtlich die Nacht verbrachten. So gab es beim morgendlichen „Sedltreiben" kein längeres Suchen. In der Nacht hört das Almvieh ja normalerweise mit dem Grasen auf und bleibt dort, wo es die Dunkelheit überrascht. Diesbezügliche Abweichungen kann es nur in mondhellen Nächten geben, wo sich die Tiere oft ziemlich weit vom angenommenen Liegeplatz entfernen können. Nach dem Melken kamen sie wieder auf die Weide zurück. So war auch die Stallsäuberung keine große Arbeit. Woher der bei uns übliche Ausdruck „Sedln" kommt, ist mir nicht genau bekannt. Wahrscheinlich hat es mit dem Wort „Siedeln" bzw. „sich ansiedeln" zu tun. Jedenfalls empfanden wir diese Zeit als eine wesentliche Erleichterung. Der Alminger fing in der Regel erst jetzt an zu leben! Als dann die Nächte im September sehr kühl wurden und das Futter zurückging, änderte sich nochmals die Tageseinteilung. Es kam zum sogenannten „Taggehenlassen". Im Gegensatz zum Sedlbetrieb, wo die Milchkühe am Nachmittag zum Melken wieder geholt wurden, blieben diese bis zum Abend auf der Weide und verbrachten die Nacht nach der Melkarbeit im Stall. Morgens erfolgte die Melkung nicht allzu früh, denn es gab ja teilweise schon etwas Reif. Dann blieb das Vieh den ganzen Tag auf den Almböden und suchte, da sich der Futtermangel schon bemerkbar machte, noch jeden Winkel ab. Auch das im Vorsommer noch verschmähte Gras, etwa auf Naßstellen wachsende Sauergräser bzw. -pflanzen wurden nun „herausgeputzt". Wir befinden uns ja noch auf der Hochalm. Auf der Niederalm, dem Farmanger-Grund, war wegen der relativ kleinen Weidefläche sowieso bald „ausgegrast" und die Zeit bis zum „Heimfahren" wurde öfters fast zu lang. In echte Futternot gerieten wir damals allerdings nie, im Gegensatz zur gegenüberliegenden „Grubalm", wo der „Grund" im Verhältnis zur Viehanzahl noch weniger Futterfläche bot. So kamen die „Grubalminger" meistens in echte Futternot. Sie wurden „notig", wie es hieß. Das zeigte sich daran, dass das Vieh schon Tage vor dem Almabtrieb laut brüllend zum Alpgatter drängte. In Erinnerung daran kam ja die 3. Strophe des Liedes „Von da Schwoag über d'Hochalm" zustande:

„Is da Summa vorbei, is obn bald Ruah, steht's Viech scho beim Gattan, möcht an Hoamstoi iatz zua, wenns an Langs wieda schmöckn die Küah und die Kalm, nacha wollns wieda aufi auf d'Alm."

Heute dürfte das ja anders sein, schon deshalb, weil man sich allgemein nicht mehr so fix an althergebrachte „Heimfahrtstage" hält.

Eine unserer Nachsommerarbeiten neben der Viehbetreuung, auf die seitens der Almbesitzer großer Wert gelegt wurde, war das „Kätlingantun" (Verteilen der Kuhfladen) auf den abgeweideten Flächen. Das war besonders auf den vom Vieh bevorzugten Liegeplätzen notwendig, weil dort sonst „Geilstellen" entstanden, die längere Zeit nicht abgefressen wurden, während dieser Dünger daneben auf mageren Hügeln usw. eine entsprechende Verbesserung bewirkte.

Für diese Arbeit verwendeten wir die „Schorrkrucke", gelegentlich auch Schaufeln und die „Schorrtruhe". Die Feller-Almbesatzung blieb ja überhaupt auch nach dem Abtrieb noch einige Zeit auf der Alm, um die sonst den Heimingern zufallende Alparbeit, wie Zaunablegen, Entleeren der „Schorrkästen", Dächerreparaturen, Brennholzschlägern, das wintersichere Lagern der Wassertröge, das Unterpölzen der Stalldecken usw. zu erledigen. Dabei halfen in der letzten Almzeit natürlich auch Arbeiter des Miteigentümers. Auch der Putzer, welcher sich viel mit Zaunablegen und -anlegen bzw. dem Ausbessern von Abwassergräben, für die düngende und unkrauthemmende Wirkung derselben im nächsten Frühjahr beschäftigte. Eine Arbeit, die heute aus Zeit- und Personalmangel fast gänzlich vernachlässigt wird, wodurch viel an Weidefläche verlorengeht.

Persönlich hatte ich im ersten Sommer auf der Farmangeralm ein kleines Leiden, worüber ich bis heute nicht klar bin, was eigentlich die Ursache war. Bei kaltem regnerischem Wetter, wenn ich im Freien beim Kühetreiben und dgl. unterwegs war, bildeten sich oft Schwellungen an den Händen und im Gesicht. Ich kam dann mit regelrechten dicken „Wurstfingern" und Stirnwülsten heim, die noch dazu unangenehm juckten. Im zweiten Sommer wurde das etwas besser und verschwand später ganz.

Im Sommer 1936 mussten Sepp Feller und der Schweizer Rudi zur Musterung. Der Jahrgang 1915 kam nämlich nach der in dem Jahre erfolgten Einführung der allgemeinen Wehrpflicht in Österreich dran. Wohl keiner ahnte damals, dass viele dieses Jahrgangs fast 10 Jahre oder noch länger den Rock eines Soldaten, zuerst den des Österreichischen Bundesheeres, dann den Reichsdeutschen und schließlich noch vielfach das Kleid eines Gefangenen tragen würden. Die beiden Männer kamen jedenfalls nach einer ausgiebigen Feier nicht sehr früh auf die Alm zurück. Die Fröhlichkeit wäre sicher in Grenzen geblieben, wenn die „Lässer" in die Zukunft gesehen hätten. Sepp wird oft in den Jahren an der Eismeerfront an „Farmanger" gedacht haben. Wann er dann tatsächlich eingerückt ist, weiß ich nicht genau.

In der „Schweizerhütte" ereignete sich damals einmal Aufregendes: Als man die fertige Butter (ca. 10 bis 12 kg) aus dem runden Rührkübel holte, war diese durchsetzt mit lauter feinen Haaren, Darmteilen und Fleischstückchen. Eine Maus war unbemerkt in das im Keller aufgestellte Rahmfaß gefallen und hatte sich durch den Butterungsvorgang in ihre Bestandteile aufgelöst. Die Schweine haben sich bestimmt über diese Abwechslung im Speisezettel gefreut.

Ich tat mich in diesem zweiten Sommer auf dieser Alm als „Achtwissender" (Bescheid Wissender) schon wesentlich leichter. Ich freute mich schon im Frühjahr auf meine Geißen, die den Winter wieder im Pinzgau verbracht hatten. Im vergangenen Herbst fuhr ich einmal eigens zu dem Bauern am „Taxenbacher-Sonnberg", wo sie „ausgefüttert" wurden und wo sie es offensichtlich gut hatten.

Meine Erlebnisse auf der Farmanger-Alm sind natürlich nur zum Teil chronologisch aufgezeichnet. Für einzelne Begebenheiten kann ich unmöglich noch genau das Jahr angeben. Ganz allgemein muss gesagt werden, dass bei so vielen Tieren mit verschiedener Herkunft gewisse Schwierigkeiten nicht ausblieben, bis sie einigermaßen zusammengewöhnt waren. Und auch dann noch sonderten sich Gruppen und Grüppchen sowie Einzelgänger vom großen Haufen ab, was häufig das Auffinden im Gelände, vor allem bei Nebelwetter, erschwerte. Im ersten Sommer, bei noch mangelnder Ortskenntnis auf der Hochalm, war ich wirklich oft einem zornigen Weinen näher als dem Lachen, wenn die Orientierung versagte und das gesuchte Vieh sich nicht finden lassen wollte. Manchmal kam ich dabei auch auf das Gebiet der Nachbaralm. Sonst entwickelten sich nähere Kontakte zu den Anliegeralmen, zumindest was mich betrifft, erst im arbeitsärmeren Nachsommer. Einige von daher bekannte ehemalige „Alminger" treffe ich noch hie und da.

Im „Nachsommer" (Spätsommer) 1937 waren wir schon eifrig dabei, die Vorbereitungen für eine schöne „aufgebüschelte Almheimfahrt" zu treffen. Jede freie Stunde wurde dazu benutzt, verschiedenfarbige Rosen aus Krepp-Papier herzustellen, die als Aufputz für die Almbuschen dienten. Für solche Almbuschen nahm man sonst in unserer Gegend üblicherweise Wipfel von Lärche-Jungbäumen. Wir holten uns aber für diesen Zweck Latschen vom Westabhang des „Wildseeloders". Dabei wurde besonders auf die richtige, möglichst Trapez oder dreieckige Form, gerade und flach gewachsen, geachtet. Woraus wir die Kränze banden, welche die für die Buschen vorgesehenen Kühe zur Zierde und als Halt für die Almbuschen bekamen, ist mir nicht mehr erinnerlich. Vielleicht waren es Moosbeer-Stauden aus höheren Lagen oder Latschenzweige bzw. Lärchenzweigstränge, die ja am wenigsten Zeitaufwand erforderten. Insgesamt hatten wir uns somit eine Heidenarbeit aufgebürdet und ich dachte in echter Reue an mein Bubenstück von vor zwei Jahren beim „Rupfen" der Rohrmoos-Almfahrt zurück. „Larven", wie sie heute überall zum Aufstecken und als Kopfschmuck bei aufgebüschelten Almabtrieben gebräuchlich sind, gab es damals in unserer Gegend kaum. So wurden einfach die vorbereiteten Kränze um die Hörner geschlungen und über der Nasenpartie gekreuzt. Die Buschen steckte man nun senkrecht durch und verschnürte sie oben und unten sorgfältig. Das geschah bei uns allerdings erst in Fieberbrunn, weil sonst durch den staudenreichen Pletzergraben von dem ganzen Aufputz nicht viel übrig geblieben wäre. Und um den wäre, abgesehen von der dazu verwendeten Arbeit schade gewesen, denn die Latschenbuschen boten mit den durch Blumendraht festgemachten Papierrosen ein prächtiges Bild. Und es war das auch etwas ganz Besonderes! Deshalb waren wir auch mächtig stolz auf die malerische Herde, wozu noch ein gutklingendes Geläut kam, das allerdings Großteils ausgeliehen werden musste. Ich als Kühbub durfte mit einem langen „Stackelstecken" (Bergstock nach Jägerart) bewaffnet die Herde anführen. Wir Alminger trugen auf den Hüten schöne Rosmariensträuße mit roten „Nageiblüten" (Nelken). Was uns fehlte waren aber die Geißen, welche ja noch einige Zeit auf der Alm bleiben mussten. Die aufgeputzte Herde blieb aber nur bis St. Johann zusammen. Dort zweigten bereits die ersten „Lehnbauern" mit ihrem Vieh ab. Nur das Vieh aus Ellmau und dem Söll-Landl zog gemeinsam weiter. Sepp und ich blieben auch noch bei diesem Trieb bis zum Huberbauern in Söll. Am nächsten Tag kehrten wir wieder auf die Alm zurück, wo noch verschiedene Arbeiten zu erledigen waren.

Im Pletzergraben wurde es bald ziemlich einsam, wenn die Alparbeit getan war. Einige Zeit hörte man noch dort und da eine Holzknechtpartie. Später verstummten auch das gleichmäßige Geräusch der Zugsägen und die Axtschläge der schweren Asthacken. Auch auf die Geißmilch, welche um diese Zeit starken „Bockgeruch" annahm, war niemand mehr besonders scharf. Mir gingen die Geißen trotzdem ab, als sie in ihre Winterquartiere verfrachtet wurden. Damit war dann auch für meine Almbesitzer der Sommer zu Ende.

Einige Zeit später, als sich schon niemand mehr auf den Almen des Pletzergrabens aufhielt, ging ich noch einmal allein hinauf, um etwas Vergessenes zu holen. Dabei nächtigte ich in der „Feller-Grundhütte", wobei ich merkte, wie viele Geräusche in einer alten, unbewohnten holzgeschredelten Almhütte nächtlicher weise zu hören sind. Angefangen vom Klopfen und Bohren der Holzwürmer, dem Ächzen der Holzwände bis zum Rascheln der Mäuse und des sonstigen überwinternden Getiers. Obwohl ich nicht direkt Angst hatte, ganz wohl war mir so mutterseelenallein auch nicht, bis ich dann endlich einschlief. Kein Wunder, dass man früher die verlassenen

Almhütten zur Spätherbst- und Winterzeit tunlichst mied. Für mich war das der endgültige Abschied von der „Farmanger-Alm", wo ich zwei Sommer von meinen insgesamt sieben Sommern als „Alminger" verbracht hatte, schöne und weniger schöne Tage erlebte und auch um manche Lebenserfahrung reicher geworden war.

Jedenfalls denke ich heute noch gerne an meine damalige Dienstgeberfamilie und sonstige menschliche Bindungen zurück. Allerhand damals Erlebtes und Gelerntes kam mir Jahre später in der weiteren Berufslaufbahn zugute.

* * *

Gemeinde Aurach, Weg über Fieberbrunn in den Pletzergraben, „Farmanger-Nieder- und -Hochalm", 1936 und 1937.

Gemeinde Aurach, Weg über Fieberbrunn in den Pletzergraben, „Farmanger-Alm“, 1936 und 1937.

Gemeinde Aurach, Weg über Fieberbrunn in den Pletzergraben, „Farmanger-Niederalm“ – „Theinerhütte“, 1936.

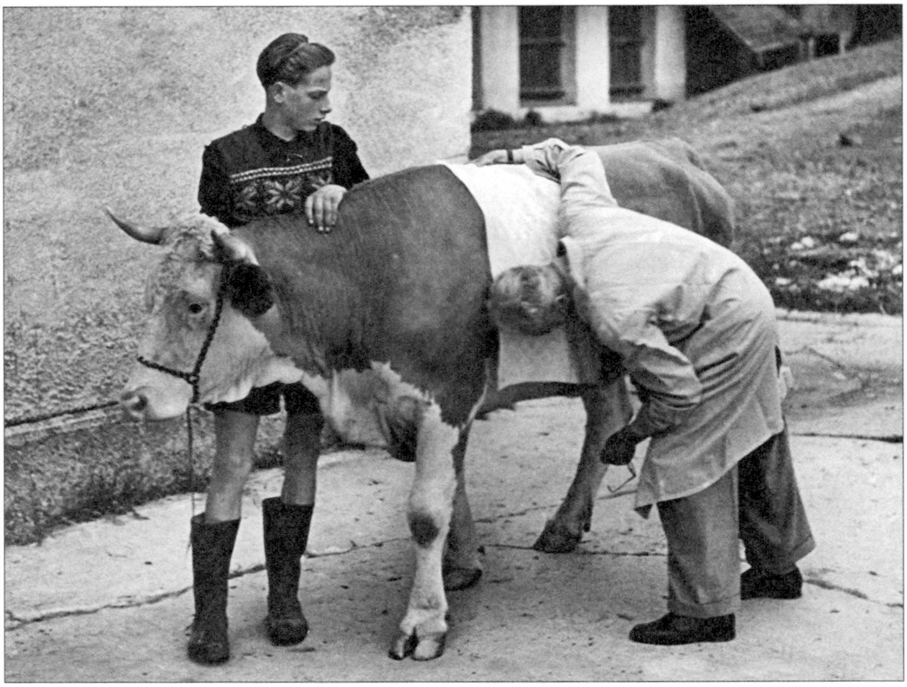

Tierarztbehandlung wegen Pansenblähung, ca. 1980.

Kirchdorf in Tirol, Baumoosalm, ca. 1970, „Anwaschen“ (Grabengüllerei).

Die „Hausleut“ (Besitzer) der „Fiechter Villa“ Nani und Seppei Dag als „Putzer“ und „Galtviehhirten“ auf der „Farmanger Alm“, 1937.

Gemeinde Aurach, Weg über Fieberbrunn in den Pletzergraben, „Farmanger-Alm“, ca. 1960, „Kötlingantun“ (Fladenverteilung).

Fieberbrunn, „Inner Pletzer“, ca. 1960, beliebtes Almgasthaus.

Heimfahrt mit dem Alpwagerl, ca. 1967, Straße bei der Weitau in Richtung Going, im Hintergrund ist die Anhöhe „Velbenburg“ und das Kaisergebirge.

Feller Elise „Lisei“, Besitzerin der „Farmanger-Alm“, ca. 1945, Söhne Sepp und Hansi Feller.

Beispiel für einen Steinhaag (Steinzaun): eine sinnvolle Verwendung von Steinen, die bei der Säuberung der Almflächen anfielen.

Als Fütterer beim Theinerbauern in Reith (Winter 1937)

Nach dem Heimfahren vom „Farmanger“ im Herbst 1936, das sich nicht so feierlich gestaltete wie im darauffolgenden Jahr, teilte ich zunächst das Los vieler Menschen, - ich war vorübergehend ohne geregelte Arbeit. Die Familie Feller besaß ja – wie schon gesagt – keinen Hof, wo man im Winter etwa einen Fütterer gebraucht hätte. Bis Ende Oktober gab es da und dort noch Arbeit bei der Kartoffelernte, beim Getreideanbau, als Aushilfe beim Vieh oder bei der Holzarbeit daheim. Auch mit Preiselbeersammeln werde ich mir einige Schillinge verdient haben. Ziemlich trostlos wurde es dann bei Wintereinbruch.

Zum Zeitvertreib ging ich damals mit einem Eis-Stock, der heute noch unseren Dachboden ziert, mit gleichfalls arbeitslosen Kameraden öfters zu einer Eisbahn, auf welche weiß ich nicht mehr. Seither kam dieses Sportgerät jedenfalls bei mir nie mehr in Verwendung, denn im Dezember 1936 bot sich endlich wieder eine Arbeitsgelegenheit.

Der „Theiner“ in Reith, unser Farmanger-Mitbesitzer, hatte seinen Kühbuben verloren. Warum K. den Dienstplatz verließ, weiß ich nicht. Mir kam das Angebot gerade recht und so übersiedelte ich bis zum Frühjahr nach Reith. Für den Alpsommer war ich ja schon von meiner Vorjahresdienstgeberin „verhaart“ (fix gedungen) worden. Der mit ihr vereinbarte Monatslohn betrug für diesen Sommer 15 Schilling. Die gleiche Entlohnung bekam ich als „Fütterer-Bua“ auch vom Theiner. In Anbetracht der vielen Arbeit, die ich dort zu leisten hatte, war das nicht sehr viel, aber immer noch mehr, als der ca. 4 Jahre ältere Knecht Hois ein Kitzbüheler, erhielt. Dieser musste sich mit 10 Schillingen zufrieden geben. Zu seinem Glück war er ein gewiegter Kartenspieler, der dabei immer mehr verdiente, als sein Monatslohn ausmachte. Es gab zu dieser Zeit übrigens mehr Fälle, wo Dienstboten im Winter nur die Wahl hatten, entweder gegen Kost und Quartier beim Bauern zu bleiben, wo sie im Sommer gearbeitet hatten, oder sich im Herbst einen anderen Arbeitsplatz zu suchen, was aber sehr schwierig war. So gesehen konnte unser Knechtl, noch dazu unter Berücksichtigung seines „Zusatzverdienstes“, einigermaßen zufrieden sein. Mit ihm habe ich außerhalb der Stallarbeit, besonders dann gegen das Frühjahr zu, viel zusammengearbeitet. Vor allem beim Aufarbeiten des Brennholzes waren wir viele Tage an der

„Wiegensäge" zusammengespannt, da es auf dem Hofe keine Kreissäge gab. Er weihte mich aber auch noch weiter in die genaueren Finessen jenes Kartenspieles ein, das damals in den Bauernstuben von Reith ziemlich beliebt war, nämlich das „Anschlagen" oder „Mauscheln". Es handelte sich dabei um ein Spiel, bei dem man höllisch aufpassen musste, um nicht zu stark ins Verlieren zu kommen.

Aber wegen des „Anschlagens" bin ich schließlich 1937 nicht zum Theinerbauern gekommen.

Es gab dort natürlich noch andere Hausbewohner und nicht nur meinen Kartenpartner Hois. Zunächst war da der damals ca. 60-jährige Bauer, von dessen Nebenerwerb als Nottierarzt ja schon auf der Alm die Rede war. Besonders gern holte man den Theiner zu kranken Rössern, wo er sehr gute Heilerfolge aufzuweisen hatte. Er war zu jener Zeit schon Witwer. Der Hoferbe Hans, das „s" wurde bei ihm und noch anderen Reithern, wie etwa auch beim langjährigen Bürgermeister Hans Jöchl, als „z" ausgesprochen. Es wäre interessant zu erforschen, wieso es gerade in der Gemeinde Reith zu dieser Lautverschiebung kam. „Hanz", damals ca. 35 Jahre alt, ein besonders fescher, stattlicher Mann, füllte im Winter die Stelle des Melkers aus. Als sein Gehilfe im Stall hatte ich mit ihm also am meisten zu tun. Es gab dabei eigentlich keine Reibungspunkte, weil er sich, nach der einem Melker zustehenden Hauptarbeit, meistens außerhalb des Stalles betätigte. Für das, in einem abseits stehenden Stall untergebrachte Galtvieh und die ca. 15 Geißen gab er mir sowieso bald freie Hand, was für ihn natürlich auch eine Entlastung bedeutete.

Vor 50 Jahren standen in den Stallungen des Theiners noch ca. 20 bis 25 Kühe, 15 Stück Jungvieh, 2 Pferde und 12 bis 15 Ziegen. Die Arbeit der Fütterer begann um ca. 4 Uhr früh. Während ich die Barren im Kuhstall „ausuriste" (von ungenießbaren Resten und Abfällen der Abendfütterung reinigte), begann der Melker mit dem „Vorfüttern", d.h. den Kühen wurde eine Portion Egartheu in die damals ja fast üblichen „Wandbarren" geworfen. Heute sind die Futtergänge, die das Einfüttern von vorne ermöglichen, eine Selbstverständlichkeit. Damals musste man sich zwischen die an sich schon möglichst eng beisammen hängenden Kühe zwängen, die noch dazu bei der allgemein üblichen, eher knappen Fütterung, gierig nach dem Heu schnappten. Da hieß es aufpassen, um nicht mit einer Hornspitze in Kontakt zu kommen. Meine nächste Tätigkeit bestand darin, den gröbsten Mist von den „Ständen" auf die Kotplatte herunterzugabeln und die schmutzigsten Stellen für die nachfolgende Melkarbeit oberflächlich mit etwas Streu zu bedecken. Dann molken wir gemeinsam die Kühe, soweit diese nicht Saugkälber dabei hatten, die zwischendurch an ihren Müttern „angehebt" (saugen) wurden. Trockenstehende Kühe oder noch nicht „abgeledigte" (abgekalbte) Kalbinnen gab es nach dem Sommer kaum mehr, da sich die Abkalbezeiten im Hinblick auf die Alpung hauptsächlich auf Herbst und Frühwinter konzentrierten. Nur bei einzelnen Heimkühen legte man mehr Wert auf einen späteren Laktationsbeginn (Melkungsbeginn).

Gemolken wurde selbstverständlich nur von Hand, da Melkmaschinen zu der Zeit bei uns noch weitgehend unbekannt waren.

Während „Hanz" noch die letzten Kühe molk, ihn traf es ja um einige mehr als mich, hatte ich noch rasch im Galtviehstall und bei den Geißen das erste Futter zu verabreichen und auch, zumindest bei den Rindern, wie im Kuhstall für ein vorläufig sauberes „Bett" zu sorgen.

Inzwischen stand schon auf dem runden Stubentisch die große kupferne Pfanne mit dem „Türkenkoch" (ein Brei aus Milch, Maisgries und Salz mit mehr oder weniger Butter in der „Grube"), um die sich das ganze Hauspersonal drängte. Mit Ausnahme der Sonntage war das „Koch", eine sehr kräftige und anhaltende Speise, damals auf vielen Bauernhöfen neben der Milchsuppe das übliche Frühstück. Die Bäuerin Moidl verstand es besonders gut, diese Morgenspeise sehr schmackhaft zuzubereiten. Dementsprechend war auch der Appetit auf die „Kochpfanne"! Keine Frage, dass auf diese Weise nicht die kleinste „Prinze" am Boden der Kupferpfanne zurückblieb. Bei mir war ja der Hunger begreiflicherweise nicht am kleinsten, da doch schon über zwei Stunden Arbeitszeit hinter uns Fütterern lagen. Anscheinend hatte die Bäuerin, die ja sonst überhaupt eine gute Köchin war, die damalige Gepflogenheit beim Viehfüttern auf die Küche übertragen: „Auf die Schneid füttern!" Dort hieß es, „der Barren soll immer leer werden, damit für die nächste Mahlzeit genug Appetit vorhanden ist". Im Übrigen kam ich mit der Moidl gut aus. Lange nach dem Kriege ergab sich sogar mit ihr mancher dienstliche Kontakt. Sie fuhr auch, solange es ihr gesundheitlich möglich war, gerne bei den Ausflügen der Bauern-Pensionisten mit.

Aber zurück zur damaligen Arbeit:

Nach dem Frühstück hatte ich als erstes den über Nacht angefallenen Mist mit einer flachen Scheibtruhe auf die Düngerstätte zu radeln. Dieser Misthaufen hatte gegen das Frühjahr zu schon eine beachtliche Höhe erreicht, sodass die Auffahrt über das schmale Brett ab der Stalltüre sehr mühevoll war. 4 bis 5 Truhen voll Mist hatten sich am Morgen immer angesammelt. Hatte ich zu viel aufgeladen und der „Laden“ (das Auffahrtsbrett) war vereist, so passierte es von Zeit zu Zeit, dass ich mit der ganzen Fuhre seitwärts abstürzte. Dass solche Pannen meinerseits nicht mit Gebeten begleitet wurden, ist begreiflich. War so der gröbste Mist aus dem Stall, ging es ans „Wassern“. Selbsttränker gab es ja noch keine. Die Kühe wurden zu je 5 bis 6 Stück (standreihenweise) von der Kette ab- und auf die „Wassergasse“ gelassen. Diese Gelegenheit wurde dazu benützt, das „Mistbett“ auf den Kuhständen noch gründlich zu „richten“, d.h. den inzwischen wieder angefallenen Kot zu entfernen, Unebenheiten zu beseitigen und frisch einzustreuen. Dazu standen Stroh, Aststreu (Taxen), Laub und Sägemehl zur Verfügung, das gemischt oder abwechselnd verwendet wurde. Indessen hatte der Melker zum zweiten Mal „eingefüttert“, also die Barren wieder gefüllt, diesmal je nach Leistung der Kühe mit Grummet oder auch mit minderwertigerem Futter. War die 2. Heugabe einigermaßen aufgefressen, so wurden damals noch die beim Getreideschnitt angefallenen, mit Gras durchwachsenen „Halme“ als Nachfutter verabreicht. Das inzwischen schon zur Stalltüre drängende Vieh stürzte sich, nachdem es am Wassertrog den Durst gelöscht oder eventuell auch an dem eiskalten Nass nur geschnuppert und kaum geleckt hatte, heißhungrig auf seinen Standplatz. An sehr kalten Wintertagen gab es ja beim „Wassern“ im Freien gewisse Probleme, von denen ich in einem anderen Zusammenhang später noch einmal ausführlich berichten werde. Anzumerken wäre bei der Gelegenheit noch, dass beim Anhängen (an die Kette legen) der Kühe, besonders nach dem Aufenthalt auf der „Wassergasse“, große Vorsicht geboten war, weil das Vieh mit den Köpfen im Barrenbereich beim Erfassen der Heubüschel alle nicht vorhersehbaren Bewegungen vollführte und somit den Hornspitzen nicht leicht auszuweichen war. Nähere Bekanntschaft habe ich später anderenorts mit einem solchen Horn gemacht.

In der gleichen Weise wie im Kuhstall, spielte sich dann noch der Wasserungsvorgang beim Galtvieh, den ein- bis zweijährigen Rindern ab. Diese Tiere mussten sich aber von vorneherein mit dem minderen Futter, wie verregnetem Heu oder „Schmelchenheu“ (Einmahdheu) bzw. auch Moosheu und „Heim“ (Halme, wie schon früher beschrieben) begnügen.

Die im gleichen Gebäude neben dem Galtvieh in einem „Laufstall“ untergebrachten Geißen erhielten ihr Futter, das von besserer Qualität sein musste, in einer langen „Raufe“ geboten, in die ich sie zum Fressen „einkammte“. So mussten sie während des Fressens mit dem Kopf in der Heuraufe bleiben und konnten das wertvolle Futter nicht im Stall herumziehen. Die Ziegen wurden auch im Stall von mir getränkt. Da ein Laufstall erst im Frühjahr ausgemistet und nur täglich neu eingestreut wurde, musste die in der Mitte des Stalles stehende Heuraufe von Zeit zu Zeit gehoben werden. Viel hatte ich damals im Geißenstall auch mit Geburten zu tun, was mir natürlich bei der Herzigkeit der kleinen Kitze besondere Freude machte. Zu melken gab es ja kaum etwas. Inzwischen war auch der Melker nicht müßig geblieben. Er hatte noch die schon „abgespänten" Zuchtkälber zu versorgen, „neuabgeledigten" Kühen (solchen, die eben gekalbt hatten) bzw. Kalbinnen zusätzliches Futtermittel zu verabreichen. Z.B. gab man den Kälberkühen bis einige Tage nach der Geburt gerne ein „Leinmehl-Trankl" (Leinmehl mit etwas Salz in Wasser aufgelöst) und im Weiteren den säugenden bzw. gut melkenden Kühen einen „Leinmehl-Talken" (aus Heublumen, Salz, Leinmehl und wenig Wasser zu einer teigartigen Masse geknetet), den man den Tieren einzeln mit der Hand ins Maul stopfte. Auch der Heuvorrat für die nächste Futterzeit, man sagte dazu „Heurichten", musste von ihm auf der „Rehm", dem Heuboden, bereitgestellt werden. Da es zu jener Zeit mangels Maschinen und somit fehlender Schlagkraft zur Ausnützung kurzfristiger Schönwetterperioden verhältnismäßig viel gebleichtes, graues, ja sogar gänzlich verdorbenes Heu gab, war es umso notwendiger, die Heustöcke „abzustechen". Mittels eines nach innen halbmondförmig geformten, scharfgeschliffenen „Heustechers" konnte eine Mischung der verschiedenen Qualitätsschichten des Stockes erreicht werden. Das „Heurichten" für das Galtvieh oblag übrigens mir.

An einigen hohen Feiertagen wurde ich so zeitig bei der Stallarbeit abgelöst, dass ich den Gottesdienst in der Reither Pfarrkirche besuchen konnte. Unvergesslich bleiben mir dabei die Predigten des schon etwas betagteren Pfarrers. Auf der Kanzel, ständig dem Thema entsprechend in Bewegung, ging er langsam rückwärts schreitend mit immer leiser werden der Stimme, bis er den Kanzelrand erreicht hatte -, dann sprang er mit einer schnellen Bewegung und gleichzeitig erhobener Stimme nach vorne, donnerte in voller Lautstärke seinen Pfarrkindern gewisse, ihm wohl besonders notwendig erscheinende Ermahnungen auf die geduckten Köpfe, worauf er sich in der eingangs geschilderten Weise wieder in den Hintergrund der Kanzel zurückzog. Und so ging das während der ganzen Predigt weiter. Ich muss gestehen, dass mich der erste Sprung des Pfarrers nach vorne ordentlich erschreckte, vielleicht auch aufweckte, weil ich ja damals ein gewisses Manko an Schlaf immer hatte.

An den normalen Arbeitstagen ging für mich nach dem „Neunern“ die Arbeit im Stall weiter. Vor allem hatte ich das Vieh noch zu putzen. Auch ein schöner, eckig gebauter Misthaufen, sozusagen als Aushängeschild für einen ordentlich geführten Bauernhof, war Sache des Kühbuben.

Damit war aber die Vormittagsarbeit nicht immer erledigt. Manche hatte ich gemeinsam mit dem Melker zu verrichten, wie etwa Verarzten von krankem Vieh, Klauenbehandlung, Entlausungsaktionen, Hornpflege und dgl. Der Bauer selbst, welcher in erster Linie für Krankheiten zuständig gewesen wäre und auch hier die besten Fachkenntnisse besaß, war zu der Zeit recht oft in seiner Eigenschaft als Nottierarzt unterwegs.

Ich musste auch öfters allein Heublumen aussieben – für das dem ganzen Vieh wenigstens einmal in der Woche verabreichte „Gleck“, Futtergetreide schroten, die Wassergasse säubern usw. Bis zum Mittagessen gab es also wenig Zeit zum Ausrasten. Wie schon erwähnt, musste ich dann nach einer kurzen Mittagspause meistens bis zum „Untern“ (Nachmittagsjause), der vor dem Stallgehen um ca. ½ 4 bis 4 Uhr eingenommen wurde und aus Kaffee und einem Stück Brot bestand, gemeinsam mit dem Knechtl Hois, aber auch anderen Hausleuten, verschiedene „Außenarbeiten“ verrichten. So kam z.B. zum Brennholzaufarbeiten das Holz-Aufzäunen und nach der Ausaperung auch die Mithilfe auf dem Feld. Da gab es das Absteinen der „Bauländer“ und Egarten, das „Grasmistnudeln“ und Zusammenheuen dieses Herbstdüngungsstrohs bis zum „Langsbau“ selbst, um nur einige Tätigkeiten zu nennen, welche viele meiner stallfreien Nachmittagsstunden ausfüllten. Normalerweise standen den Fütterern nachmittags einige Schlafstunden als Ausgleich für das Frühaufstehen zu. Ich muss aber gerechterweise sagen, dass ich auf dem Hofe und überhaupt in Reith, trotz der vielen Arbeit, nicht ungern war. Schließlich gibt es für einen aufnahmebereiten jungen Menschen, sogar unter widrigen Verhältnissen Interessantes, Merkenswertes und sogar manch Lustiges zu erleben. Allerdings sehnte ich mich nach der Almzeit auf dem „Farmanger“, die ja dann, wie bereits beschrieben verlief.

Noch auf den Ausdruck „Untern“ zurückkommend, stammt dieser wohl aus einer Zeit, wo in den arbeitsstärksten Wochen des Sommers um 11 Uhr zu Mittag gegessen wurde, und um ca. 16 Uhr das sogenannte „Unternessen“ als Hauptmahlzeit üblich war. Abends gab es dann nur noch Milch und Brot.

Aus Reith sind mir noch zwei Ereignisse besonders im Gedächtnis geblieben. Beide betrafen unseren nächsten Nachbarn, den „Grießbacher“. Dieser hatte damals seinen ziemlich großen, schönen Wald herunterschlagen müssen. Wahrscheinlich wohl unter dem Druck einer Schuldenlast, die in dieser Zeit sehr vielen Bauern größte Sorgen bereitete. Der Holzpreis war aber auf einem Tiefpunkt angelangt, sodass nach Abzug aller Schlägerungs- und Bringungskosten fast kein Erlös mehr übrig blieb, wie man sagte. Mich hat das damals sehr beeindruckt und es war das ja auch ein Fall wie viele andere, die zur „Anschlussreife“ an Deutschland beitrugen.

Eine andere Sache, die in jener Zeit passierte, hatte wenigstens auch eine heitere Seite. Die allgemeine Notzeit trug ja dazu bei, dass relativ oft eingebrochen wurde. So auch eines Nachts bei dem vorher erwähnten Nachbarn. Dabei bediente sich der Täter ausgiebig im Keller des Hauses und entkam vorerst unerkannt durch die vom Stall ins Haus führende Türe, von wo er auch eingedrungen und in den Keller hinab gelangt war. Verwunderung löste nur ein Umstand aus: Vor der Kellertüre lag der große, als sehr scharf bekannte Hund des Bauern. Dieser, ein schwarzes Tier, machte besonders jenen Personen, die seine Fellfarbe trugen große Schwierigkeiten. So auch besonders dem Pfarrer, dem Briefträger und dem Kaminkehrer. Jedenfalls glaubte man, sich auf diesen Wächter in der Nacht verlassen zu können, da er ja bereits am Tage schon recht ungemütlich werden konnte. Und nun war der Vorratskeller geplündert, ohne dass er seine Pflicht erfüllt hatte! Einige Zeit später konnte der Einbrecher bei einer seiner zahlreichen nächtlichen Aktionen ertappt werden. Im Zuge der Verhöre gab er auch den geschilderten Einbruch zu und sagte aus, dass ihm der vor der Kellerstiege liegende Hund überhaupt keine Schwierigkeiten gemacht habe. Er ließ den Dieb – ohne einen Laut von sich zu geben – die Beute wegschaffen. Leider verriet der Einbrecher nicht sein Rezept, wie er es anstellte. So musste angenommen werden, der Hund war nur so lange scharf, als sich jemand am Tage außerhalb des Hofes aufhielt. Über den damaligen Täter, dem man trotz seiner kriminellen Handlungen eine gewisse Originalität nicht absprechen kann, – jetzt lebt er nicht mehr – kursierten lange noch manch andere Geschichten, die zum Lachen Anlass gaben.

* * *

Reith bei Kitzbühel, „Reintal-Hof", ca. 1950,
Hans und Thomas beim „Fingerhaggeln".

Reith bei Kitzbühel, Hof „Theiner", ca. 1912,
Dezember 1936 bis April 1937 als Fütterer.

Im 1. Kurs der Lehranstalt Rotholz

Nach der ja nur ca. 5 Monate dauernden Füttertätigkeit in Reith und dem anschließenden 2. Almsommer am „Farmanger" erfolgte vielleicht in diesem Herbst 1937 überhaupt die Weichenstellung in beruflicher Hinsicht. Ich wurde in den 1. Winterkurs der Landwirtschaftlichen Lehranstalt Rotholz bei Jenbach aufgenommen. Dies war die Erfüllung eines Wunsches, weil mir schon immer eine Laufbahn in der Landwirtschaft vorschwebte. Den letzten Anstoß zu diesem Schritt gab übrigens mein Onkel Toni, der ja wie schon früher berichtet, selbst ein Absolvent dieser Schule war.

In dieser zweijährigen Fachschule mit Winterkursen, die jeweils von Ende Oktober bzw. Anfang November bis Ende März dauerten, fand ich mich gemeinsam mit Georg Hager, einem Schulfreund von der Volksschulzeit her, am 25. Oktober 1937 ein. Die Schüler waren in der Lehranstalt – mit Ausnahme einiger weniger aus der nächsten Umgebung – internatsmäßig untergebracht.

Der erste Kurs, dem wir zwei angehörten, umfasste ca. 50 Burschen bzw. Männer im Alter von 16 bis 32 Jahren, wobei ich als noch nicht ganz 16-Jähriger der Klassenjüngste war. Direktor der Schule, deren Haupteinzugsgebiet die Tiroler Bezirke Schwaz, Kufstein, Kitzbühel und Innsbruck umfasste, war Dr. Alfons Weißgatterer, der spätere Landeshauptmann von Tirol – dies allerdings erst nach dem Ende des 2. Weltkrieges. An der Lehranstalt Rotholz gab es vor dem Anschluss an Deutschland, außer den zwei Klassen Landwirtschaftsschülern, noch eine Klasse Landw. Haushaltungsschule, deren strenge Trennung von den männlichen Anstaltsinsassen eine ständige Sorge der Heimleitungen und zuständigen Lehrkräfte bedeutete, was allerdings keine absolute Isolierung bewirken konnte. Außerdem waren in Rotholz der Waldaufseherkurs, eine Schule für Gartenbau, die Käsereischule und verschiedene Kurzkurse untergebracht.

Der zur Lehranstalt gehörende Landwirtschaftsbetrieb mit ca. 100 Hektar Acker- und Wiesenflächen, Waldungen, einer großen Alpe, einer Gärtnerei mit ausgedehnten Obstanlagen und Werkstätten, bot viele Möglichkeiten für zusätzliche praktische Ausbildung, wenn auch bei weitem nicht in dem Maße wie heute. Für die damalige Zeit sehr modern und arbeitswirtschaftlich günstig angelegt, war auch das Wirtschaftsgebäude mit den geräumigen Stallungen. Die Lehrsäle, Aufenthalts- und Schlafräume für die Schüler befanden sich wie auch heute noch im ehemaligen Schloss „Thurnegg".

Die damals sehr gespannte politische Situation wirkte sich schließlich auch auf den Stundenplan aus. Im Schuljahr 1937/38 mussten wir Landwirtschaftsschüler eine gewisse vormilitärische Ausbildung durchmachen. Dazu gehörte erster Unterricht im Exerzieren und in der Handhabung von Waffen. Als Instruktoren beim Exerzierdienst wurden uns Ausbildner von der „Alpenjäger"-Garnison in Jenbach beigestellt; den theoretischen Unterricht in Waffenkunde, Kartenlesen usw. erteilten Unteroffiziere von den Landesschützen in Hall.

Uns beeindruckte dann damals, kurz vor Einmarsch der Deutschen, dass die im Parterre liegenden, gewölbten Aufenthaltsräume bis zur Decke mit Emmentaler-Käselaiben gefüllt waren, für die es anscheinend keinen Absatz gab. Auch der „Verbandsstall" oberhalb des Gasthofes Esterhammer-Grauß diente als solches Notlager.

Wie wir aus heutiger Sicht wissen, hatten diese offensichtlichen Absatzschwierigkeiten ihre Ursache auch weitgehend darin, dass uns der nördliche Nachbar bewusst wirtschaftliche Daumenschrauben anlegte, um Österreich anschlußreif zu machen. Die sogenannte 1.000-Mark-Sperre, die ab 1. Juni 1933 bis zur Lockerung im Jahr 1936 den Fremdenverkehr fast gänzlich zum Erliegen brachte, wirkte sich ja in dieser Hinsicht besonders krass aus. Es ist im Nachhinein betrachtet fast unbegreiflich, dass weder das Abwürgen des Fremdenverkehrs noch die sonstigen, direkt von den Machthabern des Dritten Reiches gegen unsere Wirtschaft getroffenen Restriktionen, diesen sehr angelastet worden sind. Im Gegenteil! Gerade jene Kreise, die durch die Wirtschaftsblockade am unmittelbarsten berührt wurden, zählten vielfach zu den eifrigsten Anhängern des Nationalsozialismus und erblickten die Rettung nur im Anschluss an Deutschland - wollten oder konnten aber die Hintergründe ihrer Misere nicht sehen.

So kam also gegen Ende des Schuljahres die Zuspitzung der politischen Lage, was nach der für Österreich so verhängnisvollen Besprechung zwischen Hitler und Bundeskanzler Schuschnigg am Obersalzberg zum Rücktritt des österreichischen Bundeskanzlers führte, worauf dann die Dinge den bekannten Lauf nahmen.

Ich erinnere mich noch sehr gut, wie am späten Abend des 11. März der Fachlehrer Knitel in den Schlafsaal kam und in seiner monotonen, singenden Redeweise mit tränenerstickter Stimme die Abschiedsworte von Bundeskanzler Kurt Schuschnigg mitteilte, die mit dem Satz endeten: „Gott schütze Österreich". Obwohl wir Jüngeren die ganze Tragweite dieser Demission sicher nicht erfassten, war uns in dieser Stunde eigenartig zumute, wie ich noch heute nach über 60 Jahren in dunkler Erinnerung habe. Dementsprechend war auch die Stimmung im Hause am darauffolgenden Vormittag, einem Samstag. Von Unterricht war natürlich keine Rede mehr, Aufregung im Lehrkörper! Die meisten mussten wohl um ihre berufliche Zukunft bangen, da sie Großteils vaterländisch-österreichisch eingestellt waren und zum Teil auch Funktionen in der „Vaterländischen Front" innehatten.

Verschiedene Gerüchte wurden laut, bis die sichere Nachricht einging, dass die österreichische Grenze von den deutschen Truppen bereits ohne auf Widerstand gestoßen zu sein, überschritten wurde. Ich weiß nicht mehr um welche Tageszeit es war, plötzlich hieß es, die Deutschen sind schon in Straß, also nur einige Kilometer von Rotholz entfernt. Ob auf Anordnung der Direktion oder aus Neugier, wir zogen jedenfalls hinauf zum Gasthaus Esterhammer-Grauß, wo bereits die in Jenbach stationierte Alpenjäger-Kompanie entlang der Straße in Zweierreihe Aufstellung genommen hatte.

Die vor dem „Grauß" aufgestellten Soldaten, es waren auch einige Bauernburschen aus dem Bezirk Kitzbühel dabei, die mir später gelegentlich dienstlicher Kontakte im Rahmen meiner Tätigkeit als Berater bzw. Sekretär der Bezirkslandwirtschafts-Kammer davon erzählten und auch unsere damaligen Beobachtungen bestätigten, warteten also auf die näherkommenden „Kameraden" aus dem Norden. Sie trugen Karabiner, natürlich ohne Munition.

Zuerst tauchten einige stahlhelmbewehrte Krad-Fahrer auf, welche die Vorhut bildeten und aus Richtung Straß hin- und herpendelten. Die Bundesstraße 1 verlief ja dazumal noch von Straß über St. Margarethen - Buch - Schwaz. Dann hörte man schon deutlich preußische Militärmärsche, gespielt von einer vorausmarschierenden Wehrmachtskapelle, die dann meiner Erinnerung nach in der Nähe der österreichischen Soldaten Aufstellung nahm und während des Vorbeimarsches der deutschen Truppen Defiliermärsche spielte. Das ganze Spektakel dauerte sicher 1 bis 1½ Stunden, wobei unsere Alpenjäger zeitweise das Gewehr präsentieren mussten.

Wir, und wohl auch unsere Soldaten, bestaunten die unbekannten deutschen Uniformen, Waffen und Fahrzeuge. Wie bald sollten fast alle, der hier versammelten männlichen Zuschauer das besser kennenlernen, als jedem lieb war!

Am schnellsten traf dieses Los die aktiven österreichischen Soldaten, die einfach in die deutsche Wehrmacht überstellt wurden und eine Umschulung mitmachen mussten, von der man bald üble Einzelheiten erfuhr. Sadisten unter den deutschen Ausbildnern schien es besondere Freude zu bereiten, die „Knödls" oder „schlappschwänzigen Ostmärker" auf „Vordermann zu bringen". Dies teilweise unter ärgsten Schikanen. Zwar gingen dann im Laufe der Zeit solche Exzesse zurück, da auf diese Weise die Wehrfreudigkeit unserer Leute sicher nicht stieg und auch die Liebe zu den deutschen Brüdern allgemein erheblich litt. Außerdem gab es dann auch bald genügend Ausbildner, die in der Ostmark beheimatet waren. Dies heißt aber nicht, dass es darunter nicht auch Leuteschinder gegeben hat! Manche machten sich sogar sehr schnell den preußischen Drill zu eigen, wie ich später aus eigener Erfahrung feststellen musste.

Aber zurück zur Schule:

Da der Winterkurs sowieso Ende März geendet hätte, wurde der Schulbetrieb fast ohne Änderung bis dahin fortgeführt. Auffallend war nur, dass keine drei Tage vergingen, bis die Käselager restlos geräumt waren. Immer öfter tauchten im Schulgebäude braune Uniformen mit Hakenkreuzgebinde auf. Dabei kam auch das Gußwerk in Jenbach zur Sprache, dessen jüdischer Eigentümer Reitlinger gemeinsam mit seiner Tochter soeben durch Selbstmord geendet hatte. Dieser Industriebetrieb wurde dann ja bald als „Heinkel-Werk" der Rüstungsproduktion zugeführt.

Wir Schüler des 1. Jahrganges verließen am 26. März 1938 mit einem Abschlusszeugnis die Lehranstalt, auf dem noch Direktor Weißgatterer seine Unterschrift neben den Hakenkreuzstempel setzen musste, was er sicher nicht gerne tat.

Interessant ist am Rande, dass von 51 Schülern dieser Klasse rund 30 lauter Einser im Zeugnis hatten. Einige erreichten mit sozusagen „römischen" Einsern den sehr begehrten „Vorzug"!

* * *

Rotholz, Landwirtschaftliche Lehranstalt, als Schüler 1937/38 und 1938/39.

Rotholz, Landwirtschaftliche Lehranstalt, Erster Kurs 1937/38, der jüngste Schüler ist Josef Wörgötter mit 15 Jahren (2. Reihe, 2. v. re.).

St. Johann in Tirol, Hauptplatz, 13. März 1938, Einmarsch der Deutschen Wehrmacht.

St. Johann in Tirol, Hauptplatz, 1938, Fackelzug der begeisterten Nazianhänger.

Auf der Schlichtalm in Jochberg

Für mich war es nun höchste Zeit, wieder etwas zu verdienen. Mein Lohn als Hüterbub auf der Farmangeralm im Pletzergraben bei Fieberbrunn (monatlich 15 Schillinge) und die kleineren Zuwendungen von zuhause waren längst aufgebraucht. Außerdem lockte wieder die Freiheit des Almlebens nach den Monaten im Internat, das wir nur zu den Weihnachts- und Osterferien für eine Heimfahrt verlassen konnten.

Mein Vater hatte mir für die Sommermonate bis zum Beginn des 2. Winterkurses der Lehranstalt Rotholz einen Dienstplatz als Fütterer und Hüterbub beim Schlichtbauern in Jochberg besorgt. Inzwischen gab es ja nicht mehr Schillinge sondern Reichsmark. Der vereinbarte Monatslohn betrug 40 Reichsmark. Der Hof des Bauern Fritz Krimbacher „Schlicht" war flächenmäßig sehr groß und reichte vom Ostufer der Jochberger Ache über die sogenannte „Farmgrube" bis hinunter zum „Kelchalm-Graben", wo bereits in der Bronzezeit und bis in die 1920er-Jahre des 20. Jahrhunderts Bergbau betrieben wurde. Es lohnt sich, diesen schönen alten Bauernhof etwas genauer zu beschreiben:

Das Flächenausmaß betrug damals ca. 14 ha Ackerland (Egarten), das nach der allgemein üblichen Naturegartwirtschaft im vierjährigen Turnus für den Selbstversorger-Getreidebau und außerdem zum Anbau der notwendigen Gespinnstpflanzen und Hackfrüchte (Kartoffeln, Rüben) genutzt wurde. Dazu kamen noch rund 27 ha Wiesen (z. T. vernässt, Großteils aber steile einmähdige Bergwiesen). Daran schloss sich die im Kelchalmgraben liegende Alm im Ausmaß von ca. 103 ha und 45 ha Wald. Der Schlichtenhof bot damals Futtergrundlage für ca. 25 Kühe, 30 Stück Jungvieh und 2 bis 3 Pferde, sowie einer Anzahl Kleinvieh. Besonders ins Auge fallend war das schöne, Großteils aus Holz gebaute Wohnhaus mit einer getäfelten Stube, die nach dem Kriege in einer Volksmusiksendung des Fernsehens präsentiert wurde. Hinter der Stube, in der an einem großen runden Tisch gemeinsam die Mahlzeiten eingenommen wurden, befand sich ein kleinerer Raum, der dem Bauern als Kanzlei und Jagdstüberl diente, wo viele Trophäen hingen, die von der Eigenjagd des Hofes stammten. Gegenüber der Stube, getrennt durch den breiten Hausgang, lag die Küche, die ein schönes Gewölbe aufwies, das früher, als noch am offenen Feuer gekocht wurde, sehr zweckmäßig war. Jetzt hantierte die Bäuerin an einem gekachelten Herd. Es fehlte auch nicht der steinerne Wassertrog mit Abfluss, der seinerzeit in fast jeder Bauernküche zu finden war. Hinter der Küche gab es die „Speis" als wichtigen Vorratsraum. Im 1. Stock lagen die Schlafkammern der Bauernfamilie, im 2. Stock die der Dienstboten. Zwei Balkone, „Laben" genannt, zierten die beiden oberen Stockwerke. Vor dem Haus, das mit Firstrichtung gegen Süden weist, stand in jener Zeit – für die Gegend eigentlich nicht typisch – eine schlanke, hochaufragende Pappel.

An das Wohnhaus, das zu der Zeit noch gänzlich mit Schindeln gedeckt war, schlossen rückwärts der Ross-Stall und ein Jungviehstall an. Beim letzteren, in dem ca. 20 Jungrinder an Wandbarren hingen, handelte es sich um einen sogenannten „Einmiststall", das heißt, der Mist wurde nicht jeden Tag auf den Misthaufen heraus gekarrt, sondern erst zum Winterende, wenn das Vieh auf die Weide bzw. auf die Alm ging. Bis dahin kam täglich frische Streu (Stroh, Laub, Aststreu) in den Stall. Da der Miststock auf dem Stallboden somit immer höher wurde, musste von Zeit zu Zeit der Barren gehoben werden. Deshalb wiesen solche Mistställe eine größere Höhe und vor allem auch zweiteilige, breite und besonders hohe Türen auf und zwar deshalb, weil im Frühjahr zum Entmisten des Stalles ein Mistwagen oder Schlitten Platz haben musste, auf den man im Stall den Mist gabelte. Während das ältere Jungvieh, die 2 bis 3-jährigen Kalbinnen in diesem Stall standen, war das jüngere Galtvieh in einem höher gelegenen Futterstall untergebracht.

Das Wohnhaus „Mittern" beherbergte damals die Familie Matthäus Noichl, die zeitweise in Arbeitsspitzen am Hofe Schlicht Taglöhnerarbeit verrichtete.

Dann gab es noch das „Zulehen Brandern", welches zu der Zeit unbewohnt war. Einige Räume dienten als Lager und als Kleintierstall. Heute ist „Brandern", das der zweitälteste Sohn Fritz nach seiner Heimkehr aus dem Krieg und langjähriger russischer Kriegsgefangenschaft übernahm, ein schmucker, schön ausgebauter Bauernhof, auf dem ca. 20 Stück Vieh gehalten werden und wo auch die Zimmervermietung an Fremdengäste zum notwendigen Zuerwerb beiträgt.

Der Hauptstall, wie alle bisher beschriebenen Gebäude aus Holz gebaut und seinerzeit mit Schindeldach versehen befand sich, getrennt durch einen öffentlichen Interessentschaftsweg, oberhalb, also östlich des Wohnhauses. Dort fanden ca. 25 Kühe und die Kleinkälber Platz. Die Kühe hingen an Wandbarren. Es gab keinen Futtergang und hinter den Tieren, die mit dem Schwanz zueinander standen, war nur Platz für eine schmale Jaucherinne bzw. Kotplatte. Ob diese noch aus Holz oder bereits aus Beton bestand, ist mir nicht mehr gegenwärtig. Jedenfalls führte von diesem Kotplatz im Norden und Süden eine Tür ins Freie. Durch die nordseitige Türe wurden die Kühe täglich zweimal zum Wassertrog gelassen, denn Selbsttränker, die es den Tieren ermöglicht ganztägig nach Belieben zu trinken, gab es bei uns nirgends.

Auf der Trogseite stand auch der Misthaufen, welcher durch täglich zweimaliges Ausmisten rasch wuchs und da er ziemlich bodengleich mit dem Stall angelegt war, nur über ein steiles, oft rutschiges Brett erreicht werden konnte, wenn er höher aufwuchs. Das verursachte gelegentlich einen Absturz mit voll beladenem Schubkarren.

Hangseitig anschließend an den Kuhstall waren auf einer Seite die Kälber untergebracht; ein Platz unter der Einfahrt diente für Streu und eine Futterkammer. In dieser lagerte das vorbereitete Futter. Darauf werde ich später noch zu sprechen kommen.

Der Vollständigkeit halber wären an weiteren Gebäuden im unmittelbaren Hofbereich noch eine Tenne für die Getreidelagerung und Verarbeitung, eine Brechelstube, Waschküche und Backofen und einige sonstige kleinere Hütten zu erwähnen.

Außerhalb des Hofraumes gab es noch eine Anzahl weiterer Baulichkeiten, so z.B. vier oder fünf Futterställe, die sich von knapp oberhalb der Bundesstraße Kitzbühel-Jochberg in Abständen bis hinauf fast in die Almregion erstreckten. Ein wesentlicher Teil des eingebrachten Heus musste in diesen Ställen verfüttert werden, was vom Stallpersonal zusätzliche Mühe erforderte – bei viel Neuschnee war kein Weg – der Wassertrog war nicht überall nahe gelegen usw.

Dann kamen noch ca. 10 Heustadel dazu, von denen im Winter das Futter zu den Ställen gebracht werden musste. Wenn man noch die 5 Alpgebäude dazurechnet, hatte der Schlichtbauer rund 25 bis 30 Gebäude zu erhalten, wobei allein das Schlägern des notwendigen Schindelholzes, die Herstellung der Dachschindeln, sowie das alljährliche Umdecken (1/4) und Ausbessern der Dächer viel Arbeit verlangte. Da auch die vielen Zäune Großteils aus Holz bestanden, vor allem auch der ortsübliche „Schrazaun" (Pinzgauer Schrägzaun), der je 10 Laufmeter rund 1 Festmeter bestes, spaltbares Nadelholz erforderte, hingen auch daran jährlich einige Arbeitswochen für Vorbereitung und Erstellung, sowie das vor Wintereinbruch notwendige Niederlegen der Zäune. Auf der Alm musste das Zaunholz im Herbst sogar wegen der Lawinengefahr teilweise an sichere Stellen ausgetragen werden.

Auf den in der Gegend damals noch allgemein verbreiteten Selbstversorger-Getreidebau habe ich ja schon verwiesen. Im Bereiche Aurach - Jochberg wurde damals vor allem der „Jochberger Sommerroggen", eine bewährte Lokalsorte, angebaut. Diese, heute bei der jüngeren Generation kaum mehr bekannte Bewirtschaftsmethode war auch mit viel Handarbeitsaufwand verbunden.

Deshalb gab es - wie auf allen größeren Bauernhöfen - auch beim „Schlicht" eine Anzahl eigener und fremder Arbeitskräfte:

Außer dem Bauern und der Bäuerin, beide waren ca. Mitte 50 Jahre alt, lebten auf dem Hofe 3 erwachsene Söhne, von denen der älteste (Toni, später Hofübernehmer) die Stelle des Melkers innehatte. Der zweite, Fritz, war damals gerade nach der Ableistung des zweijährigen österreichischen Militärdienstes zurückgekehrt, bis er dann 1939 zur deutschen Wehrmacht einrücken musste. Er und der jüngste, Wast, taten Knechtarbeit und besorgten die Arbeit mit den Pferden. Als Großdirn war die älteste Tochter, Elise, tätig. Sie hatte eine ca. zweijährige Tochter, die natürlich der Liebling aller war und heute längst „Martenbäuerin" in Jochberg ist. Dazu kam eine jüngere Unterdirn und ein Kinder- bzw. Küchendirndl. Außerdem gab es einen, in meinem Alter stehenden Jungknecht, den späteren Vize-Bürgermeister und Schützenhauptmann Matthäus Noichl, sowie einen geistig und körperlich etwas behinderten älteren Arbeiter; beim Vieh und für die Alpzeit außer mir noch einen 15-jährigen „Geißer" (Geißbuben). Über den Sommer wurden dann noch als Sennerin in der „Schweizerhütte" die „Schoßdirn" und ein „Putzer" auf die Alm gedingt.

Daheim kamen noch für die Erntezeit 2 bis 3 „Sommermahder" und einige weibliche Hilfskräfte bzw. Taglöhner für den Getreideschnitt und vor allem für die ausgedehnten Bergwiesen, die ja alle mit der Sense gemäht werden mussten, dazu. Bis das Heu in den Stadeln war, hatten viele Hände mit Rechen, Gabeln, „Schloapfen" und stellenweise sogar „Heuburn" (wo das Heu auf dem Kopf getragen werden musste) genügend zu tun.

Als ich anfangs April 1938 auf den Hof kam, war das Wetter sehr stürmisch. Es schneite und regnete durcheinander. Ein Acker war gerade umgepflügt worden und sollte für die Saat hergerichtet werden. Es schien eine „neue Egart" für Hafer oder Sommerroggen zu sein. Da die Arbeit drängte, musste ich, obwohl für die Viehbetreuung eingestellt, ca. eine Woche auf dem Feld mithelfen. Eine sehr harte Arbeit war dabei das sogenannte „Einhauen", d.h. der Acker konnte bei den neuen Egarten (bis zum Umbau Grasland) mit der Egge nicht bis zum Rand entsprechend bearbeitet werden, weshalb hier die Handarbeit mit der Haue erforderlich war. Der Rasen war zäh und gab bei jedem Hieb federnd nach, das ermüdete ungemein. Dann kamen das Entsteinen der Ackerflächen und noch sonstige Feldarbeiten. Ich muss gestehen, dass mir die Arbeit nach den Monaten auf der Schulbank etwas ungewohnt war und zuerst sehr schwer fiel.

Bei der mir gewohnten Stallarbeit fühlte ich mich dann bald wohler. Ich lernte dort auch eine Arbeit, die mir bis dahin unbekannt war, nämlich eine sehr individuelle Fütterung mit zu jeder Futterzeit vorbereiteten Heurationen. Dieses „Ballen-Aufmachen" geschah in der Weise, dass zuerst Heu des 1. Schnittes (Egartheu) mengenmäßig je nach Gewicht und Milchleistung der Kuh auf den Boden gelegt wurde. Darauf kam dann Grummetheu, wieder auf die Kuh abgestimmt. Von vier Seiten schlug man dann das „Egartheu" über dem „Grummet" zusammen und legte das Paket umgekehrt auf den Boden. Diese so vorbereiteten Ballen konnte man dann in der beabsichtigten Reihenfolge in die Wandbarren werfen. Neben der dosierten und somit rationellen Fütterung hatte diese Methode noch den Vorteil der Vermeidung von Hornunfällen, die nicht selten beim Einfüttern in Wandbarren zwischen den Rindern passierten.

Zum ersten Mal erlebte ich damals auch unmittelbar einen Gebärmuttervorfall bei einer Kuh. Weil sich dabei nach einer Geburt durch starkes Pressen der Kälberkuh der Tragsack umstülpt und so herausgedrückt wird, hat sich unter den Bauern der Ausdruck „Austauchen" eingebürgert. In unserem Falle wurde zum „Einrichten", d.h. wieder Hineinschieben der Gebärmutter, ein Nottierarzt aus Kitzbühel (Zuckerbacher Jaggei) geholt, dem es mit viel Mühe gelang, die Sache wieder in Ordnung zu bringen.

Den heute genügend vorhandenen, akademisch ausgebildeten Tierärzten macht ja ein Gebärmuttervorfall keine größeren Schwierigkeiten. Durch eine Injektion wird das Hinterteil der Kuh lahmgelegt, wodurch sie beim Einrichten des Tragsackes nicht mehr dagegen pressen kann. Der „Viehdoktor" musste aber damals ohne diese Hilfe auskommen. Nachdem zuerst die heraushängende Gebärmutter mit Wasser gereinigt, dann desinfiziert wurde, legte man ein sauberes Leintuch darunter. Hierauf bestrich der „Zuckerbacher" den Tragsack samt dem darauf sitzenden Mutterkuchen mit Rahm und versuchte dann, vorsichtig das Ganze wieder in die Ausgangslage zu bringen. Dieses Hineinschieben war ein hartes Stück Arbeit, weil einerseits der starke Gegendruck durch die pressende Kuh überwunden werden musste, andererseits die Gefahr des Durchstoßens der

Gebärmutterwand mit den drückenden Fäusten des Viehdoktors bestand, was bei solchen Operationen manchmal auch passierte. Ich erinnere mich jedenfalls gut, dass es ziemlich lange dauerte und der „Doktor" arg ins Schwitzen kam, bis alles in Ordnung war und der Kuh der „Kälbergurt" angelegt werden konnte, der ein nochmaliges Umstülpen des Tragsackes verhindert hat.

Zu der geschilderten Panne kam es übrigens wohl nur deshalb, weil der Geburtsvorgang zu spät bemerkt wurde, sonst hätte man gewisse Vorkehrungen treffen können, wie etwa das rechtzeitige Anlegen des Kälbergurtes nach der Geburt. Zum Glück kam dann bei dieser Kuh kein „Brand" dazu, was in solchen Fällen bei Verletzungen mit anschließender Infektion auch vorkam.

Kleinere Verletzungen, Krankheiten wie etwa Kälberdurchfall, Nabelgeschwüre, Trittverletzungen, Verstauchungen, Klauenfäule, Blähungen usw. behandelte zu jener Zeit jeder halbwegs erfahrene Viehbetreuer mit den erprobten Hausmitteln selbst. Für die Innere Medizin standen dazu die verschiedenen „Eingüsse" bereit, wie schon an anderer Stelle erwähnt. Hier konnte ich auch wieder einiges dazulernen. Neu war mir auch die Arbeit in den abseits liegenden Futterställen, wo mir zusätzlich die Fütterung und Betreuung des dort bis zum Almauftrieb befindlichen Jungviehs oblag.

Nun aber wieder zurück zur weiteren Beschreibung des Hofes:

Beginnen wir mit der am rechten Ufer der Jochberger Ache liegenden Wiese, „Einfang" genannt, was auf Landgewinnung im Zuge der Achenregulierung hindeutet. Es handelte sich dabei um das einzige ganz ebene Grundstück des Bauern, es befand sich nordöstlich der „Hütt-Brücke" zwischen Bundesstraße und Ache. Die Straße lag am Fuße eines kurzen, sehr steilen Hanges, der wohl früher einmal das Ufer des aufgestauten Baches gebildet hatte, bis irgendwo, vielleicht in Kitzbühel, dem Wasser der Jochberger Ache der Durchbruch gelang. Jetzt wurde dieser Hang, teilweise mit Stauden bewachsen und entlang der Straße auch einige leicht hängige oder ebene Flächen aufweisend, als Hutweide für Heimkühe genutzt. Außerdem führte darüber ein Verbindungsweg zum „Einfang" hinunter, der vor allem dem Viehtrieb diente. Oberhalb der genannten Steilstufe, die in der Art übrigens links und rechts der Ache bis zum 10 km entfernten „Felsenegg" in Kitzbühel sichtbar ist, ziehen sich die leicht ansteigenden, besseren und somit ehemals als Acker genutzten Felder bis zum Hofe selbst und südwärts desselben noch etwas weiter bergwärts hinauf. Ein Teil des damals zum Hofe „Schlicht" gehörenden Grundes, mit einigen Ackerflächen in sonst eher vernässtem

Gelände, befand sich noch hinter dem Hofe in nördlicher Richtung, heute dem Branderhof zugehörend. Östlich davon und weiter oben, das linke Ufer des Kelchalm-Grabens berührend, zogen sich die ausgedehnten Waldungen, die allerdings, bedingt durch die schwierige Wirtschaftslage der 1930er-Jahre, im Bestande sehr gelitten hatten. Oberhalb des Schlichtenhofes gab es noch – immer mehr ansteigend – weitere Ackerflächen, bis diese in sehr steile, einmähdig genutzte Wiesen übergingen, die fast bis auf den Bergkamm reichten, der dann gegen den Kelchalm-Graben abfällt.

Wenn nicht drei kleinere Höfe (Leiten, Mitteregg und Vorderegg) in diesem Bereiche liegen würden, hätte diese Bergseite in ziemlicher Breite ausschließlich dem „Schlicht" gehört. Auch der Kleinbetrieb „Pölln" hinter „Brandern" bildete eine kleine Enklave im sonst geschlossenen Besitzareal der Familie Krimbacher.

Heute werden vom Hofe „Schlicht" nur mehr jene Flächen für die Heugewinnung genutzt, die weitgehend mechanisch bearbeitet werden können. Der Getreidebau hat sich sowieso schon in den 1960er-Jahren aufgehört.

Zu meiner Zeit gab es auf diesem Bergbauernhof nur die notwendigen Ackergeräte, einen Gabelwender, Sense, Sichel und sonstige Handarbeitsgeräte. Allein die Bergmähder erforderten wochenlange Arbeit bei der Heuernte.

An die Bergwiesen schlossen bereits Almflächen an, die „Farmgrube" und das „Gschlacht", beides Galtviehleger mit je einem „Scherm" (Stall). Diese grenzten an die Kuhalm an, die talaus in den Wald im Kelchalmgraben überging, talein bis an den Fuß des „Schützkogels" und „Gamshags" reichte und sich in der ganzen Länge an den Kelchalm-Graben bzw. die Alpe „Niederkaser" anlehnte. Bergwärts bildete noch zum Teil die damals zum Hofe „Künstler" gehörende „Ober-Trausnitzalpe" die Grenze.

Als wir so gegen Ende Mai 1938 mit den Kühen und Kälbern durch den Graben „hineinfuhren" und beim halbverfallenen Gemäuer des, an frühere Bergbauzeit erinnernden „Pochwerkes" das Vieh über den Bach trieben, war das äußerste und unterste Ende der „Schlicht- oder Trausnitzalm" erreicht.

Es war dies auch das Gebiet der „Schneeflucht" bei Schneefällen am oberen Almbereich. Interessant ist am Rande, dass zu der Zeit, wo im Gegensatz zu heute das Vieh auf die Alm und von der Alm fast nur getrieben wurde, nur vom „Auf-die-Alm-fahren" und vom „Heimfahren" gesprochen wurde.

Während nun an diesem „Auffahrtstage" das Vieh langsam grasend in Richtung der höher gelegenen Almhütte zog, ahnte ich noch nicht, dass mir hier wieder die gleichen Schwierigkeiten begegnen sollten, wie in den beiden vergangenen Sommern auf der Farmanger-Alm. Wie man mir nachher versicherte, gab es sonst auf der Schlichtalm kaum Pansenblähung beim Vieh. Ausgerechnet in diesem Jahr bekamen wir aber damit in der ersten Woche viel zu tun. Bereits am ersten Tag stellten wir auf der Weide bei mehreren Kühen aufgetriebene Bäuche fest. So ging das Tag für Tag. Mit Eingüssen und anderen Mitteln konnte aber in den meisten Fällen das Ärgste verhindert werden. Bei einer Kuh half dann allerdings keines dieser bewährten Hausmittel. Die an der linken Bauchseite sichtbare Blähung war schon so weit fortgeschritten, dass als letzter Ausweg nur noch der Pansenstich mit dem „Trokar" in Frage kam.

Dieses spitze runde Gerät, welches bekanntlich in einer Metallröhre steckend, an einer ganz bestimmten Stelle durch die Bauchwand direkt in den „Pansen" gestoßen wird, sollte normalerweise nach dem Herausziehen des spitzen Stiftes ein Entweichen der Gase durch die im Bauch verbleibende Hülse ermöglichen. Hier war aber der Gasdruck im Magen (Pansen) der Kuh bereits so stark, dass die Röhre ständig mit dem Inhalt des Vormagens verstopft wurde, sodass das Tier schließlich nicht mehr zu retten war; es fiel plötzlich tot um. Es hat also, wie man von dieser Todesart sagte, die Kuh „zerrissen". Dem Schlichtbauern war das besonders unangenehm, weil das Tier einem kleinen Lehnbauern gehörte, für den der Verlust dieser jungen Kuh besonders schmerzlich war. Der Schlichtbauer konnte ja zum eigenen Vieh, wegen der Almgröße, noch Lehnvieh aufnehmen.

Bei dieser Gelegenheit fällt mir noch eine Begebenheit ein, die mir einige Peinlichkeit bereitete: Im Verlaufe des Sommers gab es auch ein paar Verwerfensfälle, wie dies vor Ausmerzung der Bangseuche (seuchenhaftes Verwerfen) in den Jahren 1950 bis 1960, auf den Almen häufig vorkam. Wir hatten also 1938 auch vom „Exenweider" Georg Laucher in Kitzbühel einige Stück Lehnvieh. Da ergab es sich, dass eine Kuh oder eine Kalbin dieses Bauern Anzeichen für eine solche Frühgeburt aufwies. Der Besitzer wurde davon benachrichtigt und war damit einverstanden, das Rind, solange das noch ging, nach Kitzbühel heimzutreiben. Diese Aufgabe fiel nun mir zu.

Nun, bis an den Stadtrand von Kitzbühel – es waren bis dorthin immerhin ca. 10 km, verlief soweit alles gut. Dann wurde die Kuh aber immer langsamer und ich hatte größte Mühe, sie am Hinlegen auf die Straße zu hindern. Als wir, das Rind und ich, in Kitzbühel das Jochberger Tor passiert hatten und gerade in die Hinterstadt einbiegen wollten, hatte meine „Begleiterin" endgültig genug der Strapazen. Sie ging mitten auf der Straße in die Knie, legte sich auf die Seite und schickte sich an, ihr Kalb zur Welt zu bringen.

Das Fruchtwasser bei solchen „Wurfinnen" ist eine nicht sehr schön anzusehende, übel riechende Brühe, – sie rann über das städtische Pflaster direkt vor den Eingang zur heutigen Bezirkshauptmannschaft. Im Nu versammelte sich eine Menge Zuschauer, es war ja Hochsaison in der Gamsstadt, und mir war es nicht mehr möglich, das Tier auf die Beine zu bringen.

Soweit ich mich erinnere, lief dann aber auf meine Bitte ein hilfreicher Einheimischer zum „Laucher", der ja seinen Hof oberhalb der Pfarrkirche hatte. Der lud dann das inzwischen tot geborene Kalb auf einen Karren und wir konnten nach einiger Zeit die Kuh in ihren Heimstall treiben. Man kann sich vorstellen, dass einem 16-jährigen Burschen bei dieser ganzen Aktion nicht wohl zumute war. Erleichtert und sehr gerne kehrte ich deshalb auf die Schlichtalm zurück. Ob ich den Weg wieder zu Fuß gehen musste oder bis „Hechenmoos" mit dem Postauto fahren konnte, weiß ich heute nicht mehr. Für die Zeit wäre aber auch das erstere absolut normal gewesen.

Wie schon erwähnt, waren wir auf der Alm zu fünft:

Der Jungbauer und Melker Toni, welcher gleichzeitig die Milch von ca. 40 Kühen zu Schweizerkäse (Bergkäse) verarbeitete; die „Schoßdirn" Hanni, welche beim Melken mithalf, kochte und die übrige Hüttenarbeit verrichtete; der Almputzer Seppei, der bereits in früheren Kapiteln ausführlich genannt wurde und für den diese Alm ja in jungen Jahren zum persönlichen Schicksal wurde; der Geißer Franz Hager, 15 Jahre alt (im Krieg gefallen). Meine Aufgabe als Kühbub bestand vor allem darin, gemeinsam mit dem Geißer zu melken, die Ställe zu säubern, das Vieh aus- und einzutreiben, die beiden Galtviehleger täglich aufzusuchen und dort gegebenenfalls den Stall zu putzen, nachzuschauen, ob alle Jungtiere vorhanden und gesund waren, Salzleck auszuteilen usw.

Außerdem fiel mir auch meistens die Arbeit des Butterns (Rührens) zu, was damals mangels eines mechanischen Antriebes (Rührkübel) keine leichte Tätigkeit war. Einmal in der Woche hatte ich mit einer Kraxe voll Butter und Schotten (Topfen) zum Heimhof bzw. zu einer Krämerei in Jochberg zu gehen, wobei für eine Strecke ca. 2 bis 3 Gehstunden gerechnet werden mussten. Dabei genehmigte ich mir jedes Mal den Luxus einer Tafel Schokolade und 1 bis 2 Semmeln. Auf dem Rückweg nahm ich dann vom Hof meistens notwendige Dinge für die Alminger mit. Zur Nachmittagsmelkzeit um ca.

½ 3 Uhr musste ich jedenfalls wieder auf der Alm eingetroffen sein. An sehr heißen Tagen war das wirklich kein Vergnügen, im stickig-warmen Stall seine 10 bis 12 Kühe zu melken und dann noch die übrige Arbeit zu tun, die erst nach Einbrechen der Dunkelheit mit dem Eintun (Einstallen) der Kühe beendet war.

Aufgestanden wurde morgens um ca. 3 Uhr. Dies zumindest im Vorsommer bis Jakobi, dann galt ja wie schon früher beschrieben, auf den meisten Almen eine andere Tages- und Arbeitseinteilung. Gesömmert wurden auf der „Unteren-Trausnitzalm" (Schlichtalm) damals:

40 Kühe, 40 Stück Jungvieh („Farmgrube" und „Gschlacht" sowie der Rest Jungvieh und Kälber bei der „Hütte"), dazu 10 bis 12 Ziegen und 8 bis 10 Schweine.

Die Gebäude bestanden aus der „Hütte", dem zentralen Alpgebäude, in der alle wohnten und wo in der „Vorhütte" auch die Milch verarbeitet wurde. Im angebauten „Hag" (Stall) waren die Milchkühe untergebracht.

Unterhalb der „Vorhütte" war Platz für die Schweine, welchen der „Juten" (Molke) und sonstige Käsereiabfälle zugutekamen und die im Übrigen untertags frei herumliefen und grasend zusätzliches Futter fanden. Ein kleines Nebengebäude nahm die Kälber und Geißen auf.

Die „Hütte", ein schöner alter Holzbau, wurde leider nach dem Kriege durch eine Lawine weggerissen. Das an ihrer Stelle, etwas daneben errichtete Alpgebäude, traf dann aber dasselbe Los. Die jetzige Almhütte wurde in lawinensicherer Bauweise erstellt und es ist somit zu hoffen, dass sie keinen solchen Schaden mehr erleidet.

Damals, 1937/38, hatte eine Lawine südlich des Alpgebäudes zwar keinen Gebäudeschaden angerichtet, auf dem wertvolleren Teil des Almbodens aber viele Steine, Wurzeln, Erdreich, Geröll und Holz abgelagert. So wurde uns im Sommer 1938 zur Säuberung der Weideflächen und für Verbauungen ein Facharbeiter aus Wien zugeteilt, der gemeinsam mit unserem Putzer und zeitweise auch mit Helfern vom Heimhof sommerüber hier arbeitete, oder vielleicht auch zwangsweise arbeiten musste. Diese Vermutung lag nahe, weil er sich häufig sehr abfällig über die neuen Herren in Wien äußerte.

Obwohl auf dieser Alm auch genug Arbeit anfiel, war ich gerne dort, besonders im Nachsommer, wo es dann nähere Kontakte zu den jungen Leuten auf den Nachbaralmen gab. An die Landwirtschaftsschule, wo ich ja im Herbst den 2. Kurs besuchen wollte, wurde ich eines Tages auf eine Weise erinnert, die mich heute noch schmunzeln macht: Unser Bauer, der auf seinen Pirschgängen öfters auf die Alm kam, sich aber dabei selten sehen ließ, heftete eines Tages auf die Türe des Galtviehstalles, den ich zu reinigen hatte und eben einmal in Eile nicht sehr schön gesäubert verließ, einen Zettel. Darauf stand kurz und bündig: „Das ist aber nicht Rotholzer Art!" Nun wusste ich Bescheid und nahm es wieder genauer! Fritz Krimbacher war ein ruhiger, überlegter Mann mit einer natürlichen Autorität, den seine Leute alle gerne mochten, obwohl er kein sehr enges persönliches Verhältnis pflegte. Leider wurde er, erst 59 Jahre alt, 1941 von seinem Stier im Sommerstall am Wandbarren erdrückt. Der Zuchtstier war zu dem Zeitpunkt 2 bis 3 Jahre alt und hatte früher kein Zeichen von Bösartigkeit gezeigt. Angeblich änderte sich das, als der Stier in dem Sommer nicht mehr auf die gewohnte Alm durfte.

Es war dies ein schwerer Schlag für die Familie und besonders für seine Frau und Bäuerin, die - glaube ich - den tragischen Tod der jüngeren, erst 16-jährigen Tochter Maria nie ganz überwunden hatte. Diese, ein besonders schönes Mädchen, infizierte sich durch den Splitter einer morschen Dachschindel mit Tetanusbazillen und musste unter entsetzlichen Qualen an Starrkrampf ihr hoffnungsvolles Leben lassen.

* * *

Jochberg, Bauernhof „Schlicht", 1938.

Jochberg, Bauernhof „Schlicht", 1936, beim Kartoffelgraben.

Kitzbühel, Bauernhof „Unterberg", ca. 1960, beim Laubstreu rechen.

Kitzbühel, Bauernmuseum „Hinterobernau", ca. 1970, Sebastian Hirzinger beim Schindeln schnitzen.

Gemeinde Jochberg, „Schlicht-Alm", 1938.

Jochberg, „Schlichtbauer“, ca. 1950, „Ballen-aufmachen“.

Jochberg, 1969, „Schrazaun“ (Pinzgauer Schrägzaun).

Das Schicksal meinte es gut mit mir

Nach dem Almabtrieb blieb ich dann noch bis Allerheiligen auf dem Hofe „Schlicht", ebenso mein Almkollege Franz. Wie schon gesagt, überlebte dieser den Krieg leider nicht. Sein Nachfolger als Geißer im Sommer 1939 war übrigens Hermann Mayr, der bekannte Diplom-Restaurator aus Kitzbühel, ein enger Schützenfreund von mir.

Zu der Zeit dachten wir allerdings noch nicht daran, dass es Krieg geben könnte. Und hier möchte ich etwas einflechten, was in der damaligen Situation für manche Burschen schicksalshaft wurde.

Es kamen Werbeschriften in Umlauf, in denen junge Männer aufgefordert wurden, der Waffen-SS beizutreten. Auf diesen Zetteln hieß es, bei Verpflichtung auf 12 Jahre ist anschließend eine Staatsanstellung garantiert. Der eine oder andere Landarbeiter oder weichende Bauernbursche meldete sich daraufhin zu dieser Truppe, natürlich nicht wissend, welche Folgen im Krieg und auch nach dem Krieg damit verbunden sein würden.

Mir hätte, ehrlich gesagt, die Sache auch recht gut gefallen. Als gewöhnliches „Bauernknechtl" oder als „Fütterer" wäre mir das auf alle Fälle als Aufstieg erschienen, umso mehr, als Leuten aus der Landwirtschaft mit Fachschule auch für später Verwalterposten in Aussicht gestellt wurden. Zum Glück fehlten mir einige Zentimeter zu der, für den Eintritt in die SS erforderlichen Körpergröße. Sonst hätte mich die Lehranstalt Rotholz im 2. Jahrgang wahrscheinlich nicht mehr gesehen, wie übrigens einige Kollegen aus dem 1. Kurs, die sich auch zu dieser, als Eliteeinheit bekannten Formation meldeten.

Meines Wissens überlebte keiner davon den Krieg, bis auf Sepp Gredler aus Buch bei Jenbach. Dieser rückte 1939 freiwillig zur Waffen-SS nach Berlin ein. Ihn, von daheim aus sehr religiös erzogen, störten aber bereits nach kurzer Zeit der antireligiöse Geist und auch sonstige Dinge, die sich mit seiner Einstellung nicht vereinbaren ließen. Er gehörte vielleicht zu den Wenigen, die dann trotz schwerster Repressionen und täglicher Schikanen, nach einigen Monaten die SS verlassen haben. Nach Kriegsbeginn hätte er dabei wohl keine Chance mehr gehabt. Diesen Mut und die rechtzeitige Einsicht brachten aber wohl Wenige auf, abgesehen davon, dass im direkten Fronteinsatz nach Kriegsbeginn bei der, in vorderster Front kämpfenden Truppe, manches in den Hintergrund trat, was mit Ideologie zu tun hatte (wobei die erwiesenen Untaten meist rückwärtiger Einheiten keineswegs entschuldigt werden sollen!). Gredler erlebte dann den Krieg bei einer Wehrmachtseinheit und kehrte als Schwerstkriegsbeschädigter heim. Nach 1945, bis zu seiner Pensionierung, war er trotz schwerer körperlicher Behinderung auch als landwirtschaftlicher Berater und zuletzt als Leiter der Kultivierungsabteilung der Landes-Landwirtschaftskammer für Tirol tätig.

Soweit ein kurzer Exkurs in die Umwelt, der damals junge Menschen ausgesetzt waren.

* * *

St. Johann in Tirol, ca. 1985, „Schefferbauer", „Zaunringe" herstellen, durch Wasser und Feuer biegsam gemachte Fichtenäste.

Hochfilzen, ca. 1880, „Ringzaun", Aufnahme nach dem Bau der Giselabahn 1875.

Im 2. Kurs der Lehranstalt Rotholz

Ich rückte nach dem Sommer in Jochberg zunächst anfangs November 1938 wieder in der Landeslehranstalt Rotholz ein.

Hier hatte sich inzwischen vieles, um nicht zu sagen alles verändert: Direktor Weißgatterer war durch den Vorarlberger Burtscher als Direktor abgelöst worden, der kein unguter Typ war. Er übernahm auch unterrichtsmäßig vom früheren Milchwirtschaftslehrer Ing. Pregenzer dessen Fach. Burtscher hatte zwei Gewohnheiten, die uns Schüler sehr erheiterten. Er wiederholte beim Vortrag fast jedes Wort oder wenigstens ganze Satzteile, was äußerst drollig wirkte. Nach der Faschingsfeier z. B., bei welcher einige Schüler etwas zu viel dem hausgemachten Ribiselwein zugesprochen hatten, kam es zu argen Verunreinigungen der WC-Anlagen. Burtscher hielt uns am nächsten Tage eine Strafpredigt, aus der mir der Satz noch gut im Gedächtnis ist: „Heute wurde der Abort, Abort, in einem grauslichen, grauslichen Zustand vorgefunden, vorgefunden. Wer sowas tut, sowas tut, ist ein Schweinehund, Schweinehund!" Dabei schnupfte er ständig seinen buschigen englischen Oberlippenbart, was die zweite Gewohnheit war.

Burtscher wurde dann im späteren Verlauf des Krieges als Reserveoffizier zur Wehrmacht eingezogen und fiel in Jugoslawien im Einsatz gegen die Partisanen. Vielleicht musste er deshalb einrücken, weil seine politische Aktivität nicht sehr im Vordergrund stand!

Selbstverständlich gab es auch keinen Kaplan mehr. An seiner Stelle hatten wir einen eifrigen und vom Nationalsozialismus begeisterten Heimleiter bekommen. Wie lange sein offensichtlicher Idealismus für diese Bewegung angehalten hat, ist mir nicht bekannt. Damals sah er, ein ehemaliger Volksschullehrer, jedenfalls eine Hauptaufgabe darin, uns ideologisch zu schulen, was im Unterricht mit dem Gegenstand „Deutsches Bauerntum" gut zu verbinden war. Großen Raum nahm dabei die Rassenlehre ein, wobei sich der Lehrer, selbst groß und schlank gewachsen, langschädelig, wenn auch nicht gerade mit ausgesprochen „nordischem" Profil, gerne als Muster der nach Rosenberg erstrebenswertesten und „edelsten" Rasse darstellte. Eigentlich wussten wir mit diesen rassischen Wertungen der Menschen nicht allzu viel anzufangen, weil es nicht recht einzusehen war, dass eine Wertigkeit von der nordischen über die dinarische, flämische, romanische bis zur ostischen Rasse, ganz zu schweigen von den Farbigen, eine praktische Bedeutung haben sollte. Dagegen sträubte sich wohl auch der gesunde, bäuerliche Hausverstand. Ich hatte deshalb immer das Gefühl, dass der Heimleiter in diesen Dingen nicht ganz ernst genommen wurde. Merkwürdigerweise berührte er, zumindest während meiner Schulzeit, das Thema Juden nicht, soviel ich mich entsinne. Ein Lieblingsthema von ihm waren die Sitten und Gebräuche der alten Germanen, wobei es ihm besonders die „Kebsen", also die Nebenfrauen derselben, angetan hatten. Auch den Kinderreichtum der Germanen stellte er uns oft als Vorbild hin, wobei einmal die freche Frage eines Zillertalers für viel Heiterkeit unsererseits, und Verlegenheit beim Referenten sorgte.

Der Heimleiter war aber auch für die nun großgeschriebene Leibeserziehung und gemeinschaftliche Freizeitgestaltung zuständig. Außerdem unterrichtete er Rechnen und Raumlehre. Wenig Änderung gab es bei den Fachgegenständen gegenüber den früheren Lehrplänen, wenn man von den individuellen Fähigkeiten der Lehrer absah, wo vereinzelt wohl der gute Nationalsozialist vor dem Fachmann gereiht wurde. Eine Vorgangsweise bei der Postenbesetzung, die ja leider auch in unserer Demokratie noch nicht ausgestorben ist.

Der gesamte Tagesablauf in der Schule und im Internat hatte sich aber grundlegend geändert:

Wenn vor dem Anschluss an Deutschland der Tag mit einem Gottesdienst in der Anstaltskapelle begann, der allerdings an den Wochentagen nur von den frömmeren Bewohnern der Lehranstalt besucht wurde, so hieß es nun als erstes nach dem Wecken um 5.30 Uhr im Trainingsanzug auf dem Schulhof anzutreten. Dann folgte ein Dauerlauf unter Voraustrab des sportlich gut durchtrainierten Heimleiters, entlang der damals gerade im Rohbau befindlichen neutrassierten Bundesstraße von der Zillerbrücke nach Schwaz. Unsere Laufstrecke führte in der Regel vom Sammelplatz im Schulhof bis in die Gegend der jetzigen Einfahrt nach Jenbach, gegenüber der Abzweigung nach Buch. Hier ergab sich nun täglich das gleiche Spiel: B. lief hocherhobenen Hauptes – ohne sich umzusehen – voraus, zog am Ende der Strecke eine Schleife und lief in der gleichen Weise zurück. Da links und rechts der Straße für den im Winter unterbrochenen Straßenbau Schotterhaufen gelagert waren, bot sich eine günstige Gelegenheit, dahinter in Deckung zu gehen, was beim Hinweg von einem Großteil der Klasse dazu benutzt wurde, eine Zigarette zu rauchen oder auch nur zu rasten, bis der Heimleiter mit dem kleinen Häuflein der Getreuen zurückkam. Beim Passieren des Anstaltstores war dann die Klasse wieder vollzählig beisammen.

Jetzt folgten Morgenwäsche und Umziehen. Hierauf musste zur

Fahnenhissung herausgetreten werden. Dabei wurden, dem neuen System gemäße Lieder gesungen, während zwei Schüler zum Kommando „Heißt Flagge“ die Hakenkreuzfahne hochzogen.

Die Liedauswahl hätte uns eigentlich zu denken geben müssen! „In den Ostwind hebt die Fahne, denn im Ostwind weht sie gut“ usw.

Wie bald sollte gerade dieses Lied für viele von uns schicksalshafte Bedeutung erlangen, drückte es doch ziemlich eindeutig die Bestrebungen des Regimes aus, die dann im Grauen des Russlandfeldzuges endeten. Uns waren diese Fahnenappelle und die vorhergehenden Morgenläufe, besonders bei eisiger Winterzeit, eher lästig, hingegen fanden wir an den sonstigen Leibesübungen, die auch im Lehrplan vorgesehen waren, mehr Gefallen.

Eine Neuerung sagte uns allerdings ausgesprochen gut zu, nämlich die, jeden Donnerstag im großen Speisesaal der Lehranstalt, abgehaltenen Volkstanzabende, woran die gesamte Haushaltungsschule teilnahm und die Tanzpartnerinnen stellte. Hier war der Heimleiter in seinem Element; er lehrte uns tatsächlich viele und schöne Volkstänze.

So kam auch bald ein besserer Kontakt zu den Schülerinnen zustande, ohne dass dabei weiß Gott was passiert wäre. Überhaupt muss man rückblickend sagen, dass es das nationalsozialistische Regime auch hier gut verstanden hat, die Jugend anzusprechen. So war uns der scheinbar frische Wind, der nach dem Anschluss in die Mauern der ehrwürdigen Lehranstalt kam, im Großen und Ganzen recht angenehm, ahnten wir doch keineswegs, wie viel Leid und Elend die dahinter verborgene Ideologie über viele Millionen Menschen, darunter auch nicht wenige Rotholzer Absolventen bringen sollte.

Ich weiß natürlich nicht genau, wie die Dinge von den älteren und reiferen Mitschülern gesehen wurden. Einige hatten ja bereits das 30. Lebensjahr überschritten und besaßen gewiss mehr Weitblick, als wir 16- bis 18-jährigen Buben. Einigen von ihnen gab sicher zu denken, dass 12 Vorarlberger Mitschüler, die den 1. Kurs noch in der von Patres geführten Landwirtschaftsschule „Mehrerau“ besucht hatten, zum 2. Kurs dort keine Möglichkeit mehr fanden, weil diese bewährte Klosterschule geschlossen wurde und die Patres ausziehen mussten. Von diesen 12 Vorarlbergern haben den Krieg nur 6 überlebt. In den 2. Kurs traten außerdem noch 2 Schüler aus Bayern und 2 aus Osttirol ein. Alle vier sind gefallen. Insgesamt sind von 69 Schülern beider Jahrgänge 23 Mitschüler gefallen und eine Anzahl wurde verwundet.

Auch verschiedene Bemerkungen, die etwa im Rahmen der Rassenlehre oder des Geschichts- und Geographieunterrichtes fielen und uns Jungen kaum etwas sagten, dürften die Älteren z. T. mit anderen Augen gesehen haben. Beeindruckt wurden wir Jüngeren selbstverständlich auch durch den neuen Mythos von Blut und Boden, sowie die guten Berufsaussichten, welche sich für Absolventen der Landwirtschaftlichen Schulen im größeren Wirtschaftsraum zu eröffnen schienen. Ferner lockte auch die Aussicht des kostenlosen Weiterstudiums für gute Schüler. Davon machten meines Wissens aber in unserer Klasse nur 2 Mitschüler Gebrauch. Einer wollte Lehrer werden, der zweite trat in eine sogenannte „Höhere Landbauschule" ein, welche zwei Jahre dauerte. Beide Kameraden fielen dann im Krieg.

Ich spielte auch eine Zeit lang mit dem Gedanken, eine höhere Schule zu besuchen. Mein, mit einem zusätzlichen Preis, aufgewertetes Abschlusszeugnis hätte mir dies ohne Schwierigkeiten ermöglicht. Nur die Sehnsucht nach dem freien Almleben, als Gegensatz zum monatelangen Büffeln und dem doch unfreien Internatsleben, hielt mich davon ab. Vielleicht war das sogar eine glückliche Entscheidung, denn als Stipendiat wäre man wohl dem Staate in besonderer Weise verpflichtet gewesen und wer weiß, ob sich dies als gut erwiesen hätte.

Im 2. Kurs erhielten insgesamt 16 Schüler ein Vorzugszeugnis, davon 5 zusätzlich einen Preis. Unter den Preisträgern befanden sich drei St. Johanner (außer mir Hans Raß und Georg Hager), was der Volksschule St. Johann zur Ehre gereichte.

* * *

Rotholz, Landwirtschaftliche Lehranstalt, 2. Winterkurs 1938/39,
2. Reihe, 3. von links: der Älteste, Jg. 1904,
2. Reihe, 4. von links: der Jüngste, Jg. 1922.

Rotholz, Landwirtschaftliche Lehranstalt, 1938/39, die St. Johanner Schüler:
li. – re. Fischer Christian „Samer" 1. Kl., Raß Hans „Fritz" 2. Kl.,
Nothegger Sepp 1. Kl., Hager Georg 2. Kl., Wörgötter Sepp 2. Kl.

Beim „Wirt“ in Ellmau: Als Fütterer und auf der Alm

So nahm ich nach Schulschluss, Ende März 1939, das Angebot des „Ellmauer Wirts“ Balthasar Hochfilzer an, bei ihm auf der Alm und als Fütterer einzustehen. Eigentlich überredete mich sein ältester Sohn, der damals die 1. Klasse in Rotholz besuchte und den ich sehr schätzte. Es war besonders tragisch, dass dieser allseits beliebte und tüchtige Bursch, als späterer Übernehmer des großen Land- und Gastwirtschaftsbetriebes seines Vaters vorgesehen, in Stalingrad sein Leben lassen musste.

Vor dem Verlassen der Landwirtschaftsschule nahm ich noch an dem bei uns neuen „Berufswettkampf“ teil, wo außer theoretischen Fachfragen und praktischen Aufgaben vor allem sportliche Übungen und politische Fragen gewertet wurden. Ich schnitt dabei nur mittelmäßig ab. Die Besten kamen zum Landesberufswettkampf, einer (Hans Raß) erreichte dann sogar die Teilnahme am Reichsberufswettkampf und hätte deshalb sicher noch weitere Förderungschancen gehabt, wenn er nicht als Hoferbe daheim unentbehrlich und an einem anderen Weg interessiert gewesen wäre. Auch Georg Hager war bei den Besten.

Für mich aber war das Kapitel Schule nun vorläufig abgeschlossen und ich begann gerne die praktische Arbeit in Ellmau. Leider hatte ich über der Sympathie zu meinem Mitschüler Balthasar Hochfilzer zu spät überlegt, dass dieser Posten als zweiter Fütterer und Alphirte eigentlich keinen beruflichen Aufstieg bedeutete, abgesehen davon, dass der Betrieb „Ellmauer Wirt“ als sehr gut geführter Hof galt, wo nur bessere Leute beschäftigt wurden und sich so noch einiges dazulernen ließ. Aber sicher hätten mir auf Grund des guten Abgangszeugnisses und der Vorpraxis auch bessere Möglichkeiten offen gestanden.

Ich hatte jedoch inzwischen bereits die „Har“, das Angeld, angenommen und wollte deshalb nicht mehr „kitteln“, d.h. wortbrüchig werden. Es hat mich später auch gar nicht gereut, trotz der vielen und teilweise harten Arbeit. So begann ich also anfangs April 1939 meine Tätigkeit in Ellmau zum vereinbarten Lohn von monatlich 60 Reichsmark.

Der „Wirt“, wie das Anwesen allgemein hieß, lag damals rechts der alten Bundesstraße, wenn man aus Going kam am äußersten Ortsrand. Auf der anderen Straßenseite, etwa 100 m östlich, stand die Sennerei. Ellmau war zu dieser Zeit ja ein kleines Dorf mit rein bäuerlichem Charakter. Im Dorfkern befanden sich nur drei Gasthäuser (außer dem „Wirt" noch „Kaisermann" und „Lobenwein"), die alle auch über eine Landwirtschaft verfügten. Dazu gab es noch drei Krämerläden.

Es ist kaum zu glauben, wie weitreichend sich das Ortsbild verändert hat, seit mit dem sprunghaften Anwachsen des Fremdenverkehrs nach dem 2. Weltkrieg eine Bautätigkeit einsetzte, die offensichtlich Ausdruck des gestiegenen Wohlstandes ist, aber dem Auge derer, die das alte Ellmau kannten, kaum viel Freude bereitet. – Ein typisches Beispiel dafür, wie zu schnelles Wirtschaftswachstum kulturelle und ästhetische Werte beeinträchtigen kann.

Zu meiner Zeit war der „Wirt" zweifellos ein Mittelpunkt des dörflichen Lebens. Nicht nur die Landwirtschaft, sondern auch der Gastbetrieb, wurde von meinem Dienstgeber gemeinsam mit seiner tüchtigen Wirtin vorbildlich geführt.

Der „Ellmauer-Wirt" war damals kaum 50 Jahre alt, ein mittelgroßer, stämmiger, rotgesichtiger Mann von lebhafter und umgänglicher Art, von allen seinen Dienstboten wohl gelitten, obwohl er von seinen Angestellten viel Arbeit und Genauigkeit in der Ausführung ihrer Obliegenheiten verlangte. Letzteres galt auch für das Verhältnis der Wirtin zum Personal.

Balthasar Hochfilzer, allgemein und auch von seinen Dienstboten „Hausa" genannt, war weitum auch als Vieh- und Pferdehändler bekannt und geschätzt. Deshalb befand sich außer den ca. 50 bis 60 Stück eigenen Rindern, 4 bis 6 Pferden und einer größeren Anzahl Schweinen, fast ständig „Handelsvieh" in den ausgedehnten Stallungen. Dieses Vieh, das vom Einkauf bis zum Weiterhandel kürzere oder längere Zeit eingestellt war, musste von den Fütterern bzw. „Rossingern" zusätzlich betreut werden. So gab es immer genug Arbeit. Im Kuhstall, der getrennt vom Wirtshaus in ca. 4 Meter Entfernung hinten anschloss, arbeiteten der Melker Christian Ehrensberger (Buchauer Christa), der im Sommer auf der Alm auch käsen musste und ich als seine 2. Kraft.

Weiters war auf dem Hofe noch ein Galtvieh- und Schweinefütterer vorhanden, der seinen eigenen Bereich hatte (er musste dann bald zur Wehrmacht einrücken und fiel im Krieg). Sonst gab es auf dem Hofe noch im Winter den Großknecht, einen Jungknecht, zwei Rossinger (Pferdewärter), zwei Mägde, ein bis zwei Küchendirndln, eine Kindsdirn sowie nach Saisonbedarf Kellnerinnen, Zimmermädchen und im Sommer noch zusätzlich Arbeitskräfte für Feld und Haus.

Zwei heranwachsende Töchter halfen in der Küche und in den Gasträumen bereits fleißig mit, während die jüngste Tochter erst ca. 4 bis 5 Jahre alt war und der spätere Besitzerbe, damals 12 Jahre alt, für einen anderen Berufsweg zur Schule ging. Der Bub wollte eigentlich auf den Beruf eines Technikers studieren, musste aber dann durch den Soldatentod seines älteren Bruders und dem relativ frühen Ableben seines Vaters, diesen Berufswunsch aufgeben und den Betrieb übernehmen. Bis zu seiner Militäreinberufung, ich glaube es war 1941, war selbstverständlich auch der vorgesehene Hoferbe, wie sein Vater „Hausa" (Balthasar) gerufen, fleißig und mit Umsicht bei der Arbeit. Auf der Alm wurden dann außer dem Melker und mir noch drei Mann benötigt, da dorthin auch der Bruder des „Wirts", Oswald Hochfilzer, der nebenanliegende „Huben-Bauer", Vieh auftrieb.

Ich fühlte mich in der neuen Umgebung bald recht wohl, wenn es auch um diese Jahreszeit im Kuhstall viel zu tun gab. Wir beide hatten je 16 bis 18 Kühe zu melken, natürlich mit der Hand, denn Melkmaschine gab es damals bei uns noch keine. Die Milch musste ziemlich früh schon in die Emmentaler-Käserei gebracht werden. So hieß es bereits um ca. ½ 4 Uhr aufstehen. Auch die 12 bis 14 Zuchtkälber machten einige Arbeit. Dazu kamen häufig Nachtabkalbungen von Handelsvieh, da der Wirt gerne hochträchtige Kühe und Kalbinnen einkaufte, sie abkalben ließ und dann mit oder ohne Kalb weiterverkaufte. Als vortrefflicher Viehkenner machte er dabei sicher gute Geschäfte.

Das Vieh bekam, was damals noch nicht bei allen Bauern selbstverständlich war, genügend Heu und Kraftfutter; es gab genug Stroh zum Einstreuen; das Vieh wurde in jeder Hinsicht gut gepflegt, täglich sauber gestriegelt und gebürstet, ja sogar wöchentlich einmal einer Schwanzwäsche unterzogen. Auch die Klauenpflege wurde im Hinblick auf die bevorstehende Almzeit nicht vernachlässigt. Wir machten diese Arbeit auch selbst. Der Melker, aus Brixen im Thale stammend, wo er selbst einen kleinen Bergbauernhof besaß, den er verpachtet hatte, verstand viel vom richtigen Füttern, der Kälberaufzucht, war ein geübter Geburtshelfer und verstand sich gut auf die Behandlung aller möglichen Viehkrankheiten. Ich konnte von ihm wirklich viel dazulernen. Wenn im Stall trotz guter Haltung und Pflege verschiedene Krankheiten nicht ausblieben, so wohl deshalb, weil durch den Viehhandel manche Infektion kaum zu vermeiden war, wenn auch das „Handelsvieh" separat untergebracht war.

Viel lernen konnte ich auf dem Hofe, besonders in der Tierbeurteilung. Wie schon gesagt, war der Ellmauer Wirt ein gewiegter

Viehkenner. Vor allem verstand er sich bestens auf das Gewichtschätzen rein nach dem Augenmaß. Er setzte uns immer wieder in Erstaunen, wenn wir eine Kuh auf die Waage stellten und dann feststellen mussten, dass sich unser Chef selten mehr als 10 bis 20 kg verschätzt hatte. Manchmal betrug die Differenz sogar nur 5 kg. Auch mir gelang es bald, recht gute Schätzungsergebnisse zu erzielen – ein Resultat der ständigen Beobachtung und Übung. Hierzu trug auch bei, dass es der „Wirt“ kaum einen Abend versäumte, gemeinsam mit den Fütterern eine Runde durch den Stall zu gehen, wobei dann dies und das besprochen wurde, wovon manches Wertvolle für meinen weiteren Berufsweg hängen blieb. Wir fassten diese abendlichen Stallbegehungen durchaus nicht als Kontrolle auf, im Gegenteil! Der Wirt hatte eine Freude am Vieh und war stolz auf seine schöne „Pinzgauer Herdebuchzucht“, die er gelegentlich durch ein besonders wertvolles Stück ergänzte, wenn ihm beim Handel ein solches unterkam. So besaß er z.B. zwei sehr gute Zuchtkühe, die er vom berühmten „Vögeibauern“ in Piesendorf gekauft hatte.

Aber nicht nur die interessanten Betriebsverhältnisse beim „Ellmauer Wirt“ sagten mir zu, auch gesellig war damals beim „Wirt“ immer etwas los. Die hinter der Gaststube befindliche „Ehhaltstube“, d.h. die Stube für die Dienstboten (Ehhalten), hatte sich in der Zeit sozusagen zum gesellschaftlichen Zentrum der näheren Nachbarschaft entwickelt. Bei uns wurde viel musiziert und getanzt, was selbstverständlich die Jugend anlockte. Zumindest eine Mundharmonika und eine Gitarre traten abends oft in Aktion, beides beherrschte auch ich einigermaßen. Später hatten wir auch noch einen Ziehharmonikaspieler im Haus. So schwang also Jung und Alt gerne das Tanzbein oder es gab sonstige Unterhaltung, wie das eben früher in Bauernstuben üblich war.

Junge Leute waren ja 1939 noch genug vorhanden, wenn auch dann nach Beginn des Krieges gegen Polen am 1. September die wehrpflichtigen Burschen bald seltener zu sehen waren. Der eine oder andere von den früheren Arbeitern des Hauses kam wohl noch manches Mal zu einem Kurzurlaub aus der jeweiligen Garnison, mit Fortdauer und Ausweitung des Krieges wurde das aber immer seltener.

Vorläufig sind wir aber noch im Frühjahr vor dem Almauftrieb. Beinahe hätte ich diesen nicht mehr erlebt! Das kam so:

Zwischen dem Gasthaus und dem schon erwähnten Durchgang mit anschließendem Kuhstall auf der Westseite und den gegenüberliegenden Stallungen für Jungvieh, Pferde und Schweine samt Getreidespeicher und sonstigen Wirtschaftsräumen, war die sogenannte „Wassergasse". Hier befand sich also der Wassertrog, an dem das Vieh täglich zweimal getränkt wurde. Selbsttränker im Stall gab es ja noch keine. Diese „Wassergasse" war an den beiden offenen Stirnseiten durch Schranken gesichert, die außerhalb der Tränkezeiten meistens offenstanden, da sich rückwärts oder nordseitig das Waschhaus und die Brennholzlagen befanden, weshalb die Mägde oft durchgehen mussten. Einmal vergaß eine Dirn den flurseitigen Schranken gut zu fixieren, sodass der 2½-jährige Zuchtstier entkam und auf die Felder hinauslief. In dem Bereiche, wo heute die Osteinfahrt von der Umfahrungsstraße nach Ellmau besteht, war damals noch ein freies Feld, auf dem ein Rossmisthaufen stand, der in nächster Zeit, es war ja gerade aper geworden, verteilt werden sollte. Der Stier fing an, mit den Hörnern in diesem Haufen zu wühlen und wurde dadurch in kurzer Zeit von einem harmlosen Tier zu einer bösartigen Bestie, was man allerdings vom Stall aus nicht sehen konnte, jedoch aber hören. Wohl wegen des Gebrülls bewaffnete ich mich nicht wie sonst üblich mit einem Stock, sondern nahm zum Hereintreiben des Stieres die Mistgabel mit. Das rettete mir wahrscheinlich das Leben. Denn als ich mich dem wütenden Tier näherte und es anschrie, wandte sich der Stier sofort gegen mich, er hatte blutunterlaufene Augen und Schaum vor dem Maul! Mir blieb wenig Zeit zum Überlegen. Der nächste Zaun, über den ich noch hätte flüchten können, war viel zu weit entfernt, auch sonst war keine Deckung in der Nähe. Es gab also nur die Flucht nach vorne! Bevor der Stier die Hörner ganz am Boden hatte, um mich anzugehen, rammte ich ihm schnell die Gabelspitzen von unten in die Schnauze. Als er daraufhin kurz zögerte, wiederholte ich den Stoß und das war ihm dann doch zu viel! Er drehte sich um, ich packte ihn beim Schwanz und jagte ihn so zurück in den Stall, wo wir ihn dann in Ketten legen konnten. Allerdings getraute ich mich von da an nicht mehr den Stier, der – wie damals noch in den meisten Fällen üblich – keinen Nasenring trug, von der Kette zu lassen. Das Tier blieb bösartig und musste dann bald geschlachtet werden.

Aber um nochmals auf das Tränken im Freien zurückzukommen hatte dieses wohl den Vorteil, dass das Vieh während der Stallzeit täglich an die frische Luft kam und etwas Bewegung hatte. Auch konnte während des Tränkvorganges das Standlager gründlich gereinigt, das „Mistbett" gerichtet und entsprechend eingestreut werden. Außerdem gab man in der Zeit auch die zweite Heuration in die Barren, was beim Fehlen der heute fast selbstverständlichen Futtergänge auch eine Erleichterung darstellte.

Andererseits ergaben sich im Winter gewisse Schwierigkeiten. Die Tiere mussten oft auch bei grimmigster Kälte das eiskalte Wasser aus dem Trog trinken. Das taten sie aber an solchen Tagen nur, wenn sie arger Durst dazu trieb. So blieb öfter zu einer Futterzeit das Wasser unberührt, bei der nächsten war dann der Durst so groß, dass zu viel getrunken wurde. Das führte nicht selten zu Verkühlungen des Verdauungstraktes, der Luftwege und sogar zu Frühgeburten (Verwerfen), zumindest aber gab es an solchen Tagen eine verminderte Milchleistung.

Um wenigstens die ärgsten Schäden zu vermeiden, schütteten wir an besonders kalten Tagen heißes Wasser in den Trog – was allerdings mehr symbolischen Wert hatte oder versuchten, auch durch „Nachtränken" im Stall zu helfen, was natürlich zur vereinzelt möglich war. Einen Nachteil hatte das Tränken auf der „Wassergasse" noch: Beim Hereinlassen in den Stall stürzten sich die Kühe begierig auf den gefüllten Barren, rissen am Heu und mussten dabei an die Ketten gehängt werden. Dabei konnte man kaum genug auf die vor- und zurückschnellenden Hörner aufpassen. Ich hätte bei einer solchen Gelegenheit beinahe ein Auge verloren. Eine Hornspitze traf mich knapp neben dem linken Auge. Es ging zum Glück nur mit einer kurzen Betäubung ab.

Heute sind Selbsttränker in den Ställen längst eine Selbstverständlichkeit geworden – allerdings auch, dass dadurch das Vieh im Winter kaum mehr von der Kette kommt und meist keinen Auslauf mehr hat. Dabei wäre es bei modernen Aufstallungen sogar möglich, die Tiere reihenweise mit einem Handgriff, ohne Gefahr für den Betreuer, abzulassen und anzuhängen.

Im Gegensatz zu heute, wo das Almvieh im Frühjahr Großteils mit Lastwagen und Traktoren transportiert wird, war der tägliche Auslauf auch deshalb wichtig, weil das Vieh sonst die oft weiten Strecken bis zu den Almen kaum bewältigt hätte. Auch so kam es öfter vor, dass ein Stück beim Almauftrieb „rach" wurde, wie man sagte. Das heißt, durch Überanstrengung waren solche Tiere derart mitgenommen, dass sie sich meistens lange nicht erholten und deshalb auf der Alm schlecht gediehen. Eine gute Vorbereitung auf die Strapazen des langen Weges hatte also große Bedeutung. Unser Vieh musste von Ellmau bis zum Gasthaus „Alte Wacht" in Jochberg immerhin auf der Straße ca. 30 km und dann noch den einige Stunden dauernden Aufstiegsweg auf die Alm an einem einzigen Tag schaffen. Ein Teil des Galtviehs hatte sogar noch einen zweiten Marschtag in das Felbertal im Pinzgau zu leisten. Deshalb wurde das Almvieh vor der Almauffahrt ca. eine Woche lang täglich einmal auf der Straße gegen Going, die ja damals nur über den „Marcherbühel" führte, „angetrieben", also sozusagen für den langen Weg „trainiert" und außerdem „zusammengewöhnt". Letzteres war deshalb wichtig, weil ja das Vieh vom Nachbarn, dem „Hubinger" dazukam und somit erst eine gewisse Ordnung herzustellen war. Nebenbei bemerkt, galt damals die Frühjahrsweide, die auch ein Teil der Almvorbereitung sein kann, eher als eine Notmaßnahme bei Heumangel und war deshalb nicht allgemein üblich.

So kam also der Tag der Almauffahrt heran, es war anfangs Juni. Die Kühe wurden am Vortag noch spät abends gemolken und um ca. 1 Uhr „schlugen wir die Ketten auf", d.h. den Rindern wurden ihre Stahlketten und den Leitkühen ihre Glocken umgehängt. Die ganze Herde, es waren über 100 Stück, setzte sich, von einer Anzahl Treiber begleitet, in Bewegung. Wir waren mit Laternen und Taschenlampen ausgerüstet. Während der ersten Kilometer hatten wir alle Mühe, die Tiere etwas zurückzuhalten. Diese wussten ja beim ersten Glockenschlag genau, wohin die Reise geht und wollten auf die Alm, angeführt von den „achtwissenden" Kühen, also jenen, die schon öfter dort waren und somit „Bescheid wussten". Am liebsten hätten sie die saftigen Weidegründe laufend erreicht. Auf der ersten Wegstrecke wurde auch noch viel gerauft, wobei schon Vorentscheidungen über die Rangordnung des Sommers fielen. Das jüngere Galtvieh, die „Jahrlinge", war bei diesem Viehtrieb noch nicht dabei. Diese ca. 25 Stück kamen ja, wie bereits erwähnt, in das Tauerngebiet. Der spätere Auftrieb deshalb, weil diese Alm, die nicht zum „Wirt" bzw. „Hubinger" gehörte, sehr hoch liegt.

Nun, die aus Kühen, Kalbinnen und älteren Kälbern bestehende Herde beruhigte sich dann, je mehr sich der Weg in die Länge zog. Bis wir am späten Mittag in Jochberg am Fuße des „Bärnbadkogels" eintrafen, waren Treiber und Vieh rechtschaffen müde. Die letzte Strecke bis zur Erreichung der ersten Weideflächen auf der „Ellmauer-Wirtsalm" gestaltete sich deshalb äußerst mühevoll. Einzelne Rinder waren kaum noch weiterzubringen. Sie sind fast „derlegen", wie der Dialektausdruck für diesen Zustand der Erschöpfung treffend hieß bzw. auch heute noch heißt. Schließlich aber erreichte das Vieh, hangaufwärts grasend die Alpgebäude, wo die Kühe und Kälber eingestallt werden konnten. Das Jungvieh blieb im Freien und kam einige Zeit später in das höher gelegene „Galtvieh-Ort". Die Kühe, welche sich im „Hag" (Stall) sofort erschöpft zur Ruhe legten, waren zum Melken, das ja auch noch am Abend erledigt werden musste, kaum mehr auf die Beine zu bringen. Wir, das Almpersonal, hatten dann noch die Milch „herunter-zutreiben" (zentrifugieren) und für den nächsten Tag in den Keller zu stellen, bis wir uns nach einem kräftigen, aber schnell vertilgten Essen, zu einem kurzen Schlaf hinlegen konnten. Um ca. ½ 4 Uhr hieß es wieder aufstehen. Gemessen daran, dass zu der Zeit im Frühsommer auf den meisten größeren Almen (vor allem, wo Schweizerkäse erzeugt wurde) wie ich das ja in den drei vorhergegangenen Almsommern selbst erlebt hatte, waren wir hier geradezu bevorzugt. Die Praxis bewies uns, dass die Gründe für das, zur allgemeinen Übung gewordene allzu frühe Wecken – wie bereits früher beschrieben – nicht stichhaltig waren. Aber an diesem ersten Morgen hätten unsere müden Knochen sicher eine noch längere Ruhe vertragen.

Auch beim Vieh hatte der lange Alpweg seine Spuren hinterlassen. So konnte z. B. in den ersten Tagen nur Magerkäse erzeugt werden, denn die sogenannte „Treibmilch" war für die Emmentaler-Käserei schlecht geeignet, da sie zum „Blähen" der Käselaibe geführt hätte. Aus diesem Grunde wurde auch auf dieser „Schweizer-Alm" zunächst die Milch abgerahmt (zentrifugiert).

Bevor ich aber auf den Almbetrieb näher eingehe, wäre noch etwas zur „Auffahrt" nachzutragen. Damals 1939, gab es ja auf die „Ellmauer-Wirtsalm" wie auf viele andere auch, keinen Zufahrtsweg im heutigen Sinne. Der notwendige „Almplunder" (die Koffer des Personals, Inventar, das im Herbst zu Tal gebracht wurde und Lebensmittel für die erste Zeit), musste von der Straße weg über einen schmalen, steilen und mit Wagen nicht befahrbaren Weg mittels „Barfußschlittens" (Kufen ohne Eisenbeschlag) und Pferdezug hinaufgeschafft werden. Für jeden weiteren Transport während des Sommers stand dann kein Pferd mehr zur Verfügung, wie noch eingehend zu schildern sein wird. Bis zum Gasthaus „Alte Wacht" wurde alles mit den pferdegezogenen „Alpwagerln" geliefert, auch eine Anzahl Schweine, die von dort aus auf die Alm laufen mussten, so ferne es sich um etwas ältere Tiere handelte. Das Bergwärts treiben einer solchen „Saubande" war alles andere als lustig und war Anlass zahlloser Flüche. Meiner Erinnerung nach mussten diese Arbeit aber noch die „Heiminger" (Leute vom Heimbetrieb) leisten, von denen ja einige mehrere Tage zu verschiedenen Arbeiten auf der Alm blieben.

Für die Betreuung von 60 Milchkühen, einer Anzahl Kälber, ca. 25 bis 30 Kalbinnen und 4 galten (nicht milchgebenden) Kühen, welche wie auch die Kalbinnen und Kälber ein separat abgezäuntes Weidegebiet mit eigenem Stall hatten, befanden sich damals auf der

Ellmauer-Wirtsalm vier Alminger. Dem „Schweizer“, welcher auch beim Melken mithalf, dann aber im Vorsommer täglich die Milch zu einem Schweizerkäse (Bergkäse) verarbeiten musste, oblag im Übrigen noch die weitere Pflege der im Keller lagernden Käselaibe (putzen und salzen). Der tägliche Milchanfall betrug in der ersten Zeit ca. 500 Liter, wozu im Sommer 1939 noch von der nahegelegenen „Jochberger-Wirtsalm“ ca. 60 bis 80 Liter dazukamen, die der dortige Melker, Christian Hechenberger, genannt „Erber Christa“ aus Kitzbühel, täglich zweimal ca. 800 Meter hertragen musste. Dies bereitete ihm allerdings keine Schwierigkeiten, denn er war ein sehr starker Mann in den besten Jahren. Der Schweizer, Christian Ehrensberger, kam - wie bereits früher erwähnt - aus Brixen im Thale, wo ihm der Hof „Buchau“ am Buchberg gehörte, den er aber verpachtet hatte. Dieser „Buchauer Christa“ war Junggeselle und schon über 40 Jahre alt. Er wurde auf seinem Anwesen selbst nie Bauer, sondern übergab es später seinem Neffen. Er war mit Leib und Seele bei der Käserei und dem Vieh und für den gesamten Almbetrieb verantwortlich. Seine Position füllte er mit Sachkenntnis und Genauigkeit aus, weshalb er nicht bei allen seinen Untergebenen beliebt war.

Ich verstand mich mit dem Christa recht gut, hatten wir uns doch schon daheim in den letzten zwei Monaten aneinander gewöhnt. Gewisse Eigenheiten eines älteren Junggesellen, der leider das Pech hatte nicht die Mädchen zu bekommen, die er sich gewünscht hätte, musste man in Kauf nehmen.

Der zweite Mann in dieser Belegschaft war der „Schosser“. Dieser erledigte die Hüttenarbeit einschließlich des Kochens, war für die Butterei zuständig und hatte bei der Käserei jene Arbeiten zu verrichten, die noch anfielen, nachdem die zerkleinerte und zu festen Körnern „gebrühte“ Rohkäsemasse aus dem Kessel in den Käsereifen unter die „Kaspresse“ kam.

Zunächst musste „abgerötselt“ werden, d.h. nach nochmaligem Erhitzen der „Fettmolke“ oder „Kaswasser“ im Kessel, kam das restliche Fett, „Rötsel“ genannt, an die Oberfläche, wurde mit einer „Gazseiche“ abgeschöpft und konnte dann am nächsten Tag dem Butterrahm beigemischt werden. War der Vorgang des „Abrötselns“ vorbei, kam noch einmal Feuer unter den auf der „Reibsäule“ hängenden, kupfernen „Kaskessel“. Bei einer Temperatur von ca. 100 ° C und noch einem Zusatz von „Säuer“, einem Molke-Essig, erfolgte das Abschöpfen des „Schottens“, einem mageren Topfen, der dann Großteils von daheim abgeholt wurde, woraus aber auch der sogenannte „Ziegerkäse“ hergestellt werden konnte (etwas erhielten auch unsere Schweine). Ein „Holzember" voll mit „Schotten" in der nun mageren Molke „Juten" genannt, kam täglich auf den Tisch und schmeckte sowohl warm als auch im abgekühlten Zustand sehr gut. Diese auf jeder Alm, wo gekäst wurde – und das war damals fast überall der Fall – vorhandene Stärkung hieß „Schottsauf". Besonders gut schmeckte ein Gemisch aus Milch und Schotten; diese Speise wurde als „Milchsauf" bezeichnet.

Im Käsekessel befand sich nun das letzte Produkt der Milch, der „Juten" oder die Magermolke. Zuerst wurde von dieser Molke das „Säuerfass" nachgefüllt, denn es musste ja täglich für das „Absieden", wie der Vorgang der Schottengewinnung hieß, das Säuerfaß ergänzt sein. Als nächstes diente der Juten zum Reinigen des gesamten Milchgeschirrs, das ja zu der Zeit ausschließlich aus Holz bestand (Melksechter, Schweizer-Ember, Rahmschaff, Butterkübel, Rahmspan usw.). Als erstes kam der „Rührkübel" (Butterkübel) dran, der mit heißem Juten teilweise gefüllt, verschlossen und einige Zeit bewegt wurde, bis dann noch die gründliche Reinigung von Hand erfolgte. Dann waren die „Schweizer-Ember" an der Reihe, große, runde, aus Holz-Dauben gebinderte Flachgefäße, ca. 15 cm hoch und 80 cm im Durchmesser, die 20 bis 25 Liter Milch fassten, welche mit der Milch vom Vorabend im Keller aufgestellt wurden.

Die erste Arbeit des Schweizers bestand ja jeden Tag darin, den Rahm mit einem „Rahm-Span" und einer gelochten „Rahmgaze" abzuschöpfen, bevor diese weitgehend entfettete Milch dann in den Kessel kam und mit der vollfetten „Frühmilch" vermischt wurde. Das Herauftragen dieser vollen Milchember über die sehr steile Kellerstiege und das Hineinleeren in den frei, über der an sich schon etwas erhöhten „Esse" hängenden Kessel, erforderte sehr viel Geschick und Kraft, wie ich selbst erfuhr, als mir im nächsten Jahr die Arbeit des „Schossers" zufiel.

Auch diese Schweizer-Ember kamen zur Reinigung in die heiße Molke und wurden dann einzeln mit einem Rest Juten als Inhalt auf dem Rande des Käsekessels mit der linken Hand schnell in Richtung des eigenen Körpers gedreht, während innen die Bürste dagegen strich. Auch dazu war eine gewisse Übung erforderlich, die man aber bald erlangte. Zum Schluss kamen noch sonstiges Milchgeschirr aus Holz und verschiedene andere Geräte zum Reinigen dran.

Das Milchgeschirr aus Holz wurde auch deshalb in Molke gesäubert, weil es dadurch eine glasharte Schicht aus Milchstein erhielt, wodurch die Dauerhaftigkeit und Sauberkeit verbessert wurden. Die so mehrseitig genutzte Molke gab schließlich das Haupt-Schweinefutter ab. Die Fütterung und Betreuung der „Faken" oblag auch dem „Schosser". Nachzutragen wäre noch, dass der „Schosser", während sich der „Schweizer" mit der Käsemilch im Kessel (einlaben, zerkleinern mit der Käseharfe, rühren mit der „Furgel" und schließlich „brean" oder brühen), sowie sonstigen mit der Käserei zusammenhängenden Arbeiten beschäftigte, das „Rührach" einrichtete, d.h. Rahm und „Rötsel" im Kübel auf die richtige Temperatur brachte und selbst, meistens aber der Kühbub oder auch der Kalbinger mit der Butterei begann.

Der Kübel war schwer, musste auf dieser Alm von Hand getrieben werden und dies wenigstens eine halbe Stunde, oft sogar bis zu einer Stunde, je nach Rahmmenge und Temperatur (das Wetter hatte hier auch einen gewissen Einfluss).

Zurück zum Geschirrwaschen: Wenn dieses beendet war, hatte der „Schosser" noch die Hütte sauber zu machen, wobei auf dieser Alm - eine Ausnahme in dem Gebiet, nach Brixentaler Art in Käsehütten, der Boden nicht aufgewaschen wurde, sondern nur mit „Scharrkrucke", Schaufel und Besen der ärgste Dreck beseitigt wurde. Die Arbeit in der „Vorhütte" erfolgte ja in Holzschuhen, wie im Stall. Diese Übung dürfte wohl daher gekommen sein, dass der Ellmauer Wirt sein Almpersonal vorwiegend aus dem Brixental bezog und außerdem wie aus dem folgenden Absatz ersichtlich, hier eine reine Männerwirtschaft herrschte. Das war auf den sogenannten „Schweizer-Almen" (wo Schweizerkäse erzeugt wurde) in diesem Teil des Bezirkes auch eine Ausnahme.

Nun, beim Geschirrwaschen und sonstigen Hüttenarbeiten hatte auch ich als der Dritte in der Runde nach Möglichkeit mitzuhelfen, während der „Kalbinger" nach dem gemeinsamen „Schorren" beim Galtvieh nachschauen musste. Bei schönem Wetter kam inzwischen ja auch schon das Vieh von der Weide und es galt, dieses im Stall an die Kette zu legen. Bei Schlechtwetter mussten die Kühe gegen Mittag heran getrieben werden, was auch zu meinen und des Kalbingers Aufgaben zählte.

Der „Schosser" begann dann bald mit der Zubereitung des Mittagessens, nachdem er vorher noch den geleerten, kupfernen Käsekessel gesäubert und auf Glanz gebracht hatte, was mit Hilfe von Holzasche und Kohlestückchen geschah. Wir hatten keine anderen Reinigungsmittel, dafür waren sie aber auch „rein biologisch".

Bevor aber die anderen Arbeitsbereiche auf dieser Alm näher beschrieben werden, noch eine kurze Erklärung zum „Schosser": Dazu muss vorausgeschickt werden, dass im nördlichen und südöstlichen

Teil des Bezirkes Kitzbühel früher viel mehr weibliches Almpersonal anzutreffen war, wie ja schon in anderen Kapiteln erwähnt. Im westlich gelegenen Brixental war dies vielfach anders. Auf den dort häufigen, großen Gemeinschaftsalmen „Gmoa-Almen" genannt, mit oft 10 bis 15 Miteigentümern und bis zu drei „Legern" (Nieder-, Mittel- und Hochleger) waren durchwegs junge, starke Männer notwendig, da nicht selten 1 Mann 25 bis 30 Kühe von Hand zu melken hatte. Auch die viele Tragarbeit beim Übersiedeln von einem Leger zum anderen erforderte kräftige Leute. Es gab ja kaum Fahrwege. Außer dem „Schweizer", der ja in der Regel hier mit dem Vieh nichts zu tun hatte, gab es den „Absieder", drei bis vier „Hüter" (Hirten), einen oder zwei „Geißer" (Ziegenhirten) und einen oder auch zwei „Putzer". Der Absieder hatte ungefähr die bereits geschilderte Arbeit des „Schossers" zu verrichten, wobei noch die Verantwortung für den gesamten Almbetrieb dazukam (nicht für die Käserei).

Im erstgenannten Teil des Bezirkes hieß die Sennerin in einer „Schweizerhütte", wo also Schweizerkäse (Bergkäse) hergestellt wurde, „Schoßdirn". Der Schoßdirn konnten natürlich nicht alle schweren Arbeiten zugemutet werden, die ihr männlicher Kollege, der „Schosser", ausführte. Ein solcher, wie auf der Ellmauer-Wirtsalm, war überhaupt eine Seltenheit.

Auf allen kleineren Almen, wo meistens „Speerkas" (Magerkäse) erzeugt wurde, hieß die weibliche Hüttenarbeiterin, die ja daneben wie die Schoßdirn auch beim Vieh arbeitete, Sennerin. Aber auch auf Gemeinschaftsalmen hatte sie gebietsweise diese Bezeichnung, sofern sie nicht die „Schweizerhütte" betreute. Im Gegensatz zu den Interessentschaftsalmen des Brixentales, wo meist wohl mehrere Ställe, aber nur eine Wohn- und Käsehütte üblich war, hatte hier jeder Mitbesitzer eine eigene Hütte mit angebautem Stall. Eine dieser Hütten fungierte als „Schweizerhütte". Analog der Sennerin hieß ihr männlicher Kollege „Melker".

Der „Schosser" auf der Ellmauer-Wirtsalm war im Sommer 1939 Wolfgang Hain, „Mairhof-Wof" genannt, aus Westendorf. Er fiel dann auch dem Krieg zum Opfer. Von ihm lernte ich das Kochen jener Speisen, die besonders auf Brixentaler Almen mit reiner Männerbesetzung den Speisezettel beherrschten. So z.B. „Ummischütter", ein „Wasserkoch", das dann in eine zweite Pfanne kommt und mit viel Käse und reichlich Butter ähnlich den „Kasspatzln" fertig gekocht wird, wobei kräftige „Prinzen" (Krusten) gefragt sind.

Der nächste in der Rangfolge des Almpersonals war dann ich als Hirte, eine Funktion, die in dem Bezirksteil allgemein mit „Kühbub" analog den amerikanischen Cowboys bezeichnet wurde, wenn auch der Betreffende schon weit über das Bubenalter hinaus war. Diese Tätigkeit bezog sich sozusagen mehr auf den „Außendienst". Ich habe sie ja grundsätzlich bereits früher beschrieben. Auf dieser Alm kam zur üblichen Arbeit, wie dem Melken von 15 bis 16 Kühen, dem Ein- und Austreiben der Kühe, der Stallsäuberung usw. noch einiges dazu.

Wie schon erwähnt, legte der „Wirt" wie auch sein Bruder, der „Hubinger", großen Wert auf schönes und leistungsfähiges Zuchtvieh. Beide Männer besaßen eine anerkannt gute „Pinzgauer-Herde" und gehörten zu den damals in dem Gebiete noch wenigen „Herdebuchzüchtern". So kam auch auf dieser Alm, zu der Zeit wohl eine Seltenheit, ziemlich viel Kraftfutter zum Einsatz.

Wie schon gesagt, führte auf die Ellmauer-Wirtsalm kein Fahrweg. Was dann während des Sommers benötigt wurde, musste auf der „Kopfkrax" getragen werden. So u. a. rund 2000 kg Futtermittel, Kleie und Leinmehl. Diese Aufgabe fiel mir und meinem gleichaltrigen Kollegen Franz Kirchmair aus Ellbögen zu, der die Stelle des „Kalbingers" innehatte.

Seine Tätigkeit bestand zunächst darin, mir bei der üblichen Arbeit zu helfen. Wenn ich dann zusätzlich auch in der „Hütte" beschäftigt wurde, musste er beim Galtvieh Nachschau halten, dort die Ställe säubern usw. Gemeinsam gingen wir bei schönem Wetter, wenn das Vieh wegen der Hitze und dem Ungeziefer schon früh im Stall stand, zwei- bis dreimal wöchentlich hinunter ins Tal, wo in einem Schuppen gegenüber dem Gasthaus „Alte Wacht" die Futtermittel gelagert waren. Die 50-kg schweren Säcke galt es nun, auf der Kopfkraxe den steilen Serpentinenweg über eine Strecke hinaufzutragen, zu der ein Fußgänger ohne Gepäck ca. 1 ½ Stunden Gehzeit benötigt. Wir Burschen hatten die schwere Last 3 bis 4 Stunden auf dem Rücken. Dabei wogen wir beide kaum mehr als die Tragkraxe samt Ladung! Im unteren Teil der Strecke bot wenigstens der Wald einigen Schutz gegen die Sonne, weiter oben brannte sie aber oft erbarmungslos herab. Wir kamen jedes Mal völlig ausgepumpt auf der Alm an. Der sonst übliche Mittagsschlaf war dann meistens sehr kurz oder fiel ganz aus. Um ca. 3 bis ½ 4 Uhr war ja schon wieder Melkzeit. Franz Reitmair verlor im Kriege, wo er zur Marine eingezogen wurde, einen Arm und überlebte das Kriegsende nicht lange.

Bevor ich noch auf einige Besonderheiten dieser Alm zu sprechen komme, muss noch der 5. Mann erwähnt werden. Es war dies der „Putzer", welcher den ganzen Sommer über damit beschäftigt war, die Weideflächen von Stauden, Waldanflug und Steinen zu säubern, sowie Gebäude, Zäune und sonstige Almeinrichtungen bis zu den Wegen und Wassergräben instandzuhalten. Der „Putzer", ein sehr fleißiger Arbeiter, besaß in Brixen im Thale ein kleines Bergbauernanwesen. Er war etwas über 50 Jahre alt und von sehr ruhiger, angenehmer Wesensart. Ich konnte es fast nicht fassen, als ich im Jahre 1942 aus einer Soldatenzeitung in Norwegen erfahren musste, dass er wegen eines länger zurückliegenden Mordes gehängt worden war.

Um aber wieder auf die Arbeitssituation zurückzukehren, gab es hier noch weitere Betätigungen für uns, die sonst überlicherweise dem Almpersonal nicht zustanden. So war ein ca. 2 Hektar großes Mahd (Bergwiese) vorhanden, das von den „Almingern" mit der Sense gemäht und das Heu dann auf dem Kopfe in die beiden Stadel getragen werden musste. Normalerweise gab es ja auf den meisten Almen nur eine kleinere Mahdfläche für „Notheu" zu ernten. Für größere Wiesen kam die Heumannschaft vom Heimhof. Für gewöhnlich brachte man auch das Heu von solchen Bergwiesen zu Tale. Hier wurde ab Anfang September regelmäßig Heu an die Almkühe zugefüttert. Dazu bekamen diese noch ab dieser Zeit anstelle der Holzpritschen im Stall ein weiches Streubett aus „Molten" (Moosstreu). Diese Streu musste ebenfalls von den Almleuten im Nachsommer für das jeweils nächste Jahr mit eigens dafür hergestellten, sehr kurzen Sensen „gepickelt" werden. Auch die Aufarbeitung des notwendigen Brennholzes oblag uns. Selbstverständlich waren wir gegen Ende der Alpzeit, diese dauerte bis ca. 20./25. September, auch viele Tage mit dem Verteilen der Kuhfladen (Kötlinge antun) auf den Weideflächen beschäftigt, was aber, wie auch das periodische Güllen (damals „Waschen" genannt) eine allgemein übliche Arbeit des Almpersonals war. Nicht ortsüblich muss allerdings auch bezeichnet werden, dass anfangs September ein Mann, nämlich der „Schosser", mit den früh im Herbst kalbenden Kühen, den sogenannten „Frühwerdenden", heimfahren musste. Dies zu einer Zeit, wo für die Alpleute sonst eine arbeitsärmere, schönere Zeit kam. Wir fielen praktisch um diese um, weil sich die noch melkenden Kühe, wie auch die sonstige Arbeit, wieder auf weniger Hände verteilten.

Auch den früher heimgekehrten „Schosser" erwartete viel Arbeit. Er hatte in der „Au", einem abseits des Ellmauer Dorfes gelegenen Stall (wo nach dem Kriege Ställe mit Heutürmen gebaut wurden) ca. 25 hochträchtige Kühe und Kalbinnen zu betreuen, die noch laufend durch zugekauftes Handelsvieh ergänzt wurden und der Reihe nach abkalbten. Ich kann mich jedenfalls erinnern, dass ich im folgenden Jahr, als mir diese Aufgabe zufiel, in mancher Nacht 2 bis

3 Kälbergeburten - allein auf mich gestellt - bewältigen musste. Nur ein einziges Mal musste ich wegen einer Steißgeburt Hilfe holen. Sonst gab es nie Komplikationen. Allerdings lernte man auf diese Weise zwangsläufig, den Kühen beim Kälbern Zeit zu lassen und nicht, wie es häufig geschieht, kaum dass die Klauen des Kalbes sichtbar sind, diese an den Strick zu fesseln und dann oft mit Brachialgewalt das Kalb herauszuziehen. In den allermeisten Fällen genügt eine leichte Mithilfe des Geburtshelfers im letzten Stadium des Geburtsaktes.

Insgesamt gesehen waren also die Arbeitskräfte bei den Brüdern Hochfilzer sehr gut ausgelastet. Dies soll aber kein Vorwurf gegen die damaligen Dienstgeber sein. Sie zahlten relativ gut und das Betriebsklima beim „Wirt" war ausgezeichnet, wie es bei seinem Bruder war, darüber steht mir kein Urteil zu. Verwöhnt war sowieso niemand und außerdem hatte man das Gefühl, dass gute Arbeit auch Anerkennung fand. Ich habe den Verdacht, dass manche sonst unübliche Plagerei ursprünglich nicht auf Ideen der Chefs zurückging, die sich ja im Einzelnen um das Geschehen auf der Alm kaum kümmerten. Auf alle Fälle hätte sich mit ihnen bestimmt über manche Härte reden lassen.

Damit wären wir aber wieder auf der Alm:

Trotz reduzierter Mannschaft und somit immer noch genug Arbeit, ging es im letzten Drittel der Alpzeit doch gemütlicher her als im Vorsommer. Vor allem wurde morgens später aufgestanden, da die jetzt im Freien übernachtenden Milchkühe erst bei Tagesanbruch von der Weide zu holen waren. Wie schon früher gesagt, begann das „Ausliegen" (Sedeln) des Milchviehs bereits nach Jakobi. Auf der Ellmauer-Wirtsalm, wie auf den meisten anderen Almen, war dann während der letzten Wochen, wenn das Weidefutter schon sehr knapp wurde und die Nächte stärker abkühlten, das sogenannte „Taggehenlassen" gebräuchlich. So konnten die Kühe den ganzen Tag grasen und abends in den Stall kommen. In beiden Fällen, beim „Sedeln" und beim „Taggehenlassen" kam es erst um ca. ½ 6 Uhr zum Melken. Wie schon erwähnt, wurde allerdings auf dieser Alm auch in Vorsommer erst um ca. 4 Uhr gemolken. Dies stand im Gegensatz zu den anderen größeren Alpbetrieben, wo die Morgenmelkzeit bei 2 bis ½ 3 Uhr lag und nachmittags auch schon um ca. 14 bis 14.30 Uhr begonnen wurde. Die sehr frühe Melkzeit ergab sich aus der Ansicht, dass bei schönem Wetter die Kühe beim sogenannten „Richtzeiteln" am Vormittag zu früh in den Stall „einbißten" und somit zu wenig Weidezeit hätten.

Auf den Gemeinschaftsalmen mit Emmentaler-Käserei spielte

natürlich auch eine Rolle, dass man bis Mittag mit der Milchverarbeitung fertig sein wollte. Wir machten die Erfahrung, dass man das Vieh auch an eine gewisse Sonnenwärme und das Ungeziefer (Bremsen und Fliegen) gewöhnen kann. Das hat sich übrigens heute allgemein schon längst bestätigt, weil der Personalmangel und sonstige Umstände andere Weidezeiten erzwingen. Wie ich nach dem Kriege bei meinen dienstlichen Almbesuchen im Achental feststellen konnte, gab es dort schon von jeher diese, jetzt auch bei uns eingeführten Weidezeiten. Die bei uns altüberlieferte Tageseinteilung hatte natürlich auch ihre Begründung, nämlich die, dass beim „Richtzeiteln“ mehr Dünger für das „Gwösch“, die Gülleflächen, anfiel.

Nach dieser kurzen Abschweifung also die Feststellung, dass für die Mannschaft auf der Ellmauer-Wirtsalm trotz allem eine Zeit begann, wie sie ja in vielen Liedern besungen wird.

Besuche auf Nachbaralmen, dort und da ein „Teesud“, d.h. es wurde ein Kessel Tee mit Rum, ähnlich dem heutigen „Jagertee“ gesotten und dazu Brot mit Butter und Käse verabreicht. Vom Jakobibesuch der Bauersleute oder Lehnbauern waren auch öfters noch Klotzenbrot oder Lebkuchen vorhanden. Selbstverständlich gab es auch Musik, und wenn diese nur aus Mundharmonika mit Gitarrenbegleitung bestand. Getanzt wurde entweder in der Hütte oder auf dem Stallboden (Hag), sofern dieser leer war. Der eine oder andere machte auch gelegentlich einen nächtlichen Ausflug ins Tal, wenn im näheren Almbereich keine Möglichkeit bestand, den Liebesdrang zu stillen. Von unserer Alm musste dazu für eine Wegstrecke bis zu 2 Stunden Gehzeit gerechnet werden. Sehr betrüblich war es, wenn dann – wie es vorgekommen ist – der erhoffte Platz an der Seite einer Dorfschönen bereits von einem anderen besetzt war oder sich eine vorsichtige Mutter in die Kammer der Tochter legte und dann ein Donnerwetter mit Regen über den frechen „Fensterer“ niederging. Aber solche Missgeschicke wurden in Kauf genommen, – eine „Hetz“ war es auch!

Vor dem „Heimfahren“, dem Almabtrieb, kamen wieder Pferdefuhrwerke von daheim. Der während des Sommers erzeugte Schweizerkäse wurde in runde hölzerne Transportfässer „eingeschlagen“ und auf „Barfußschlitten“ zu Tal befördert.

Zur Käserei ist noch zu ergänzen: Wenn im Nachsommer die Milchleistung soweit zurückging, dass nicht jeden Tag ein entsprechend großer Käselaib anfiel, kam es zum sogenannten „Drei-Melkzeit-Käsen“, d.h. es musste von zwei Melkzeiten die Milch aufgestellt werden und nur die dritte kam frisch dazu. Es kam deshalb abwechselnd vormittags und abends zum Käsen.

Über das „Heimfahren“ selbst gibt es nichts Besonderes zu berichten. So gerne das Vieh im Frühjahr auf die Alm ging, so sehr drängte es nun dem Heimstall zu. Aufgebüschelt haben wir auf der Wirtsalm nicht, wohl aber konnten wir den Kühen ein schönes „Geläut“ umhängen. Einige Zeit vor dem Almabtrieb mussten wir in Mittersill die auf einer Hochalm im Felbertal gealpten „Galtlinge“, die einjährigen Rinder, abholen. Da diese den ganzen Sommer über keinen Stall gesehen hatten, waren sie am ganzen Körper bis zu den langen buschigen Schwänzen blitzsauber. Die blendend weißen Fellteile dieser Jungtiere der Pinzgauer Rasse waren sehr schön anzuschauen. Die meisten hatten so viel an Gewicht zugenommen, dass wir sie kaum mehr wiedererkannten. Dies war eine Folge der fetten und kräuterreichen Hochweiden im Tauerngebiet. Dieses Jungvieh und das auf der Ellmauer-Wirtsalm gesömmerte Vieh waren natürlich entsprechend marschgewöhnt. So gab es meiner Erinnerung nach auf dem langen Weg von Jochberg bis Ellmau keine Schwierigkeiten mehr. Der Viehtrieb ging bis Oberndorf auf der Hauptstraße, von dort über die Reinache zum Stanglwirt und weiter durch das Goinger Dorf den „Marcher Bühel“ hinauf. Auch wir Alminger sahen nun die heimatlichen Gefilde wieder gerne.

Gegen Ende dieses Alpsommers hatte sich in der Weltgeschichte Entscheidendes getan.

Am 1. September 1939 begann der 2. Weltkrieg mit dem Angriff der deutschen Truppen auf Polen.

An uns Alpleuten war dieses schicksalhafte Ereignis fast unbemerkt vorbeigegangen. Als wir heimkamen, ging der Polenfeldzug schon dem Ende zu, England und Frankreich hatten aber als Schutzmacht für Polen an Deutschland bereits den Krieg erklärt.

Der bisherige Jungvieh- und Schweinefütterer „Örg“ aus Going musste einrücken. Er kam aus dem Krieg nicht mehr zurück. Seine Stelle bekam dann Georg Fohringer aus Westendorf, der vorläufig, obwohl schon wehrpflichtig, noch „zurückgestellt“ war und dann im nächsten Sommer die Stelle des „Putzers“ auf der Ellmauer-Wirtsalm bekleidete. Er war nach dem Kriege Bauer auf dem Heimathofe „Scherntrain“ in Westendorf, wo wir uns noch oft trafen und im Pensionsalter, wie seinerzeit auf der Alm, unsere Musikinstrumente Ziehharmonika und Gitarre erklingen ließen. Im Gegensatz zu heute hatte ja damals der bodenständige Tanz für die ländliche Jugend im privaten Bereiche eine große Anziehungskraft. Öffentliche Bälle waren in der Kriegszeit Großteils verboten. Lediglich im Winter 1939/40 wurde das Tanzverbot aufgehoben, sodass sich das junge Volk auch auf einigen Tanzveranstaltungen in Ellmau und dem benachbarten Going vergnügen konnte. Trotz großer Beanspruchung im Stall und dem frühen Arbeitsbeginn, ließ auch ich keine der seltenen Unterhaltungen aus – zu groß war die Freude am Tanz! Einmal, wahrscheinlich im Fasching ergab es sich, dass an drei Abenden hintereinander Bälle stattfanden. Auch diese wurden natürlich nicht ausgelassen. Nach der dritten Nacht hatte ich dann allerdings große Mühe, beim Melken nicht vom einbeinigen Stuhl zu sinken, obwohl bei den Fütterern ca. 2 Stunden Mittagsschlaf möglich waren.

In dieser Zeit gab es noch manches zu kaufen, was man im späteren Verlauf des Krieges nicht mehr bekommen konnte. So legte ich mir damals mein erstes Fahrrad zu. Es kostete 100 Reichsmark, ging mir aber leider während meiner Militärzeit verloren. Auch bei der Bekleidung war einiges nachzuschaffen, was mir im Winter 1940 noch möglich war. So ließ ich mir beim Schneider zwei Anzüge anfertigen – einen schönen dunkelblauen und einen sportlich helleren. In der Kammer, wo ich mit noch einem Arbeitskollegen schlief, gab es aber keinen Kleiderkasten. So hing ich die Anzüge auf Kleiderbügeln an die Holzwand, die das Schlafgemach von dem Getreidespeicher bzw. der Futtermittelkammer trennte. Dort gab es natürlich viele Mäuse. Man kann sich meinen Schrecken und Verdruss vorstellen, als ich eines Tages feststellen musste, dass beide Anzüge an einigen Taschen Löcher aufwiesen. Von Ballbesuchen her befanden sich in den Taschen noch Keksreste, an denen sich die Mäuse gütlich getan hatten. Für mich zu spät, aber dann doch, wurden daraufhin Kästen in die Kammer gestellt. Auf alle Fälle hielt ich zukünftig meine Taschen sauber. Den Mäusen kam die Sache allerdings auch teuer zu stehen. 20 oder 30 Stück dieser Nager mussten in den von mir aufgestellten Fallen das Leben lassen. Als Köder diente Weizenmehl. Diesem Lockmittel können die Mäuse, wie sich zeigte, noch weniger widerstehen als dem Speck.

Mit dem Fortgang des Krieges im Frühjahr 1940 hörten die Tanzveranstaltungen wieder auf und somit gab es auch zum Ausführen schöner Feiertagsanzüge kaum mehr eine Gelegenheit – für mich ein schwacher Trost.

* * *

Ellmau, „Ellmauer Wirt", ca. 1938,
ein Betrieb mit großer Landwirtschaft, angestellt von 1939 bis 1941.

Ellmau, Herbst 1940, die Arbeiter vom „Wirt" und „Huben":
li. – re.: Sepp Wörgötter „Schosser" „Wirtsalm", Südtiroler Bub „Huben",
Toni Hausberger „Kühbub" „Wirtsalm", Ziepl aus Westendorf „Poidfeld Ruap"
„Rossinger" beim „Wirt" (im Krieg gefallen), Bichler Sebastian „Melker" „Huben"
(später „Farcherbauer" in St. Johann in Tirol).

Ellmau, Blickrichtung Going Luftaufnahme ca. 1937/38,
„Schauplatz" meines „Stierkampfes" auf dem offenen „Wirtsfeld".
Rechts: Straße nach Going über den „Marcherbühel".

Milchember im Almkeller, ca. 1950.

Jochberg, „Ellmauer-Wirtsalm“, 1939, Bekanntschaft mit der „Kopfkraxe“ gemacht, öfter als mir lieb war! (Foto von Kniely auf einer Brixentaler Alm).

Kitzbühel, Bauernhof „Sinneben", ca. 1960, Sensen dengeln.

Aufnahme ca. 1950, „Moltn-Pickeln" (Bodenstreu).

Landwirtschaftsprüfung

Vor dem Almauftrieb bekam ich eine Woche Urlaub, den ich dazu benutzte, am „Marsonerhof" in Kematen die Landwirtschaftsprüfung abzulegen.

Als „Landwirtschaftsgehilfe" kam ich am 9. Mai 1940 zurück – mit sehr mäßigem Erfolg, wie ich dazusagen muss.

Gestolpert bin ich bei dieser Prüfung interessanterweise über ein Fach, das ich von der Praxis her glaubte, im kleinen Finger zu haben. Nämlich: Geburtshilfe beim Rind und Gewichtschätzen bei Kühen! Im ersten Falle trieb mich der prüfende Tierarzt mit theoretischen Spitzfindigkeiten so in die Enge, dass ich zum Schluss schon fast unsicher wurde, ob ich überhaupt jemals eine richtige Geburtshilfe gesehen hatte. So ging es dann zum Gewichtschätzen. Hier dachte ich, da kann überhaupt nichts passieren, wo ich doch auf dem Gebiet viel Übung besaß. Allerdings hatte ich nicht bedacht, dass meine Praxis von den schweren Pinzgauer Kühen herrührte. Am „Marsonerhof" stand damals aber das kleine Oberinntaler Grauvieh. So schätzte ich weit daneben. Besser geklappt hat es dann beim Kapitel Pflanzenbau und Mähen, wo ich sonst viel weniger versiert war. Der Besitzer des Hofes war zu der Zeit übrigens Josef Marsoner, Leiter der Hauptabteilung II bei der Landesbauernschaft Alpenland. Er verkaufte dann nach dem Kriege seinen Betrieb an den Bund zur Errichtung der „Höheren Bundeslehranstalt für ländliche Frauenberufe". Damals habe ich allerdings nicht ahnen können, dass 30 Jahre später unsere Tochter hier zwei Jahre die Schulbank drücken würde.

Als einer meiner Prüfer fungierte auch Josef Mair, dazumal Verwalter des „Harterhofes" von Hörtnagl in Kranebitten. Dieser war sehr nett und bot mir eine Stelle in seinem Betrieb an, wenn ich meinen Arbeitsplatz in Ellmau aufgeben sollte. Ich wollte aber diesen Sommer noch auf die Alm. So kam ich erst ein Jahr später über einen Umweg zu ihm.

* * *

Der Krieg geht weiter!

Der Krieg in Norwegen, zu dem ja hauptsächlich Gebirgsjägereinheiten aus der Ostmark, wie nun Österreich hieß, eingesetzt wurden, kostete bereits größere Opfer, auch aus der engeren Heimat.

Der und der ist gefallen, hieß es bald. Wer mit einem „Heimatschuss" davonkam, zählte zu den Glücklicheren. Aber auch die ersten Schwerkriegsbeschädigten lagen in den Lazaretten. Immerhin wurden Urlauber mit dem „Narvikschild" und sonstigen Auszeichnungen sehr bestaunt und noch gehörig bewundert und gefeiert. Die Uniform der Gebirgsdivisionen (ähnlich der Bekleidung der ehemaligen österr.-ung. Gebirgstruppe) übte noch ihren Zauber aus, was wir als Noch-Zivilisten mit einigem Neid beobachten mussten!

* * *

Der 2. Sommer auf der Ellmauer-Wirtsalm

Ich war auf der „Ellmauer-Wirtsalm“ inzwischen um eine Sprosse höher gestiegen. Die Arbeit als „Schosser“ sagte mir sehr zu. Ich machte die Hüttenarbeit und alles, was damit zusammenhing sehr gerne. Auch als Käser musste ich einmal kurzfristig einspringen, was mir einige Jahre später sehr zugute kam. Von meinen damals geübten Kochkünsten, ich musste ja auch für uns fünf Männer sorgen, profitiere ich gelegentlich noch heute.

In der Zusammensetzung der Belegschaft hatte sich allerdings gegenüber dem vorhergegangenen Sommer einiges geändert. Mein Vorgänger „Wof“, der Kollege Franz und der Putzer H. waren nicht mehr da. Meine Stelle aus dem Vorjahre hatte Toni Hausberger aus Westendorf, ein sehr phantasiebegabter Erzähler, übernommen. Der „Kalbinger“ Franz war von Hans Bernsteiner aus Westendorf abgelöst worden. Beide hatten den Krieg überlebt, dann allerdings nicht mehr in der Landwirtschaft gearbeitet, wo für familienfremde Arbeitskräfte sowieso bald schon kaum mehr Platz war. Dazu haben sich die Verhältnisse zu sehr geändert. Vor dem Kriege konnte z.B. ein Bauer im Bezirk Kitzbühel seinen Knecht mit dem Verkaufserlös einer Kuh ein Jahr lang bezahlen. Heute würde er für einen Monatslohn inklusive Sozialversicherung, Steuer und Verpflegung den Gegenwert von 2 guten Kühen brauchen.

Den Putzer machte nun - wie schon gesagt - Georg Fohringer, der uns schon vor dem Almauftrieb mit seiner „Zugin“ oft erfreute. In diesem Sommer 1940, wo die deutschen Truppen den Frankreichfeldzug noch siegreich beenden konnten, gehörte er zu den glücklichen seines Alters, die vorläufig „zurückgestellt“ waren, denn der Jahrgang 1920 war inzwischen bereits einberufen worden. Wir auf der Alm bekamen zwar nur selten eine Zeitung zu Gesicht und Radios gab es auf den Almen in jener Zeit überhaupt noch nicht. Ich weiß aber noch, wie es uns trotz aller spärlichen Informationsmöglichkeiten unter dem Einfluss der Kriegspropaganda beeindruckte, als der Gefreite Brinkfort als erster Soldat aus dem Mannschaftsstand mit dem „Ritterkreuz“ ausgezeichnet wurde, weil er an der Westfront mit seinem Pakgeschütz elf Feindpanzer abschoss, was von der Propaganda entsprechend ausgenützt wurde. Etwas eigenartig war mir dann im Herbst 1942 beim Anblick seines einsamen Grabes an der Rollbahn südlich von Leningrad zumute, wo auf dem Birkenkreuz zu lesen war: „Unteroffizier Brinkfort Ritterkreuzträger“.

In diesem Almsommer hatten wir vier, später Wehrpflichtigen, zum Glück keine Ahnung, was uns in dieser Hinsicht noch bevorstand. Fernab vom Kriegsgeschehen ereignete sich bei uns nicht viel Aufregendes. Wenn heute wieder öfter von der Heilkraft und vom Gesundheitswert der Molke berichtet wird, denke ich an eine kleine Episode, die ich damals auf der Alm erlebte: Eines Tages bekam ich am ganzen Körper eine Art Nesselausschlag, woher und weshalb war mir schleierhaft. Da erhielt ich den Rat, in der warmen frischen Molke zu baden. Bereits nach einigen Tagen verschwanden die Flecken.

Einige Sorgen bereiteten mir in dem Sommer die Schweine. Einige davon erkrankten an einer Krankheit, die sich in Lähmungserscheinungen äußerte. Vermutlich war es sogar die damals öfters auftretende „Schweinelähme", eine eigentlich anzeigepflichtige Seuche. Wir unterließen aber schließlich diese Meldung, weil ich nur ein Schwein schlachten musste, die übrigen 10 oder 12 nach einiger Zeit wieder gesundeten. Natürlich brachten wir es nicht übers Herz, das eine Schwein einzugraben, wie dies sonst in solchen Fällen ratsam und bei ansteckenden Krankheiten sogar Pflicht gewesen wäre. So stand also in dieser Zeit viel „Schweinernes" auf dem Speisezettel, soweit das Fleisch nicht zum Selchen über die „Esse" kam.

Außer dieser willkommenen Abwechslung schaute die Verpflegung ungefähr so aus:

Frühstück: Milchsuppe und Butterbrot, wenn gelegentlich der Brotnachschub von daheim zu spät kam, ersetzte Magerkäse das Brot. Es wurde sehr viel Butter aufgestrichen, häufig dicker als die Unterlage. Vormittags stand die frische „Schottsauf" in einem Holzember auf dem Tisch im „Kastl" (Stübchen und Schlafkammer), davon konnte jeder essen, soviel er wollte.

Am Nachmittag schmeckte die „Schottsauf" in abgekühltem Zustand auch sehr gut und wirkte erfrischend. Einige Löffel davon aßen wir gerne nach dem Mittagsschlaf vor der Melkarbeit.

Das Mittagessen bestand abwechselnd aus „Müßl" (Schmarren), Fleischknödeln, Kasknödeln, Preßknödeln; in der Beerenzeit gab es auch Moosbeernocken, Himbeernocken usw. Sobald die ersten Weißäpfel (Klaräpfel) reiften, gab es auch „Apfeldatschei" und noch öfter als sonst Müßl, jetzt als Apfelmüßl. Beim Abendessen dominierten das „Türkenkoch" (Sterz), Kasspatzl, die schon genannten „Ummaschütter", Brennsuppe, die mit Käse und mitgekochten Müßlresten besonders gut schmeckte, „Milchfarfelsuppe", manchmal auch „Rahmmus" und vereinzelt Kaffee mit Butterbrot. Zum Rahmmus, das früher auf den Almen als besondere Delikatesse galt, ist allerdings zu sagen, dass dieses nur ganz selten auf den Tisch kam. Dies deshalb, weil es in kleinster Menge bereits sättigte und man sich davon bei öfterem Genuss leicht „abaß“, wie es hieß. Der Kochvorgang war sehr einfach: süßer Rahm kam in eine Eisenpfanne, dazu etwas Mehl und Salz. Auf kleinem Feuer (es gab ja nur die offene Esse) wurde das ganze bei öfterem Umrühren solange gekocht, bis in den sich bildenden Rissen des Muses Butter sichtbar wurde. Inzwischen hatte sich auch auf dem Boden der Pfanne eine leichte „Prinze“ gebildet, die noch zur Geschmacksverbesserung dieser leckeren Speise beitrug. Weinbeerl, wie es in dem bekannten Lied heißt, gab ich aber nie hinein. Bei keiner anderen Mahlzeit konnte sich der Unkundige so hinsichtlich der Quantität verschätzen, wie beim Rahmmus. Hier galt besonders der von unserem Vater gerne gebrauchte Spruch, wenn man sich zu viel auf den Teller legte: „Da waren wieder einmal die Augen größer als der Bauch!“

Nach dieser kulinarischen Verbreiterung zurück zum jahreszeitlichen Verlauf: Kurz bevor ich anfangs September mit den „frühwerdenden“ (im Frühherbst kalbenden) Kühen und Kalbinnen die Alm verlassen musste, gab es noch beim „Waldwirt“ in Jochberg eine Unterhaltung, an der in der Hauptsache das Personal von den umliegenden Almen beteiligt war. Diese, gegen Ende der Alpzeit, sehr gebräuchlichen Belustigungen fanden meistens unter der Bezeichnung „Bockball“ oder „Alminger-Abgruhn“ statt. Letzteres hieß so viel wie: Verabschiedung des Almpersonals. Ein offizieller Ball konnte damals allerdings, wie schon erwähnt, wegen des Tanzverbotes nicht abgehalten werden. In abgelegenen Gasthäusern und privaten Wohnungen hielt man sich natürlich nicht so genau an das Verbot, speziell wenn Wehrmachtsurlauber dabei waren. Damals beim „Waldwirt“ ging es besonders fröhlich her, sodass sich die Lustbarkeit über zwei Tage hinzog. Bei Musik, Tanz und Gesang wurde uns die Zeit nicht lang. Zur Erledigung der dringendsten Arbeit beim Vieh musste zwar ein Teil der fröhlichen Runde zwischendurch hinauf auf die Almen, um anschließend wieder weiterzufeiern.

Für manche war es wohl das letzte Mal auf lange Zeit oder überhaupt, denn in diesem Herbst 1940 mussten wieder viele das Soldatenkleid anziehen, so auch unser „Putzer Örg“, der mit seinem Instrument wesentlich zur Stimmung beim Waldwirt beigetragen hatte. Ich setzte dabei meine noch vor dem Almauftrieb um 30 Reichsmark gekaufte neue Gitarre ein. Die nächsten Jahre musste Örg dann, wie viele aus unserer Gegend, an der Eismeerfront verbringen. Gerne rückten zur deutschen Wehrmacht meiner Erfahrung nach die wenigsten ein, aber sich zu weigern, wäre reinster Selbstmord gewesen. Von Jubel, wie dies unsere Väter bei Beginn des 1. Weltkrieges erlebten, gab es jedenfalls keine Spur. Eine Generalmobilmachung wurde wohlweislich vermieden, doch befand sich bald ohne besonderes Aufsehen ein Großteil der wehrpflichtigen Männer im Krieg.

* * *

Jochberg, „Ellmauer-Wirtsalm", 1940,
li. – re.: Bernsteiner Hans „Kalbinger", Fohringer Georg „Putzer", Buchauer Christian „Schweizer", Wörgötter Josef „Schosser", Hausberger Toni „Kühbub", in der Tür ein weiblicher Besuch.

Jochberg, „Ellmauer-Wirtsalm", 1940,
li. – re.: Sepp Wörgötter „Schosser", ein Besuch, Georg Fohringer „Putzer".

Der letzte Winter beim „Wirt"

Heimgekehrt in das Ellmauer Dörfl hatte ich - wie schon kurz erwähnt - zunächst in der „Au" die hochträchtigen Kühe und Kalbinnen der beiden Brüder Balthasar und Oswald Hochfilzer zu betreuen. Nach dem Eintreffen des übrigen Almviehs um den 20. September übernahm ich beim Wirt dann 25 bis 30 Stück Galtvieh, ungefähr 20 bis 30 Schweine und das fallweise eintreffende „Handelsvieh". Es freute mich, dass mir das Vieh gut gedieh. Auch die Schweinefütterung ging mir gut von der Hand, wie die Zuwachserfolge zeigten. Das Schwein ist nämlich gar nicht so unempfindlich gegenüber einer freundlichen Behandlung, wie man meinen möchte. Überhaupt merken Tiere bald, ob sie der Betreuer mag oder kein Verhältnis zu ihnen hat. Sie sind da nicht viel anders als wir Menschen.

Wie ich nach der Heimkehr von der Alm erst richtig sah, hatte der Krieg mit dem Sieg über Frankreich noch nicht das Ende gefunden. Die Hoffnung auf einen baldigen Frieden schien im Gegenteil in weite Ferne gerückt. Vorläufig beschränkte sich das Kriegsgeschehen bis zum Frühjahr 1941 hauptsächlich auf den Luftraum und die Meere. Die großen Anfangserfolge der deutschen U-Boote und der Luftwaffe sorgten laufend für Schlagzeilen in der Presse. Im Rundfunk jagte eine Sondermeldung die andere. Propagandaschlager, wie „Bomben auf Engelland" und „Denn wir fahren gegen Engelland" oder als dann mit der Landung deutscher Truppen, dem sogenannten „Afrikakorps" in Libyen am 12.2.1941 unter dem Kommando von Feldmarschall Rommel bald die vorerst sehr erfolgreiche Offensive begann, „Panzer rollen in Afrika vor", erzeugten sicher in manchen Bevölkerungskreisen, besonders auch unter der im Rahmen der Hitlerjugend entsprechend beeinflussten jüngeren Generation, eine gewisse Kriegsbegeisterung.

Besonders erfolgreiche Jagdflieger, wie Mölders, Marseille, Galland usw., wie auch kühne U-Boot-Kommandanten, voran der legendäre K.Ltn. Prien, der bereits 1939 mit seinem U-47 in den englischen Kriegshafen Scapa Flow eingedrungen war und dort das Schlachtschiff „Royal Oak" versenkte, wurden zu Idolen der Nation hochstilisiert. Man konnte sich als junger Mensch tatsächlich schwer der Wirkung solch großartiger Erfolgsmeldungen und soldatischer Heldentaten entziehen. Es schien eine Zeitlang wirklich so, als ob den deutschen Einheiten aller Waffengattungen kein Land gewachsen wäre.

Diese Meinung bekam allerdings zum ersten Mal einen Dämpfer, als ruchbar wurde, dass die Luftschlacht um England nicht so erfolgreich verlief, wie dies die Propaganda voreilig ausposaunt hatte. Im Gegenteil, ab Beginn 1940 gab es bereits britische Luftangriffe auf deutsche Städte. Hinter vorgehaltener Hand wurde Hermann Göring als „Herr Maier“ bezeichnet, wie ich mich gut erinnere. Er, der Oberbefehlshaber der deutschen Luftwaffe, hatte ja zu Kriegsbeginn großspurig erklärt, er solle Maier heißen, wenn ein feindliches Flugzeug die deutschen Grenzen überfliege.

* * *

Der „Führer" braucht Soldaten

Im Oktober 1940 wurde der Jahrgang 1922 zur Musterung aufgerufen. Diese fand für uns in Kufstein statt. Aus Ellmau hatten 9 Wehrpflichtige meines Jahrgangs anzutreten. Außer mir waren dies:

Josef Gruber „Hochschwendt" / Martin Hauser „Krumer" / Benjamin Aigner (Bot Beni) / Mathäus Treichl (Häusei Hois) / Mathias Mitterer (Bruder von Werkmeister Loisi) / Rudi Fersterer „Mühlberg" / Hans Vötter „Eder" / Pepi Gurtner „Steinerner Tisch"

Mit letzterem verband mich über seine Schwester sozusagen eine „Verschwägerung", die nicht ohne engere Folgen blieb.

Sämtliche neun Ellmauer wurden als tauglich befunden und es ist fast ein Wunder, dass sieben davon den Krieg überlebten, obwohl gerade der Jahrgang 1922 besonders schwere Verluste erlitt.

Gefallen sind Treichl (2. Reihe, 2. v. li.) und Fersterer. Dieser war sehr fromm und ging anstatt zum Fotografen in die Kirche. Aigner (1. Reihe Mitte) verlor einen Unterschenkel und auch ich kam nicht ohne größere Verwundung davon. Mitterer starb nach dem Krieg relativ früh und auch die anderen hat der Krieg in irgendeiner Weise gezeichnet. Gruber musste sehr viel mitmachen, denn er stand immer an der russischen Front im Einsatz. So erlebte er die ganzen Rückzugsgefechte mit unendlichen Strapazen vom Don-Bogen bis Kriegsende in der Tschechei und dann noch die Gefangenschaft bis 1947. Er war hochgeschätzt bei seinen Kameraden, weil er, oftmals in führender Funktion, immer Ruhe und Besonnenheit bewahrte und so keine unnötigen Opfer verlangte. Dazu hat er auch noch sein späteres Leben vorbildhaft gemeistert! Ein interessanter Zufall – auf dem Foto wir zwei in der 2. Reihe rechts, waren bis 2006 noch die letzten Überlebenden von den im Jahre 1940 „Gemusterten"! Aber wer hätte damals gedacht, was Jedem von uns noch bevorstehen würde. Es drängte sich zwar keiner zum Militärdienst, aber untauglich sein, wäre doch als Mangel empfunden worden. So wurde zunächst feuchtfröhlich gefeiert!

Für mich war diese Musterung insofern schicksalhaft, weil ich mich auf die diesbezügliche Frage der Kommission zur Sanität meldete, leider aber dann doch nicht zu diesem Truppenteil eingezogen wurde. Bei meinem, neben der Landwirtschaft auch für alles Medizinische gegebene Interesse, hätte sich sonst möglicherweise der Berufsweg in diese Richtung entwickelt. Als aber dann beim ersten Fronteinsatz am Ladogasee der erste Tote unser Zugsanitäter war, den ein russischer Scharfschütze ins Visier nahm, reute mich die seinerzeitige Entscheidung nicht mehr.

Heute stellen junge Leute manchmal die Frage, warum wir uns nicht überhaupt vom Dienst in der Deutschen Wehrmacht gedrückt haben. Dieser Gedanke kam zu der Zeit keinem von uns Jungen. Schon der Versuch, durch irgendeinen Dreh dem Wehrdienst zu entgehen, wäre von vorneherein illusorisch gewesen. Man machte mit Selbstverstümmlern kurzen Prozess, auch Wehrdienstverweigerung war reiner Selbstmord.

Nun, vorläufig blieben die meisten oder alle - das weiß ich nicht mehr so genau - der für tauglich erklärten Ellmauer vom „Einrükken" verschont, da alle aus der Landwirtschaft kamen und daheim benötigt wurden. Landarbeiter wurden ja in der Regel vom Arbeitsdienst befreit, der sonst, zumindest am Beginn des Krieges, noch vor der Militärausbildung abgeleistet werden musste und ca. 6 Monate dauerte. Mittlerweile war auch unser „Rossinger" Rupert Ziepl (Poidfeld-Rup) aus Westendorf eingezogen worden. Er ist dann auch gefallen. Seine Stelle nahm der schon erwähnte Treichl Hois ein.

* * *

Musterung zur Deutschen Wehrmacht in Kufstein, 1940, neun Stellungspflichtige aus Ellmau: 2. R. li. – re.: Mathias Mitterer, Mathäus Treichl, Pepi Gurtner, Sepp Wörgötter, Josef Gruber, 1. R. li. – re.: Hans Vötter, Benjamin Aigner, Martin Hauser, nicht im Bild: Rudi Fersterer.

„Unwertes Leben?"

In diesem Winter kam ich das erste Mal unmittelbar mit dem offiziell vertretenen Begriff vom „unwerten Leben" in Berührung. Gelesen hatte man ja schon öfter davon, dass geistig Behinderte in einem „gesunden deutschen Volkstum" keinen Platz hätten.

Ein nach Ansicht der damaligen Machthaber in diese Kategorie gehöriger Fall war der aus Going stammende „Vözl Pep", wie er genannt wurde. Er hatte nicht nur einen geistigen Defekt, sondern dazu noch eine leichte einseitige Lähmung, weshalb ein Arm beim Gehen in pendelnde Bewegung kam und außerdem auf dieser Seite aus dem Mundwinkel immer etwas Speichel floss. Die Zunge hing oft leicht heraus. Oberhalb der Nasenwurzel hatten ihm schon früher angeblich übermütige Dorfburschen auf der Stirn einen kleinen Teufelskopf eintätowiert. Die Sprache war zwar lallend, aber doch recht gut verständlich. Alles in allem bot der Pep keinen sehr appetitlichen Anblick, war aber ein völlig harmloser Halbidiot, der niemandem etwas zuleide tat und irgendwie zur Gemeinschaft gehörte. Er war also ein überall bekannter Landstreicher, der ständig zwischen Going und Zell am Ziller hin und her wanderte und auf dieser Strecke seine Stützpunkte hatte, wo er zu Verpflegung und Unterkunft kam. Wo immer er auftauchte, gab es Heiterkeit, weil er gerne von seinen erfundenen oder ihm von Spaßvögeln eingelernten Weibergeschichten erzählte. Einer seiner Einkehrplätze war auch der „Wirt" in Ellmau, wo er öfter auftauchte und übernachten konnte. Heute noch sehe ich ihn vor mir, wie er meistens abends ankommend, den Kopf bei der Tür zur „Ehaltenstube" hereinstreckte und sofern er „Weiberleut" erblickte, an diese eine unanständige Frage richtete, was uns Männer jedes Mal erheiterte.

Es berührte uns deshalb eigenartig, als es eines Tages hieß, der „Vözl Pep" sei nach Kufstein geliefert worden und kurze Zeit später gestorben. Genaueres konnte man jedoch nicht erfahren.

Aber solche Dinge gingen schnell wieder im Kriegsgeschehen unter, wo bald immer mehr junge, gesunde Menschen ihr Leben lassen mussten. Im Nachhinein betrachtet klingt das zwar grausam, aber es war die Wirklichkeit. Dass sich hinter den Kulissen des Dritten Reiches noch viel schlimmere Untaten abspielten, wenn man an die Massenvernichtungen in den Konzentrationslagern denkt, wusste damals bei uns kaum jemand – oder er musste darüber schweigen.

Als schönes Erlebnis aus dieser Zeit habe ich einen Abend mit den

„Geschwistern Buchberger“ in Erinnerung. Das damals sehr beliebte Gesangstrio Martin, Midi und Kathi gab im großen Hausgang des 1. Stockes beim „Wirt“ einen Bunten Abend, wobei die ursprünglich aus Wörgl stammenden Sänger mit ihren schönen Volksliedern wahre Begeisterungsstürme auslösten. Der herrliche Bass von Martin Buchberger war wesentlich für den Erfolg der Gruppe. In Wörgl, wo die Eltern Buchberger eine Bäckerei betrieben, waren sie Nachbarn und Gespielen der „Ederkinder“, also meiner Mutter und ihrer Geschwister. Leider musste Martin noch kurz vor Kriegsende in Oberitalien (bei Ravenna) fallen. Sein damaliger Kompaniechef, den wir zufällig anlässlich der Forstlehrfahrt 1986 bei Weiz trafen, erzählte mir den Hergang.

* * *

1939/40 hat das berühmte „Buchberger Gesangstrio“ beim „Ellmauer-Wirt“ einen großen Auftritt mit begeisterten Zuhörern.

Intermezzo auf dem Marsonerhof

Seit der Landwirtschaftsprüfung ließ mich der Gedanke nicht mehr ganz los, vor dem Einrücken zum Militär noch auf einem größeren Gutsbetrieb weitere Praxis zu erwerben. Mein Berufsziel war ja Gutsverwalter oder selbständiger Bauer. Da mir der Marsonerhof bekannt war und an sich gut geführt und eingerichtet schien, setzte ich mich im Frühjahr 1941 mit dieser Gutsverwaltung in Verbindung und erhielt bald eine positive Antwort. Der „Wirt" wollte mich zwar unbedingt wieder auf der Alm haben, aber mein Entschluss stand fest und so übersiedelte ich am 5. Juni 1941 nach Kematen. Von Anfang an war aber der neue Dienstplatz eine Enttäuschung. Da im Stall eine Arbeitskraft ausgefallen war, musste ich sogleich dort als Gehilfe des Obermelkers, eines älteren Mannes, einspringen und kam fast drei Wochen davon nicht mehr los. Auf dem Hofe wurde damals Kindermilch erzeugt. Der Stall war deshalb ausgefliest und so kam zur üblichen Arbeit das tägliche Abwaschen der Fliesen. Es musste auch auf besondere Sauberkeit der Kühe geachtet werden, was viel Viehputzen und Schweifwaschen voraussetzte. Leider konnte ich nicht viel Neues lernen außer, dass anstatt des sonst üblichen frischen Grases an die Kühe meistens eine Art Halbheu gefüttert wurde, wie es heute auf die Belüftungsanlagen kommt.

Beim Auftrieb des Jungviehs auf die Kematener Alm, wo der Marsoner Grasrechte hatte, lernte ich wenigstens dieses Gebiet am Fuße der Kalkkögel kennen. Natürlich bemühte ich mich von Anfang an möglichst bald wieder von der Stallarbeit wegzukommen, die kannte ich ja nun bereits zur Genüge. Als ich endlich mein Ziel, die Außenarbeit, durchsetzte, kam ich aber erst recht vom Regen in die Traufe.

Dem „Schaffer", einem finster blickenden und immer übel gelaunten Mann, den niemand gern mochte, war ich anscheinend von vorneherein nicht sympathisch, was allerdings auf Gegenseitigkeit beruhte. Er schikanierte mich bei jeder Gelegenheit. So wurde mir bald klar, dass mein Bleiben auf dem Marsonerhof nicht lange sein würde. Das Fass lief dann über, als wir auf einer sauren Wiese in der Nähe von Völs das dort wachsende „Rossheu" zu einer „Triste" aufstockten. Ich verteilte auf diesem Heukegel stehend das Futter rund um die „Triststange", natürlich wieder nicht zur Zufriedenheit des Schaffers. Da diese Kritik völlig ungerechtfertigt war, riss mir endgültig die Geduld. Ich sprang herunter, warf dem Leuteschinder die

Gabel vor die Füße und lief wutentbrannt zum Chef, der zufällig anwesend war. Als ich ihm die Situation erklärte und den Dienst kündigte, schien er gar nicht so überrascht zu sein. Er nahm die Kündigung ohne weiteres an.

Wie mir später, lange nach dem Kriege, der einzige von damals noch am Hofe lebende Arbeiter sagte, gab es wegen dieses Schaffers immer wieder Personalschwierigkeiten. Ich atmete jedenfalls befreit auf, als der sonst wirklich schöne Gutsbetrieb hinter mir lag und ich war dem Marsoner dankbar, dass er mich nicht mit Gewalt zurückgehalten hat. Die Möglichkeit dazu hätte er bei seiner hohen Funktion ohne weiteres gehabt.

* * *

Kematen, der Kindermilch-Betrieb „Marsonerhof".
1940: „Landw. Prüfung" abgelegt, 1941: einen Monat dort gearbeitet,
heute: Höhere Bundeslehranstalt für Frauenberufe.

Auf dem Harterhof in Kranebitten

Natürlich hatte ich mir schon seit Tagen Gedanken darüber gemacht, was ich in dem nun eingetretenen Falle unternehmen solle, und mich dabei auch an das vorjährige Angebot des Harterhof-Verwalters Mair erinnert.

So radelte ich also hinüber nach Kranebitten. Dort wurde ich sehr freundlich aufgenommen, weil Mair mit voll einsatzfähigen Arbeitskräften für die Außenarbeit schlecht gestellt war. Zu diesem Gutsbetrieb gehörte eine ausgedehnte Landwirtschaft mit einer Alpe am Patscherkofel, Waldungen und eine größere Gärtnerei. Der Viehbestand betrug meiner Erinnerung nach ca. 60 bis 70 Stück. Es waren sehr gute Herdebuchrinder der Braunviehrasse.

Eigentümer dieses schönen Besitzes war die Familie Hörtnagl. Der Seniorchef, damals ein schon sehr betagter Herr, hielt sich meistens in seinem Landhaus im Bereiche des Hofes auf. Da der „Harterhof" auch zu den wenigen „Kindermilchbetrieben" um Innsbruck zählte, galten hier besondere Vorschriften hinsichtlich Sauberkeit und Gesundheit. Dementsprechend war auch der Stall für damalige Verhältnisse modern gebaut, mit breiten Futtergängen und ausgefliesten Wänden. Die ca. 30 Kühe, einige Kälber und 1 Stier wurden von zwei Mann betreut. Ich hatte damit nur insofern zu tun, als wir täglich das nötige Grünfutter für die Kühe mähen und in den Stall bringen mussten. Dabei gab es einmal einen Unfall. Der ca. 4jährige Stier, welcher seinen Stand am Quergang hatte, wo wir immer mit dem Graswagen durchfuhren, war etwas bösartig. Man hörte ihn oft zornig brüllen und an der Kette zerren. Als einmal beim „Eingrasen" ein alter Arbeiter zu nahe am Stier vorbeiging, warf ihn das Tier mit einer fast lässig anmutenden Hornbewegung in weitem Bogen auf das Pflaster, wobei sich der Mann erhebliche Verletzungen zuzog.

Insgesamt bestand die Mannschaft für die Feldarbeit aus drei über 65 Jahre alten Südtirolern, wovon der älteste bisher, wohl seit der eigentliche Schaffer einrücken musste, die Rolle eines Oberknechtes innehatte. Dazu kam noch der 17jährige Bruder des Verwalters, Karl, der am Hofe praktizierte und auch als Traktorfahrer eingesetzt war. Zwei weitere Praktikanten standen auch ungefähr in seinem Alter. Ein zwangsverpflichteter, polnischer Medizinstudent namens Alexander, ein geistig leicht behinderter Arbeiter aus der näheren Umgebung und ein Taubstummer ergänzten die Truppe der Außenarbeiter. Später kamen noch einige Italiener dazu.

Karl Mair studierte übrigens nach dem Kriege Veterinärmedizin und war dann bis zu seiner Pensionierung Sprengeltierarzt in Telfs.

Ich hätte ursprünglich eigentlich das volle Kommando über die Feldarbeiter übernehmen sollen, wollte aber wegen der in absehbarer Zeit zu erwartenden Einberufung zur Wehrmacht, den alten Mann nicht ganz verdrängen. So stand ich nur bei allen Arbeiten, die jüngere Hände verlangten, dieser Arbeitsgruppe vor und vertrug mich auf diese Weise bestens mit dem schon ca. 70jährigen „Peter". Dummerweise ließ ich mir vom Verwalter beim Ausscheiden ins Dienstzeugnis nur „Praktikant" schreiben, obwohl er mich als Vorarbeiter eintragen wollte.

Ziemlich unabhängig von uns war ein eigener „Rosser" für die 2 Pferde zuständig. Außerdem gab es noch einen Kraftfahrer, der aber vor allem der Gärtnerei zur Verfügung stand. Dort arbeiteten auch ziemlich viele Leute. Außer einem Gärtner in meinem Alter gab es in der Gärtnerei vor allem Frauen. Unter diesen war auch eine junge Polin mit ihrem ca. 10-jährigen Bruder, auf den ich später noch zu sprechen kommen werde.

Bei der Gelegenheit muss übrigens erwähnt werden, dass es strengstens verboten war, sich als Deutscher mit einer Polin oder als Pole mit einer Deutschen sexuell einzulassen. Bei Verstößen gegen dieses Verbot gab es drakonische Strafen, die bis zum Konzentrationslager, zur Strafkompanie oder zum Erhängen reichten.

Die ganze Belegschaft des Harterhofes, zumindest die ledigen Arbeiter auf dem Landwirtschaftsbetrieb, erhielten Kost und Quartier im Gutsgebäude. Für das leibliche Wohl sorgte hier die Köchin Loise, die spätere Frau von Michael Greiderer, dem langjährigen Geschäftsführer des Braunviehzuchtverbandes. Beide waren mir schon von meiner Schulzeit in Rotholz her bekannt. Einige Frauen, die teilweise auch auf dem Felde arbeiteten, halfen im Haushalt mit. Der Verwalter Josef Mair, hatte Büro und Wohnung in einem anderen Gebäude. Mit ihm verstand ich mich auf Anhieb sehr gut. Er ist leider bereits 1956 gestorben. Ich habe ihn als ruhigen, sehr angenehmen Chef in Erinnerung, der uns bei der Arbeit wenig dreinredete, wenn er sah, dass sie ordentlich gemacht wurde.

Bei der Feldarbeit stand damals die Heuernte im Vordergrund, wobei ortsüblich zumindest das Feldfutter (Klee, Kleegras, Luzerne) auf den „Stieflern" getrocknet wurde. Außerdem gab es am Harterhof auch ziemlich viel Feldgemüsebau und vor allem Kartoffeln, speziell frühe Sorten. Diese mussten zu der Zeit noch mit einem einfachen Häufelpflug ausgebaut werden. Einen Teil der Ackerfläche benötigte auch der Silomais. Getreidebau gab es auf dem Harterhof keinen. Wohl weil hier die Futterflächen für die Kindermilchproduktion Vorrang hatten. Eine ca. 4 Hektar große Wiese war in Kematen abzuernten. Auf der Fahrt dorthin ereignete sich einmal ein schwerer Unfall. Dies kam so:

Wir fuhren mit einem Traktor, den Karl Mair lenkte, auf der Landstraße oberhalb von Völs in Richtung Kematen. Dieses damals noch schmale und kurvenreiche Sträßchen war nicht asphaltiert. Deshalb lagerten am Rande Schotterhaufen für die Ausbesserungsarbeiten. Der Traktor zog zwei offene Pritschenwagen mit den schmalseitig aufstehenden „Rungen" (Gattern), wie in der Gegend die Heuwagen meistens adjustiert waren.

Wir, die ganze männliche und weibliche Arbeitsgruppe, saßen links und rechts auf den beiden Wägen und ließen die Beine herabhängen. Ich befand mich zufällig auf der rechten Seite unseres ersten Wagens. Da kam plötzlich in voller Fahrt aus der Gegenrichtung ein Wehrmachts-LKW, der wegen der die Straße verengenden Schotterhaufen scharf abbremste und deshalb ins Schleudern kam. Dadurch prallte er zuerst an die linke Seite unseres ersten Wagens, wo der alte „Peter" saß und riss diesem ein großes Fleischstück aus dem Oberschenkel. Beim nächsten Aufprall erwischte er den zweiten Wagen. Dort traf es den Polen Alexander, dem ein Fuß fast umgedreht wurde. Vom ersten Opfer waren Fleischfetzen durch die Luft gewirbelt, die zum Teil auf uns niederfielen. Wie lange dann die beiden Verletzten im Krankenhaus waren, weiß ich nicht mehr. An dem Tage fuhren wir alle begreiflicherweise ziemlich geschockt weiter zu unserer Heuarbeit.

Aber es gab in der Zeit auch manche heitere Begebenheit. Eine ist mir besonders deutlich im Gedächtnis geblieben: Der schon erwähnte Polenjunge schlief mit seiner Schwester im 1. Stock des Gutsgebäudes in einem eigenen Zimmer. Gegenüber, nur durch den Gang getrennt, hatte ich mit noch zwei jungen Praktikanten meine Schlafstätte. Und zwar stand mein Bett links von der Eingangstür an der Wand. Am oberen Ende des Hausganges befand sich das Klosett. Der Polenknabe war leider ein Bettnässer und deshalb schickte ihn seine Schwester einmal pro Nacht zum WC. Eines Nachts wurde mein Schlummer sehr nass unterbrochen. Dies durch einen Wasserstrahl, der mich direkt ins Gesicht und in den Mund traf. Ich schlug im Erwachen um mich, jemand schrie auf, ich machte Licht: da stand der kleine Pole noch ganz schlaftrunken und weinend im Hemd vor mir! Ich wusste nicht, sollte ich lachen oder schimpfen. Schließlich tat ich das erstere. Die Situation war auch zu komisch. Der arme Übeltäter verzog sich dann geschwind in sein Zimmer. Wie sich schließlich herausstellte, war der Bub den nächtlichen Weg schon so gewohnt, dass er fast im Schlaf sein Zimmer verließ, außerhalb der Tür links den Gang hinunterging, durch die Aborttür hinein zum allnächtlichen Ziel, der auf der linken Seite des Raumes angebrachten Muschel. In dieser Nacht hatte er wohl zu fest geschlafen und ging so einen abgekürzten Weg – über den Gang bei der vermeintlichen Clotür hinein und so wurde ich sein Opfer. Was den unter womöglich grausamen Umständen aus seinem Elternhaus im fernen Polen verschleppten Buben zum Bettnässer gemacht hatte, darüber machte man sich als Neunzehnjähriger noch keine Gedanken!

Aber um noch einmal auf die allgemeinen Verhältnisse am Harterhof zurückzukommen, muss ich sagen, sie waren für mich ganz ungewohnt, dies im positiven Sinne.

Ich fühlte mich hier bald sehr wohl. Vor allem behagte mir nach den Jahren auf der Alm und als Fütterer, wo man immer sehr früh aus den Federn musste, der späte Arbeitsbeginn. Dazu wurde die Arbeitszeit in der Regel sehr genau eingehalten. Morgens fingen wir pünktlich um ca. 6.30 Uhr mit dem Einbringen des Grünfutters für die Kühe an. Dann wurde nach dem Frühstück bis 12 Uhr gearbeitet. Hierauf gab es bei jeder Witterung eine längere Mittagspause (1 oder 1 ½ Stunden, so genau weiß ich das nicht mehr). Auch abends, wo normal um 18 Uhr Schluss war, gab es nur ausnahmsweise eine Verlängerung. Auch den freien Samstagnachmittag empfand ich als großen sozialen Fortschritt. Dazu war auch die Verpflegung sehr gut und abwechslungsreich. Bei der Erntearbeit kam sogar immer Most auf den Tisch. Mit dem Verdienst von monatlich 110 Reichsmark konnte ich auch zufrieden sein. Am Marsonerhof bekam ich nur 90 Reichsmark im Monat, beim „Ellmauer-Wirt" zuletzt ca. 85 RM netto.

So verging die Zeit sehr rasch.

* * *

Innsbruck Kranebitten, der „Harterhof", 1941,
letzter Arbeitsplatz vor dem Militärdienst.

Innsbruck Kranebitten, der „Harterhof", 1954,
Besichtigung durch Schüler der „HBLA für Alpine Landwirtschaft Seefeld".

Innsbruck Kranebitten, der „Harterhof", 1941,
Kindermilch-Betrieb, Gärtnerei sowie Feldgemüse.

St. Gertraudi, ca. 1970, Heu „Auflodern".

Krieg mit Russland

Mittlerweile hatte am 22. Juni der deutsche Angriff auf Russland begonnen. Damals hörte man besonders von älteren Männern, die den 1. Weltkrieg erlebt hatten, bereits vorsichtig geäußerte Bedenken, ob das wohl gutgehe in dieses riesige Land vorzustoßen. Die Propagandamaschinerie lief aber auf Hochtouren und die anfänglichen Erfolge der deutschen Wehrmacht bei den großen Kesselschlachten mit Millionen Gefangenen, schienen diese Unkenrufe zu widerlegen. Der Vormarsch der deutschen Truppen ging so schnell, dass manche junge Heißsporne schon glaubten, sie kämen zu spät für einen Einsatz im Osten. Die Propaganda stellte ja diesen Krieg gegen Russland als einen Kreuzzug gegen den Bolschewismus hin. Unter diesem Motto wurden auch Freiwillige aus verschiedenen europäischen Ländern für die Waffen-SS angeworben. Aufmerksamen und vor allem älteren Beobachtern wird dabei allerdings zu denken gegeben haben, dass da immer vom russischen „Untermenschen“ die Rede war, was ja nicht sehr wohlmeinend gegenüber einem Volke klang, das man „befreien“ wollte. Die Macht der Medien, besonders auch der Filmtechnik und der dabei möglichen Manipulation, wurde hier voll eingesetzt. So hieß es etwa, wenn man in der „Wochenschau“ die vom Grauen des erlebten Kampfgeschehens gezeichneten, verdreckten und kahlgeschorenen russischen Gefangenen mit grellen Scheinwerfern anleuchtete und diese dabei natürlich die Augen zukniffen und in die Objektive blinzelten: „So sieht der russische Untermensch aus, verschlagen, heimtückisch! Diese asiatischen Horden dürfen nicht unsere Heimat überschwemmen.“ Mit solchen und ähnlichen propagandistischen Tricks und Ergüssen wurde das Volk beeinflusst. Eine sehr wirksame Hilfe erhielt in jener Zeit das von Goebbels geleitete Propagandaministerium, als Soldaten der deutschen Wehrmacht in Katyn das Massengrab, der von den Russen während ihrer Besatzungszeit liquidierten polnischen Offiziere entdeckten. Hitler und Stalin hatten sich ja bekanntlich nach dem Polenfeldzug das Land brüderlich geteilt und einen Nichtangriffspakt geschlossen, den Hitler allerdings dann gebrochen hat. Tausende polnische Offiziere fielen damals den Mordkommandos Stalins zum Opfer, was in Polen bis heute nicht vergessen ist, wie wir 1986 beim Besuch dieses Landes selbst feststellen konnten. (Inzwischen, 1990, wurde auch von Russland offiziell bestätigt, dass diese Offiziere Opfer Stalins waren.)

Am Harterhof ging inzwischen der Sommer dem Ende entgegen. Bald nach dem 15. September bekamen die Wehrpflichtigen des Jahrganges 1922 die Einberufungen zugestellt und so musste auch ich täglich damit rechnen, zur Wehrmacht eingezogen zu werden. Vor kurzem, am 31. August, war ich mit Mathilde Vater geworden, worauf ich über ein verlängertes Wochenende nach Hause fahren konnte. Beim Wehrbezirkskommando Innsbruck schien man mich vergessen zu haben. Es ging schon gegen Ende September und ich glaubte schon, man habe mich tatsächlich übersehen, da kam doch noch am 1. Oktober der Briefträger mit dem, von so vielen Wehrpflichtigen gefürchteten Einschreibbrief. Wir waren gerade bei der Silomaisernte auf dem Felde, nahe der heutigen Technischen Universität. So fiel auch ich um den Urlaub um und hatte kaum mehr Zeit, für die erforderlichen Abmeldeformalitäten und eine Nacht zuhause.

Am 3. Oktober musste ich abends bereits in Salzburg sein. Die Abreise ging so überstürzt vor sich, dass ich sogar die geliebte Gitarre zurückließ und an Karl Mair verkaufte, weil sie mir bei der Fahrt hinderlich war. Dieser Verkauf, ich bekam den Neuwertpreis von 30 Reichsmark, hat mich später oft gereut, weil man dann während des Krieges und lange nachher kein Instrument mehr zu kaufen bekam.

Ich würde lügen, wenn ich sagte, mir ist das „Einrücken" zur Deutschen Wehrmacht schwergefallen! Wäre dies der Fall gewesen, hätte ich ein Gesuch um Rückstellung schreiben können, das wahrscheinlich sogar positiv beschieden worden wäre. Schließlich war der „Harterhof" einer von den drei „Kindermilchbetrieben" um Innsbruck und ich zu der Zeit eine notwendige Arbeitskraft. Soviel ich mich entsinne, gab mir der Verwalter Mair sogar einen diesbezüglichen Tipp. Aber ich wollte kein Außenseiter sein, wenn die anderen Jahrgangskameraden in den Krieg mussten. Wieso ich die Einberufung so knapp, ohne den üblichen Urlaub erhielt, habe ich nie erfahren.

So ging also mein ziviles Leben vorläufig zu Ende!

* * *

Teil 2

Kriegszeit: Regensburg - Niederzahden - Norwegen - Tallinn - Russland

Bei der Musterung hatte ich mich zur Sanität gemeldet, da mich außer Landwirtschaft immer schon alles Medizinische interessierte. Das liegt anscheinend in unserer Familie, nach dem mein Vater schon in der k.u.k.-Armee eine Sanitätsausbildung hatte und bei jeder Gelegenheit gerne herumdokterte. Übrigens sind unsere Tochter und die Enkelin Diplom-Krankenschwestern. Ich war deshalb nicht sehr gut gelaunt, als mir die Einberufung zu den Gebirgspionieren in Salzburg-Morzg zugestellt wurde. Diese Ausbildung vom 3.10.1941 bis Ende März 1942 beim Land- und Wasserdienst im extrem kalten Winter war kein Honiglecken! Noch dazu bei einer Kompanie, die wegen schikanöser Ausbildungsmethoden bekannt war.

Als wir – ein Teil der Kompanie – am nächsten Tag, dem 24. März 1942, aus dem in nördlicher Richtung abfahrenden Zug die Stadt Salzburg entschwinden sahen, hatten wir noch keine Ahnung, wohin die Reise geht und welches Schicksal die Einzelnen erwartete. Die erste Etappe lag aber gar nicht so weit entfernt. Es war die Stadt Regensburg, wo wir vorerst in der „Augustenschule" Quartier bezogen. Wie man erst später erfuhr, wurde damals im bayerischen Raume die 3. Gebirgsdivision neu aufgestellt, welche vorher im Norwegen-Feldzug und an der Murmanskfront eingesetzt war. Da ein Teil dieser Division, das Gebirgsjäger-Regiment 139 im Norden blieb, kam es dafür zur Aufstellung des Regiments 144, das zum Großteil aus Nachersatz des Jahrganges 1922 bestand. Auch das bei der Division verbliebene Geb. Jägerregiment 138, sowie das Artillerieregiment 112 und die Nachrichtenabteilung 54 wurden so aufgefüllt, genauso wie das Geb.-Pionierbataillon 83, dem nun wir angehörten.

Als wir zum ersten Mal im Hofe der besagten Schule zum Essensempfang antraten, stand bei der Feldküche als Koch ein alter Bekannter aus Ellmau, „Achl Seppei". Er ist später in Russland gefallen. Wie schon früher erwähnt, habe ich meine landwirtschaftliche Herkunft einige Tage später verleugnet, als sich alle melden mussten, die beruflich mit der Bauernarbeit zu tun hatten. Wie ich richtig vermutete, ging es um die Zuteilung zum Pferdetross.

Meine Kompanie war nur teilmotorisiert, d.h. es standen wohl LKW und Zugmaschinen für das Brückengerät, sonstiges Pioniergerät und verschiedene Ausrüstungsgegenstände zu Verfügung. Daneben gab es aber auch eine Anzahl Pferde, die als Tragtiere und für den Karettenzug Verwendung fanden. Diese bildeten in der Folge unsere treuen Wegbegleiter auf allen Märschen bis in die Einsatzgebiete Russlands, wobei sie uns zeitweise Rucksäcke, schwerere Waffen und Munition beförderten. LKW als Transportfahrzeuge für die Mannschaft bekamen wir kaum zu sehen.

In Regensburg schienen zunächst die Pferdewärter, von uns gutmütig spöttisch „Gaultreiber" genannt, das bessere Los gezogen zu haben. Sie unterlagen wohl auch einem gewissen Drill, konnten es sich aber doch besser richten und hatten vor allem nicht so arge Strapazen zu ertragen. Bei der „Kampftruppe" ging nämlich der von Salzburg her gewohnte Schliff fast unvermindert weiter. Jetzt war halt die Donau der Wasserübungsplatz und die Umgebung von Regensburg das Landübungsgelände, wo es zu ausgedehnten Gefechtsmärschen kam. Zur überwiegenden Anzahl der „Jungen" stießen jetzt auch immer mehr „alte Hasen", die bereits in Norwegen und an der Eismeerfront im Einsatz standen und nun nach kurzem Heimaturlaub den „stabilen Rahmen" der neuaufgestellten Truppe bildeten.

Die nächste Station war dann Niederzahden, ein kleines Fischerdorf an der Oder, wo wir in Privatquartieren eine Woche lang so richtig bemuttert wurden. Leider verloren wir hier durch einen privaten Bootsunfall schon einen Kameraden.

Am 6. Mai 1942 lief unser Schiff, die 18.000 BRT große „Gneisenau", ein umgebauter Luxusdampfer, im Verbande eines „Geleitzuges" aus dem Hafen von Stettin. Ein interessanter Zufall, dass mein Vater im Jahre 1920 nach sechsjähriger russischer Gefangenschaft auf einem Schiff in diesem Hafen ankam, wovon ich noch ein Foto besitze. Die viertägige Überfahrt nach Oslo verlief bei herrlichem Wetter ohne Zwischenfall, wobei die Einfahrt in den Oslofjord ein besonderes Erlebnis war. Als junger Soldat kam einem ja kein Gedanke, dass wir als unerwünschte Eindringlinge an Land gingen! An Bord befanden sich übrigens insgesamt sechs St. Johanner.

Der ca. vier Monate dauernde Aufenthalt der 3. Gebirgs-Division, der nun neben fronterfahrenen Eismeerkämpfern die meisten Jungen von Jahrgang 1922 angehörten, diente vor allem zu weiterer Ausbildung, bei uns Pionieren auch dem Ausbau von Stellungen. Stationiert waren wir im ca. 30 km nördlich von Oslo liegenden Barackenlager „Strömmen". Hier bekam ich 14 Tage Heimaturlaub, der ohne besondere Erlebnisse verlief. Man traf ja auch zu der Zeit daheim, auf dem Höhepunkt des so gewaltigen und „erfolgreichen" Russlandfeldzuges kaum bekannte Altersfreunde.

Nach der Rückkehr nahm ich noch in Mittelnorwegen an einer

Hochgebirgsübung teil. Inzwischen waren schon Vorkommandos für den kommenden Fronteinsatz unterwegs. Wo dieser sein wird, wusste noch keiner von uns, als wir in Oslo den alten 5.000 to Frachter „Aludra" bestiegen, der entlang der schwedischen Küste erst vor der finnischen Hafenstadt Hangö die Kielrichtung änderte und die estnische Hauptstadt „Reval" (Tallinn) ansteuerte. Somit war klar, dass uns der russische Kriegsschauplatz erwartete!

Bevor die ganze Einheit auf Güterzüge verladen war, hatten wir 3 Tage Zeit diese Stadt zu besichtigen, die mich damals größenmäßig an Kitzbühel erinnerte. In der Größe und der Struktur hat Tallinn beachtlich aufgeholt, wie ich bei dem Besuch mit Rotholzer Absolventen im Jahr 2007 feststellen konnte.

Seinerzeit hatte nun der Krieg unsere Pioniereinheit bzw. die 3. Gebirgs-Division nach einer längeren Bahnfahrt in Richtung Leningrad voll im Griff. Der erste Fronteinsatz am Ladogasee kostete meiner Gruppe von 13 Mann, zwei Tote und vier Verwundete.

Ich wurde dann ca. 2 Monate später am 1. Dezember 1942 in Tschernosem, ca. 200 km vor Moskau, zum Glück so schwer verwundet, dass ich aber, wieder mit Glück überleben konnte. Nach einer Woche in diesem heißumkämpften Stützpunkt hatten wir vormittags begonnen, in die Westseite des Bahndammes unweit des Stationsgebäudes, stabilere Bunker zu graben bzw. zu sprengen. Ein Großteil des 3. Zuges bzw. des Restes davon, war dabei eingesetzt. Um ca. 10 Uhr gab es eine willkommene Pause, ein Essensträger hatte heißen Rumtee gebracht. So stand das ganze Arbeitskommando im Kreise und wollte sich die unerwartete Köstlichkeit zu Gemüte führen. Ich weiß heute nicht mehr, ob mir noch ein Schluck aus dem Kochgeschirr gegönnt war! Der Volltreffer eines Granatwerfergeschoßes warf mich und wohl auch die meisten meiner Kameraden um. Wie mir später gesagt wurde, gab es einige Tote und fast alle waren leichter oder schwerer verwundet. Unter den Toten befand sich auch mein MG-Schütze 2, Edmund Frischmann, dem ein Granatsplitter durch das Herz gedrungen war. Als ich nach kurzer Bewusstlosigkeit wieder zu mir kam, schnappte ich zunächst verzweifelt nach Luft. Ein Granatsplitter hatte meine rechte untere Brustseite durchschlagen - und wie sich später herausstellte - auch den oberen Rand der Leber verletzt.

Geradezu lächerlich - im Nachhinein betrachtet - war aber mein erster Gedanke und die Hauptsorge, ich könne nun nicht mehr tanzen, weil ich das Gefühl hatte, der rechte Fuß sei zerschmettert oder ganz weg. Dabei saß im Unter- und Oberschenkel je ein Splitter. Diese hatten aber nicht einmal den Knochen ernstlich verletzt.

Vielleicht war uns das Tanzen deshalb so wichtig, weil die Jugend damals zu Beginn des Krieges nur mehr wenig Gelegenheit dazu hatte. Das ist heute kaum mehr verständlich, wo sich die weibliche Jugend über die mangelnde Tanzfreudigkeit der männlichen Partner beklagt.

* * *

Pionier-Kaserne in Salzburg-Morzg, Winter 1941/42, Ponton-Exerzieren bei ca. minus 30 ° C.

Winter 1941/42, übersetzen der Salzach mit dem „Kleinen Floßsack".

Winter 1941/42, an der „Glasenbachbrücke" auf dem „Kleinen Floßsack".

Pionier-Kaserne in Salzburg-Morzg, Winter 1941/42, sechs Monate härteste Pionier-Ausbildung am „Gizol" (Bunker- und Grabenstürmen).

Mit Wasser und Schlamm gefüllte Übungslaufgräben und Granattrichter, in die wir springen mussten und total durchnässt und verdreckt herauskamen. Die Waffen vom Schlamm im Ernstfall unbrauchbar, das ist die Erinnerung an den Landübungsplatz „Gizol“ – „Fager“!

Pionier-Kaserne in Salzburg-Morzg, Winter 1941/42, nach Ende der Grundausbildung findet die „General-Besichtigung“ statt.

Pionier-Kaserne in Salzburg-Morzg, Winter 1941/42,
die „Hauptmanns-Idee": Herstellen einer „Lebenden Brücke".

Regensburg, „Augustenschule", 24. März bis 28. April 1942,
an der Feldküche: Kaufmann Josef, vulgo „Achl Seppei" aus Ellmau
(guter Bekannter aus der Kinderzeit).

Stettin – Oslo, Überfahrt auf dem Schiff „Gneisenau", Mai 1942, insgesamt sechs St. Johanner machten diese Überfahrt mit: Wallner Hias, Reiter Mich, Perterer Balthasar, Wörgötter Sepp. Auf dem Foto erkenntlich: 3. v. li.: Kowatsch Hans, 4. v. li.: Reiter Simon.

Die Pionierkameraden Prantl Lois aus Ötz, Tirol und Graf Dominik aus Tragöß, Steiermark beim Stellungsbau in Norwegen (beide gefallen).

Norwegen, Hillestad, Sommer 1942, am See.

Norwegen, Hillestad, Sommer 1942,
beim „Saustechen", Koch ist Holzmann Edi, Längenfeld.

Norwegen, Otta, August 1942,
Hochgebirgsübung nach der Rückkehr vom Heimaturlaub.

Russland, Marsch Richtung Leningrad, September 1942.

„Shergelewo" bei Leningrad, September 1942, die 7. Gruppe: stehend li. – re.: Kaufmann (Graz), Frischmann (Telfes), Handlechner (Sbg), Uffz. Melak (Schwanberg), Pferdewärter, Kratzl (Graz), kniend li. – re.: Löschberger (Ktn), Lorenz (Ktn), Kanzer (Bgld), Wörgötter (Tirol), Pferdewärter, Müllauer (Pinzgau), Pferdewärter, sitzend li. – re.: Peinhopf (Stmk), Prandl (Ötz), Klotz (Reutte), Gamper (Südtirol), gefallen sind Kaufmann und Klotz, verwundet wurden Löschberger, Lorenz, Kanzer und Gamper.

Russland, südlich des Ladogasee, September 1942, Rest der 7. Gruppe nach dem 1. Kampftag: Graf, Frischmann, Wörgötter, Kratzl, Uffz. Hörzer, Peinkopf, (Handlechner war Fotograf).

Russland, südlich des Ladogasees, 1.10.1942,
Tod, Verwüstung und Erschöpfung, Trauer um die gefallenen Kameraden.

Russland, südlich des Ladogasees, 1.10.1942,
Ende der Kampfhandlungen, viele Gefangene müssen sich ergeben.

Mga, östlich von Leningrad (Petersburg), 1. Oktober 1942, Soldatenfriedhof der 3. Gebirgsdivision.

Russland, Tschernosem, in diesem heiß umkämpften Stützpunkt am 1.12.1942 schwer verwundet. MG-Schütze II Edmund Frischmann aus Telfes im Stubaital ist gefallen. Außerdem noch folgende Tiroler: Schlick Josef, Kitzbühel; Schmiedinger Sebastian, Kirchberg; Alfred Walch, Arzl bei Imst.

Lazarettzeit

Unter den Krankenträgern, die mich in „Tschernosem" zum nahe gelegenen Verbandplatz trugen, befand sich auch Josef Pletzer vulgo „Rauti" aus Aurach, der nach dem Kriege lange Zeit Kapellmeister in seiner Heimatgemeinde war. Die Angehörigen der Militärmusikkapellen, und dazu gehörte in Norwegen auch noch Pletzer, wurden ja an der Front auch als Sanitäter und Krankenträger eingesetzt.

Unter den mit mir Verwundeten befand sich auch der Zugsführer Feldwebel Mellak. Sein Freund, Oberfeldwebel Brandl, dessen Begräbnistag dann 1984 auch Mellaks Sterbetag wurde, erlitt bereits einige Tage vorher eine Verwundung und kam so noch rechtzeitig in Sicherheit.

Dass unsere Situation als Verwundete in dem inzwischen gänzlich eingeschlossenen Stützpunkt mehr als ernst war, wurde zumindest mir nicht mehr so recht klar, weil ich zeitweise bewusstlos war oder nur halbwach dahindämmerte, bis die Nacht hereinbrach. Nach Mitternacht wurden wir in einen „Sanka" (Sanitätskraftwagen) gepfercht, anders kann man nicht sagen, weil das Fahrzeug vollgestopft mit Verwundeten war, als es das befestigte Dorf in südwestlicher Richtung verließ. Mir war lange nicht klar, wie es der Sanka-Fahrer geschafft hatte, sich zwischen den russischen Stellungen und Stützpunkten durchzuschlängeln. Vielleicht wäre ihm das auch gar nicht mehr gelungen, wenn es nicht das Schicksal so gewollt hätte, dass sich ausgerechnet am 1. Dezember ein Bataillon „Eichenlaubjäger" (das waren meines Wissens Einheiten aus Baden-Württemberg) von Süden her zu den Eingeschlossenen in Tschernosem durchkämpfen konnte. Es blieb dies übrigens die einzige Verstärkung.

Jedenfalls entstand so kurzfristig in dem Raume etwas Luft, sodass unser Sanka mit seiner jammernden und stöhnenden Last nach vielen Stunden nächtlicher Fahrt das große Sammellazarett in der Stadt Newel erreichte. Der Fahrer wird dabei kaum eine Straße benützt haben. Wie ich am Rütteln und Schütteln des Wagens merkte, ging es über Stock und Stein durch das freie Gelände oder höchstens über ausgefahrene Seitenwege. Der Fahrer muss, was die Orientierung anbelangt, fast einen sechsten Sinn gehabt haben, wie so viele Kraftfahrer in den Weiten Russlands.

Den Kameraden von der „Eichenlaub-Division" und dem mutigen Sankafahrer hatten wir es wohl zu verdanken, dass uns die Russen nicht erwischten. Diese hätten uns sicher nicht viel Pardon gegeben, denn der Hass auf die deutschen Eindringlinge machte erfahrungsgemäß vielfach auch vor Verwundeten nicht halt. Was sogar verständlich ist, weil bei den erbitterten Kämpfen die Russen ihre vielen eigenen Verwundeten kaum versorgen konnten und wir für sie in jeder Hinsicht nur eine Belastung bedeutet hätten. Wie viele tausende unserer Verwundeten und Kranken entgingen also dem sicheren Tod nur durch den Einsatz der Sanka-Fahrer, die oft echte Heldentaten vollbrachten in diesem erbarmungslosen Krieg und unter fast unvorstellbaren Bedingungen.

Mein Schulkamerad Peter Burgstaller, mit dem ich dann 1983 die große Nordlandreise unternahm, konnte davon viel erzählen, denn er war auch bei der 3. Gebirgsdivision immer als Sanka-Fahrer eingesetzt. Ihm hatten beim Ausbruch aus dem eingeschlossenen „Millerowo" auch zwei St. Johanner wahrscheinlich das Leben zu verdanken.

In Newel ging alles drunter und drüber als wir ankamen. Hunderte Verwundete wurden aus dem nahen Frontbereich in das Sammellazarett gebracht und mussten dort fürs erste versorgt werden. Ich hatte das Glück, noch ein Bett zu bekommen. Für die Operation fehlte es aber zu jener Zeit schon an den notwendigen Betäubungsmitteln. So gab es Narkosen nur bei schweren Operationen, wie Amputationen usw.

Solche „Bagatellen", wie es bei mir aussah, ich blutete aus der Brustwunde nach außen kaum, wurden einfach ohne Narkose erledigt. So schnitt man mir im Operationssaal nach kurzer Untersuchung mit einer Schere einfach die gezackten Wundränder weg und nähte die ganze Wunde zu. Dann ging es ab ins Bett! Der nächste Fall wartete ja schon.

Was in diesen Verwundeten-Sammelstellen die Ärzte leisten mussten, ist kaum zu ermessen. Manche waren schon deshalb total überfordert, weil sie bei den Frischverwundeten Entscheidungen treffen mussten, die mehr Erfahrung verlangt hätten, als viele junge Mediziner hatten. Prof. Dr. Killian, beratender Chirurg im Nordabschnitt Russlands, schreibt ja selbst in seinem Buch "Im Schatten der Siege", dass es falsch war, den Ärzten in der deutschen Wehrmacht Offiziersrang zu verleihen. Denn das führte dazu, dass vielfach der ältere, erfahrene Arzt weiter rückwärts und in Lazaretten eingesetzt war und der junge unerfahrene, oft kaum der Universität entwachsene Arzt in den frontnahen Verbandsplätzen und Sammellazaretten die weitreichendsten und nicht mehr rückgängig zu machenden

Entscheidungen treffen musste. Wie viele Soldaten mögen auf diese Weise z.B. wegen unnötiger oder notwendiger und nicht durchgeführter Amputationen die Glieder oder das Leben verloren haben!

Bei mir war es ähnlich und nur einem Zufall verdanke ich es, dass mir das Leben erhalten blieb. Bei meiner Kurzoperation in Newel fiel ich auch ohne Betäubung bald in Ohnmacht und wachte erst im Bett wieder auf. Nach zwei Tagen in Newel wurden wir in einen geschlossenen Güterzugwaggon gebracht. Die Fahrt ging in westliche Richtung. Obwohl sie kaum zwei Tage dauerte, habe ich sie in schlimmer Erinnerung, weil mein Liegeplatz nahe am stark geheizten Eisenofen war und wegen des einsetzenden Fiebers der Durst fast unerträglich wurde. Es gab fast nichts zu trinken. Man hatte anscheinend mit einer kürzeren Fahrzeit gerechnet. Der Zug musste aber wegen Partisanengefahr in der Nacht auf freier Strecke mehrmals stehen bleiben. Ich fieberte jedenfalls schon ziemlich stark, als wir im Feldlazarett Polozg ankamen. Die Verhältnisse in diesem nicht mehr in unmittelbarer Frontnähe liegenden Krankenhaus spotteten jeder Beschreibung. In dem Zimmer, in dem ich zu liegen kam, herrschte ein fürchterlicher Gestank. Es fasste ungefähr 15 Verwundete, meist Schussbrüche mit Gipsverbänden und sonstige eiternde Verletzungen. Wie es hieß, galt hier ein Befehl, demzufolge keine Verbände zu wechseln wären, weil die Natur am besten heile! Man kann sich vorstellen was das bedeutete, wenn unter den Verbänden der Eiter herausrann, sich die Würmer und Läuse ansiedelten und hinter den Gipsverbänden die Schmerzen kaum mehr auszuhalten waren.

Mein Zustand verschlimmerte sich auch von Tag zu Tag. Durch die Leberverletzung hatte sich zur Verwundung noch eine starke Gelbsucht gesellt. Das Fieber stieg immer mehr und mir graute geradezu vor jedem Essen. Ich war so schwach, dass mir sogar von den gegen die Wundschmerzen verabreichten Morphiumspritzen übel wurde. Das Fieber stieg schließlich auf über 41 Grad und es wäre wohl nur noch eine Frage von 2 bis 3 Tagen bis zum Ende gewesen. Kurz nach der Ankunft in diesem Lazarett hat mir übrigens ein evangelischer Pfarrer die erste Nachricht auf einer Feldpostkarte nach Hause geschrieben. Da war ich aber noch hoffnungsvoller beisammen. Zum Glück wusste man daheim nicht, wie es nun um den Sohn stand. Ich hatte eigentlich schon alle Hoffnung aufgegeben, da geschah das Wunder!

Zumindest sah es für mich wie eine Fügung aus, dass ausgerechnet jetzt das Lazarett inspiziert wurde. Wahrscheinlich handelte es sich bei dem Arzt, der unser Zimmer betrat, um den beratenden

Chirurgen des Armeeabschnittes, dessen Aufgabe ja unter anderem auch darin bestand, schwere Verletzungsfälle zu besichtigen und gegebenenfalls entsprechende Ratschläge zu erteilen, sowie darüber hinaus eventuell herrschende Missstände abzustellen. Dass solche in diesem Feldlazarett Polozg gegeben waren, ist ihm wohl sofort aufgefallen. Trotz meines Zustandes bekam ich jedenfalls mit, dass er sofort anordnete, die Verbände zu wechseln. Bei mir war nach kurzer Untersuchung sein Kommentar: „Um Gotteswillen, der Mann muss schleunigst punktiert werden", was dann auch im Operationssaal sogleich geschah. Dass dazu allerhöchste Zeit war, zeigte sich an der Menge Eiter, die herausgezogen wurde. Ich glaube, es war ca. 1 Liter.

Jedenfalls war diese Punktierung die Rettung. Ich fühlte mich daraufhin bald besser und wurde soweit transportfähig, dass zu den Weihnachtsfeiertagen die Überstellung in ein Durchgangslazarett in Königsberg möglich war. Dieses Lazarett war in einem Schulhaus untergebracht. Ich blieb dort über Weihnachten. Mein Retter dürfte übrigens jener Dr. Hans Kilian gewesen sein, der in dem Buche „Im Schatten der Siege" seine Erlebnisse als beratender Chirurg im Nordabschnitt der Ostfront niederschrieb. Hier kommt auch in etwas verklausulierter Form die Stelle vor, wo ein unfähiger und sturer Armeearzt einen ähnlichen unsinnigen Befehl herausgab, der sicher so manchem verwundeten Soldaten das Leben gekostet hat. Dr. Kilian, vor dem Kriege schon ein erfahrener Chirurg war dann, wie ich hörte, Leiter der chirurgischen Abteilung in Freiburg im Breisgau. Ich bereue es heute noch, dass ich mich mit ihm nie in Verbindung gesetzt habe!

Die Lebensgeister kehrten allmählich wieder zurück, obwohl mir die Verwundung und dazu die Gelbsucht sehr zu schaffen machten. Ich hatte auch viel Gewicht verloren. Bei der Einlieferung wollte eine Schwester gar nicht glauben, dass ich erst 20 Jahre alt war. Immerhin nahm ich nun wieder so viel Anteil am Geschehen, dass mir die derben Witze eines Wieners in Erinnerung geblieben sind, mit denen er eine junge Schwester öfter in Verlegenheit brachte. Ein anderer Zimmerkamerad, er lag neben mir, kam direkt aus Stalingrad, von wo er noch ausgeflogen werden konnte. Er hatte ein Bein verloren. Obwohl er sonst nicht viel darüber redete, was sich in Stalingrad abspielte, erzählte er mir doch einige Erlebnisse, aus denen man sich einen Reim darauf machen konnte, was die dort eingeschlossenen Kameraden erdulden mussten und mit welcher Härte auf beiden Seiten gekämpft wurde.

Nach den Weihnachtsfeiertagen kam dann die Verlegung in das „Reservelazarett Olmütz“, zu dem das altehrwürdige „Kloster Hradisch“ umfunktioniert worden war. Bei der Fahrt in einem gut ausgestatteten Lazarettzug durch den „Warthegau“, wie dieses westpolnische Gebiet damals hieß, wurden wir auf verschiedenen Bahnhöfen bestens betreut und mit Geschenken bedacht. Die Front war ja zu der Zeit weit weg und wenige werden vorausgesehen haben, wie schrecklich zwei Jahre später der Krieg dieses Land heimsuchen sollte.

Im Kloster Hradisch lagen damals viele hunderte verwundete und kranke Soldaten. Obwohl die Räumlichkeiten nicht gerade komfortabel waren, es lagen in einem Zimmer 20 bis 30 Männer, hatte man hier doch das Gefühl der Sicherheit. Ich bekam jetzt auch eine gezielte Gelbsuchtbehandlung. Arge Schmerzen, mehr als die Verwundungen, bereitete mir eine Rheumaerkrankung an der rechten Schulter, die aber dann erfolgreich mit einer Radikalkur behandelt wurde (Prontosilstoß). Etwas später wurde mir von einem tschechischen Zivilarzt der Granatsplitter aus dem rechten Unterschenkel herausoperiert.

Nach einiger Zeit hatte ich mich von der Verwundung und der Gelbsucht soweit erholt, dass schon Besuche in anderen Zimmern möglich wurden. Als ich noch bettlägerig und nicht sehr gut beisammen war, freute ich mich und gab es mir Auftrieb, dass mich einige Male ein Arzt besuchte, der öfter in Fieberbrunn auf Urlaub war und dort sogar Verwandte hatte, wie ich mich zu erinnern glaube. Insgesamt blieb ich in Olmütz bis Ende Februar, davon zum Schluss in einem Teillazarett, einer Außenstelle des Hauptlazaretts.

Am 1. März 1943 wurde ich dann in das „Reservelazarett Kremsier“ (Kromeric) gebracht, zusammen mit einer Anzahl auch gehfähiger Kameraden aus Olmütz. Wir befanden uns nun in einem der vielen „Blocks“ der Landesirrenanstalt Mähren, welche sich über ein großes parkartiges Gelände verteilten.

Hier verbrachte ich eine sehr schöne Zeit. Wir waren zu viert in einem Zimmer, dabei auch ein Innsbrucker (Kanzi), hatten eine gute Verpflegung und beste Betreuung. Sogar zwei tschechische Geistliche Schwestern, eine ältere und eine ganz junge, sehr hübsche und lustige, waren hier eingesetzt. Dann gab es die sehr tüchtige weltliche Stockschwester und die junge Schwester L., die kriegshilfsdienstverpflichtet (KHD) war. Zwischen uns entwickelte sich bald eine enge Freundschaft, die allerdings weitgehend platonisch blieb. Mit ihr, einem sehr gebildeten Mädchen, besuchte ich die erste Operettenaufführung meines Lebens. Es war der „Zigeunerbaron“, als Gastspiel einer Wiener Bühne. In unserem „Stock“ hat sich überhaupt eine sehr schöne Gemeinschaft gebildet, obwohl von Norddeutschland bis ins Gebirge alles vertreten war. Die Zeit verbrachten wir mit dem Aushecken von Dummheiten, Kartenspiel und allerhand sonstigem Kurzweil. Ich war jedenfalls gar nicht so traurig, dass sich die Genesung in die Länge zog.

Die Brustwunde, welche sich vorübergehend geschlossen hatte, fing wieder zu eitern an. Da noch ein Granatsplitter drinnen steckte, kam es zur Operation. Diese brachte aber nicht, wie erwartet, den Splitter zutage. Er saß an einer Stelle, die dem Operateur, einem jungen Unterarzt, zu riskant erschien. Dafür holte er eine Menge Stoffreste heraus, die durch den langen spitzen Granatsplitter zwischen den Rippen in das Brustinnere gerissen worden waren. Es handelte sich dabei um alle Schichten der Winterbekleidung, angefangen vom dicken wattierten Kampfanzug, dem Uniformrock, Pullover und Weste bis zum Hemd und der Unterwäsche, was man ja zum Teil doppelt anhatte, Privates und von der Wehrmacht. Es wurde mir damals nicht bewusst, dass sich diese total verdreckten Kleidungsstücke ca. fünf Monate im Brustraum befunden hatten, ohne eine Infektion! Offensichtlich kam ein Effekt zum Tragen, von dem unsere Alten erzählten, nämlich dass Dreck heilt. So wurde z.B. Kuhfladen auf offene Wunden gelegt. Nach heutigem Wissen enthalten solche Stoffe Antibiotika. Die Operation erfolgte unter lokaler Betäubung, sodass mir die Bemerkung des Arztes in Erinnerung blieb, als immer noch Stoff zum Vorschein kam: „Der hat da drinnen ja die reinste Textilfabrik“. Nach dieser Räumung ging es mit mir sichtlich aufwärts. Ich bekam einen unheimlichen Appetit und wurde in kurzer Zeit dick, wie nie vor- und nachher.

Unverständlich erschien uns jungen Soldaten damals der Hass, den viele Tschechen mehr oder weniger offen zeigten. Gruppen junger Tschechen, wenn sie uns auf der Straße begegneten, spuckten wie unbeabsichtigt aus. Wir konnten diese Gehässigkeit uns Verwundeten gegenüber gar nicht begreifen. Sie spazierten in guten Zivilanzügen in Begleitung ihrer Mädchen durch die Stadt. Sie brauchten ja keinen Militärdienst zu leisten. Das „Reichsprotektorat Böhmen und Mähren“ bildete sozusagen eine Insel inmitten sonst vom Krieg direkt betroffener Gebiete Europas. Wir beneideten deshalb unsere tschechischen Altersgenossen. Sie bekamen von den Gräueln des Krieges sehr wenig zu spüren. Auch vom Bombenkrieg blieb ihr Land weitgehend verschont. In diesem Frühjahr 1943 gab es auch noch vieles zu kaufen, das im „Reich“ schon Mangelware oder überhaupt nicht mehr erhältlich war. Ich erinnere mich noch gut, dass in den Schaufenstern der einschlägigen Geschäfte sogar noch Musikinstrumente angeboten wurden.

Was sich auf der politischen Ebene abspielte, welchen Repressalien jene Tschechen ausgesetzt waren, die durch Sabotageakte oder sonstigen Widerstand gegen die ungeliebten „Mitbewohner“ des Landes in die Hände der „Gestapo“ (geheime Staatspolizei) fielen, wurde uns ja nicht bekannt. Viel Hass erzeugte sicher auch die Vernichtung des Dorfes „Lidice“ und die Hinrichtung aller männlichen Einwohner über 15 Jahre im Zusammenhang mit der Ermordung des „Reichsprotektors“ Heydrich Ende Mai 1942 durch tschechische Widerstandskämpfer. Heute ist das ehemalige Dorf „Lidice“, das damals ca. 500 Einwohner zählte, eine Gedenkstätte, die ich besuchte, als ich im Jahre 1972 in Karlsbad zu einer Leberkur weilte.

Leider steigerte sich dann gegen Kriegsende das tschechische Volk immer mehr in einen unbändigen Hass gegen alles Deutsche hinein, was schließlich in der brutalen Vertreibung aller Sudetendeutschen endete, wobei es bekanntlich zu schrecklichen Grausamkeiten und wahren Racheorgien kam. Auch viele deutsche Soldaten kamen bei Kriegsende auf diese Weise noch ums Leben.

Ich hatte das Glück, zu dieser Zeit nicht mehr der 3. Gebirgsdivision anzugehören. Der Rest dieser Einheit geriet nämlich nach dem 8. Mai 1945 im Raume „Olmütz“ in russische Gefangenschaft. Damit hatte sich für die Division der Kreis geschlossen. Sie war 1939 von hier aus zum Angriff auf Polen in Marsch gesetzt worden. Der erste gefallene St. Johanner, Jakob Steinlechner, ist als Pionier bei meiner Einheit 1939 hier gefallen. Damals dachte wohl keiner von jenen, die diesen ersten Einsatz mitmachten, dass sie fast 6 Jahre später als Geschlagene hier landen würden. Dies nach einer Odyssee, welche über Norwegen - Eismeerfront - Leningrad - Wellkije Luki - Millerowo - Donez - Mius - Karpaten - Slowakei führen sollte und so viele Opfer kostete. Ganz zu schweigen von den ungeheuren Strapazen, Entbehrungen und Härten eines Krieges, den im Grunde keiner wollte. Ein Glück, dass am Ende dieses langen Weges, der auch vom Leid der durch den Krieg betroffenen Länder gezeichnet war nur wenige wussten, dass ihre Opferbereitschaft von einer verbrecherischen, größenwahnsinnigen Clique schamlos missbraucht wurde. Was sich tatsächlich hinter dem Rücken der Front abspielte, erfuhren die meisten ja erst Jahre später, viele in der Gefangenschaft eines Gegners, dessen Schild auch nicht viel reiner war, wenn man an die Massenvernichtungen der eigenen russischen Landsleute unter Stalin denkt.

Dass die nun siegreichen Sowjets mit einem Feind, der so viel Blut und Elend über ihr Land gebracht hatte nicht gerade human umgingen, ist verständlich. Es ist aber eine traurige Wahrheit, dass sich unsere Kameraden in russischer Gefangenschaft sicherer fühlen konnten, als wenn sie in die Hände der hasserfüllten Tschechen fielen.

Als ich Ende August 1986 auf der Busfahrt nach Polen in die Gegend von Olmütz kam, beschäftigte mich der Gedanke sehr, welche Tragödien sich hier bei Kriegsende abgespielt hatten. Wie viele Kameraden nach jahrelangen Entbehrungen, Strapazen und Kämpfen den Frieden nicht mehr erleben durften, weil sie, schon auf dem Heimweg begriffen, ihr Schicksal ereilte.

Was mich betrifft, so wurde ich Mitte Mai 1943 aus dem Lazarett in Kremsier entlassen und fuhr über Wien – Salzburg Richtung Heimat. Die Berge trugen in diesem Jahre bis weit herab noch den Wintermantel. In Hochfilzen reichte auf der Schattseite der Schnee sogar noch fast an die Bahnlinie.

Auf der Weiterfahrt, ich glaube es war noch vor Fieberbrunn, hatte ich plötzlich das Gefühl, in den nächsten rückwärtigen Wagen schauen zu müssen! War es Zufall oder Telepathie? Mein MG-Kamerad Hannes Peinhopf, der mehrere Wochen nach mir verwundet wurde und jetzt nach Lazarettaufenthalt und verbrachtem Heimaturlaub in der Steiermark auf dem Wege zu unserem Ersatzbataillon in Schwaz war, saß hier! Selbstverständlich stieg er in St. Johann aus und blieb über Nacht bei uns.

* * *

Tätig sein war stets sein Leben
Hilfsbereitschaft hob sein Herz,
Gott wird ihm den Lohn dort geben,
nur dies lindert unser'n Schmerz.

Christliches Andenken

an meinen lieben Gatten, guten Vater, Schwiegervater, Onkel und Paten

Herrn Josef Pletzer

welcher am 15. Dezember 1990 nach langem schwerem, mit großer Geduld ertragenem Leiden, versehen mit den hl. Sterbesakramenten, im 77. Lebensjahr in Gottes Liebe heimgegangen ist.

Er ruhe in Frieden!

Olmütz, Reserve-Lazarett im Kloster Hradisch, nach der Verwundung am 1.12.1942 in Tschernosem folgten Aufenthalte in folgenden Lazaretten: Sammellazarett Newel, Feldlazarett Polozg, Durchgangslazarett Königsberg, dann Olmütz.

Tschechei/Mähren, Reservelazarett B in Kremsier, 1943.

Urlaub und Genesungskompanie

Ich hatte einen Genesungsurlaub von 14 Tagen vor mir, der schließlich nach Vorsprache bei Dr. Strohm in der Sanitätskaserne St. Johann um eine Woche verlängert wurde. In der Hinsicht waren die dort maßgeblichen Ärzte sehr großzügig und schlugen solche Gesuche, wenn irgendwie möglich, kaum ab.

Dieser Urlaub gestaltete sich insofern sehr schön, weil zu der Zeit ca. 20 St. Johanner meines Alters auf Urlaub daheim waren, so u. a. auch Sepp Nothegger und Hans Mitterer, der in Millerowo einen Unterschenkel verloren hatte. Es verging kaum ein Abend, an dem sich die lustige Runde nicht traf. Der Krieg schien fast vergessen. Über die zurückliegenden Fronterlebnisse wurde kaum gesprochen. Daran, dass wir noch Soldaten der deutschen Wehrmacht waren, wurden wir Urlauber gelegentlich aber durch die „Standortstreifen" der Edelweißkaserne erinnert, die auch Kontrollen der Urlaubsscheine vornahmen. Dabei gab es einmal eine kleine Reiberei, als wir in fröhlicher Spätabendrunde beim „Klausner" zusammensaßen. Ich weigerte mich nämlich unter Berufung auf meine Beinverletzung, die allerdings schon ausgeheilt war, zunächst zur Ausweisleistung aufzustehen. Dies gegenüber dem „Feldwebel vom Dienst", einem mir bekannten St. Johanner, was diesen ziemlich erzürnte. Natürlich konnte ich es nicht auf das Äußerste ankommen lassen, sonst hätte ich sicher den Kürzeren gezogen, deshalb schraubte ich mich unter dem Gegrinse der anwesenden Kameraden schließlich doch mühsam aus dem Sessel empor. So konnte der Feldwebel noch sein Gesicht wahren und mir blieben weitere Scherereien erspart. Hoffentlich hat er mich dann nie beim Tanzen gesehen, sonst hätte er sich noch mehr geärgert.

Bei der Gelegenheit muss auch vermerkt werden, dass die in der Edelweißkaserne (heute Winterstellerkaserne) stationierte Ersatzeinheit der Gebirgs-Sanitäter und der damit verbundenen Sanitätsschule nicht wenigen St. Johannern für längere oder kürzere Zeit eine relativ sichere und angenehme Bleibe als Kaderpersonal bot.

Die Ärzte dieser Garnison halfen hier auch, wo sie konnten und drückten oft mehr als ein Auge zu. Ein Beispiel dafür ist der Fall meines Schulkameraden S. N.: Sepp hatte auch den Krieg in Russland mitgemacht und war im Verbande eines Hochgebirgsbataillons sogar bis in den Kaukasus gekommen. Bei den Kämpfen in Ungarn im Jänner 1945 tat er sich in einer brenzligen Situation durch besondere

Tapferkeit hervor. Dafür wurde ihm wahlweise eine höhere Auszeichnung oder 14 Tage Heimaturlaub angeboten. Natürlich zog ein alter Fronthase wie er einen Urlaub dem EK I vor. Als dieser Urlaub zu Ende ging, das war im Februar 1945, hatte er das „Pech", sich beim Brennholzzerkleinern den kleinen Finger der linken Hand abzuhacken. Dass es sich hier um Selbstverstümmelung handelte, sagte ihm der Arzt, zu dem er in die Kaserne gehen musste, auf den Kopf zu, erstattete aber keine weitere Meldung. Sonst hätte es für Sepp üble Folgen haben können. Denn „Selbstverstümmelung" wurde, besonders gegen Kriegsende, sehr hart in den meisten Fällen mit dem Tode bestraft. So entging Sepp jedenfalls einem neuerlichen, um diese Zeit bereits als völlig sinnlos erkannten Fronteinsatz und konnte, zuletzt noch auf einer Alm versteckt, das Kriegsende in der Heimat erleben.

Wieweit manches, nach damaligem Sprachgebrauch eigentlich als eine Art Sabotage zu bezeichnende Geschehen, in der Kaserne mit stiller Duldung durch die örtliche Parteiführung erfolgte, bleibt dahingestellt. Eine Rolle spielte wohl auch die Tatsache, dass es die größten Freunde des Hitlerregimes absolut nicht eilig hatten, für ihren geliebten „Führer" an der Front das wertvolle Leben zu riskieren. Die Verteidigung der „Heimatfront" war da weniger gefährlich. Gegen Kriegsende, als die Wahrscheinlichkeit des „Endsieges" immer geringer wurde, war sowieso den meisten, anfänglich begeisterten Anhängern Hitlers, der Gedanke an das „Nachher" näherliegend, als übermäßige Scharfmacherei. Es schien jedenfalls, abgesehen von einigen Übergriffen im ersten Rausche der Machtübernahme 1938, in St. Johann keine ernstere Verfolgung der Nazigegner gegeben zu haben, wie aus der Dokumentation „Widerstand und Verfolgung in Tirol" hervorgeht. Dies, obwohl bereits 1943 bekannt war (es wurde auch bei mir zuhause davon gesprochen), dass sich eine hitlerfeindliche Gruppe öfters in der T. M. traf. Es waren sogar die Namen dieser Regimegegner, bezeichnet wurden sie als Kommunisten, bekannt. Es kam aber außer einigen Verwarnungen zu keiner Anzeige an höherer Stelle. Ein großes Glück für die betreffenden Widerständler, denn auf Verunglimpfung des Führers, Wehrkraftzersetzung und wie die Kapitalverbrechen in dieser Zeit hießen, stand in der Regel die Todesstrafe, oder zumindest das Konzentrationslager.

Dem 1944 hingerichteten Friseurmeister Viktor Dapont aus Kitzbühel wurde z. B. ein solcher Paragraph zum Verhängnis. Dem gleichen Schicksal entging nur durch einen glücklichen Umstand der Kitzbüheler Dr. V.

Uns jungen Soldaten wurde gar nicht bewusst, in welche Gefahr man sich durch manche unbedachte Äußerung bringen konnte. Der in einer Demokratie aufgewachsenen Generation kommt wohl kaum der Gedanke, wie schrecklich die absolute Humorlosigkeit solcher autoritärer Regime ist, wenn es um die führenden Bonzen und den allmächtigen Staat oder Parteiapparat geht. Noch bis vor einigen Jahrzehnten brauchte man auch bei uns nicht sehr weit über eine Grenze zu gehen, um diese Tatsache festzustellen.

Damals hatten wir oft mehr Glück als Verstand, denn es fielen nicht nur im engen Kameradenkreise derbe Witze über gewisse Nazigrößen, wie etwa über Göring, Goebbels usw. Heute noch denke ich daran, wie es etwa dem, vielen St. Johannern bekannten Schober Willi 1943 ergangen wäre, wenn sein „Auftritt" der Gestapo höheren Orts zu Ohren gekommen wäre:

Unsere Urlauberrunde saß in der „Bauhofstube" (Gasthaus Park) fröhlich beisammen. Darunter auch der Gefreite Schober Willi. Zu vorgerückter Stunde und leicht angeheitert sprang Willi plötzlich auf einen Stuhl und hielt, genau im Tonfall Hitlers eine Rede, die uns zu Lachsalven hinriss. Der Tatbestand „Verunglimpfung des Führers" in übelster Form, gepaart mit einer Reihe „wehrkraftzersetzender" Passagen hätte ihn den Kopf kosten können. Zum Glück befand sich kein Judas unter uns. Sonst wäre eventuell St. Johann um ein Original ärmer geworden.

Sonst war damals unser Haupttreffpunkt die „Klausner-Gaststube", wo uns die Kellnerin Maridl bestens bediente und immer einige Flaschen Wein für die Urlauber herbeischaffte. Auch beim „Lamperer", „Tiroler-Wirt", „Bacherwirt" und „Grießwirt", den abseits gelegenen Gastlokalen und in privaten Stuben ging es rund. Offizielle Tanzveranstaltungen gab es zu der Zeit nicht. Im kleinen und privaten Kreis, besonders unter den Fronturlaubern, wurde aber das im Kriege verordnete Tanzverbot selbstverständlich ignoriert. Als Musikanten standen meistens „Aigner Örg" mit der Ziehharmonika und „Georg Gschnaller" als Zitherspieler zur Verfügung.

Ein weiterer Zitherspieler, G. A., fehlte in der Runde selten. Als kleiner, buckliger und an den Rollstuhl gebundener Krüppel wurde er oft geholt, wenn seine Musik gefragt war.

Heute noch denke ich gerne an die fröhlichen Stunden in diesem Urlaub, wobei so mancher Streich und so manche lustige Begebenheit zu erzählen wäre!

Ich war in diesem Urlaub kein guter Sohn und sah meinen Vater oft tagelang nicht. Wenn er morgens zur Arbeit nach Kitzbühel fuhr (er hatte die Stelle eines Magazinverwalters des weibl. RAD) schlief ich noch, abends wenn er heimkam, war ich meistens schon fort.

So vergingen diese schönen Tage viel zu schnell und ich musste zu meiner Ersatzeinheit einrücken. Die Frontlage hatte sich inzwischen überall zu Ungunsten der deutschen Armeen verändert. Die Katastrophe von Stalingrad lag schon einige Zeit zurück, am 13. Mai 1943 kapitulierte auch das „Afrikakorps". In Russland begann nun bald in großem Umfange die Zeit der „geordneten Rückzüge" und „Frontbegradigungen". In Soldatenkreisen kursierte dazu die vielsagende Formulierung „Vorwärts Kameraden, wir müssen zurück!"

Das Gebirgs-Pionier-Ersatzbataillon 83 war in Fiecht bei Schwaz stationiert. Die Ausbildungskompanien und die Genesungskompanie, der ich nun zunächst angehörte, befanden sich in einem Barackenlager, wo heute die große PAX-Siedlung oberhalb der Autobahn steht. Das Kloster war mit der 1. und 2. Stammkompanie belegt. Gottlob währte mein Aufenthalt bei der Genesungskompanie nicht sehr lange, denn die Baracken waren fürchterlich verwanzt und ich war wiederum ein Lieblingsopfer dieser Blutsauger.

Ich begegnete hier auch dem einen oder anderen Frontkameraden. Einige waren als Ausbildner tätig. Die Rekruten bestanden nun schon nicht mehr aus nur jungen Leuten, sondern auch ältere Jahrgänge bevölkerten den Exerzierplatz. So traf ich hier auch den Vater meiner Cousine Elsa, Stefan Wörgötter aus Hochfilzen, dem die Umstellung auf das Soldatendasein offensichtlich schwer fiel. Mir tat Steff, den ich von meiner Kindheit her gut kannte, sehr leid. Er kehrte dann aus Russland nicht mehr heim.

* * *

St. Ulrich am Pillersee, 1943, Genesungsurlaub.

St. Johann in Tirol, die Familie Wörgötter im Mai 1944, li. – re.: Mutter Aloisia, Sohn Josef (nach Verwundung vom Militär befreit), die Cousins Pepi und Annemarie Foidl, Tochter Aloisia, Vater Josef, Sohn Franz.

St. Johann in Tirol, Mai 1943, mit Hans Mitterer, der auch auf Genesungsurlaub daheim war (als Soldat der 3. Geb.-Div. hat er einen Unterschenkel verloren).

St. Johann in Tirol, 1965, Gasthof zum Park, vormals „Bauhof", auch ein beliebter Treffpunkt der Kriegsurlauber. (Foto: Jöchler)

Schwaz, Juni 1943, Aufenthalt bei der Genesungskompanie des Geb.Pi.Ers.Btl. 83 im Barackenlager Fiecht, dann ab Anfang Juli 1943 UK-Stellung für Almpersonal („Scheibenschlag-Alm" in der Windau).

Hochfilzen, ca. 1935, re. – li.: Wörgötter Aloisia und Mann Josef, Tante Eder Lina mit meiner Cousine Elsa und deren Vater Wörgötter Steff (in Russland gefallen), „Lechner Wabi" (von unserem Milchbauern „Lechner") und ihr Mann Adam.

Alphirte im Windautal

Selbstverständlich meldete ich mich mit Freuden, als es anfangs Juli hieß, es werden GVH-gestellte Soldaten (d. h. garnisonsverwendungsfähige, also derzeit nicht fronttaugliche) als Almpersonal gesucht. So wurde ich zu dem Zwecke vorübergehend aus der Wehrmacht entlassen und dem „Jagerbauern" Markus Schermer in Brixen im Thale als Galtviehhirte auf der Alpe „Scheibenschlag" im Windautal zugeteilt.

Die Alm, welche heute durch einen sehr guten Forst- bzw. Almweg erschlossen ist, befindet sich taleinwärts gesehen links des Gasthauses Steinberghaus (seinerzeit Steinberghütte) und reichte bis auf ca. 2000 Meter Seehöhe hinauf in die Nähe des Brechhorns. Als ich am 8. Juli 1943 über die „Laßl-Seitalm" den steilen Fußweg hinaufstieg, war das Wetter nicht sehr einladend. Es regnete und dichter Nebel hing herab. Auf der Niederalm traf ich den Putzer Andreas Oberhauser, vulgo „Schrögschneider Anderl" aus Brixen, der wie ich UK-gestellt (unabkömmlich) worden war und bis zu meinem Eintreffen das Galtvieh betreuen musste. Die Milchkühe und Kälber standen in der Obhut des schon ziemlich alten Melkers und zugleich Käsers Jogg, dessen Frau Tilly und der jungen Kuhdirn Anna. Ganz gegen die sonst übliche Bewirtschaftungsweise auf Almen, befand sich hier das Galtvieh noch auf der Niederalm, während die Kühe auf der Hochalm weideten. Einige Tage nach meinem Dienstantritt wurde dann gewechselt und das Milchvieh samt Kälbern kam für den weiteren Sommer auf die Niederalm. Ich war dann mit ca. 40 Stück Galtvieh auf der Hochalm allein, wo ich mich auch selbst verpflegte. Milch, Butter und sonstige Lebensmittel bekam ich von der Niederalm, die nicht sehr weit entfernt lag.

Als ich um die Mittagszeit oben ankam, gab es einige Aufregung bei den Almleuten. Während das gesamte Vieh wegen des schlechten Wetters bereits im Stall stand, fehlte ein Kalb. Nach dem Essen bestand also meine erste Arbeit darin, gemeinsam mit der bereits ortskundigen Kuhdirn das abgängige Jungtier zu suchen. Trotz des dichten Nebels dauerte dies nicht lange. Ein lautes Stöhnen wies uns bald die Richtung. Das arme Tier war auf einem ca. 1 Meter hohen, dünnen abgehackten Baumstamm regelrecht aufgespießt. Das war unterhalb eines schmalen Triebweges, von dem das Kalb wahrscheinlich durch eine Kuh so wuchtig hinuntergestoßen worden war, dass sich der spitze Baumstumpf in den Bauch bohrte und so die Beine des Tieres in der Luft hingen. Ich musste also das Kalb mit Beil und Messer rasch von seinem Leiden erlösen und zum Abtransport aufarbeiten. Mir schien dieser Anfang kein gutes Omen für diese Almzeit zu sein.

Trotz des sehr absturzgefährdeten Geländes, damals waren ja viele kritische Stellen noch nicht abgezäunt, hatte ich aber keine weiteren Verluste zu beklagen. Einmal allerdings war es wie ein Wunder, dass einer Kalbin, die durch einen Stoß über eine kleine ca. 3 Meter hohe Felswand fiel und in dem darunter befindlichen Bachbett auf dem Rücken landete, außer dem Verlust eines Hornes (abgeschlaucht) ohne schwerere Verletzung davonkam. Nach dem Almabtrieb arbeitete ich beim „Jager" bis Ende November als Melker.

Der Hof war in Anbetracht der Kriegszeit relativ gut mit Arbeitskräften versorgt. Außer mir – für das Melkerehepaar und den Putzer endete ja das Dienstverhältnis mit der Almzeit – war noch der Knecht Thomas Hausberger, ein UK-gestellter „Krieger". Er brachte es nach dem Kriege bis zum Chef der Sennerei Kitzbühel. Dazu kamen an familienfremden Landarbeitern noch die schon erwähnte Kuhdirn, welche mir nun beim Füttern des ca. 40 bis 50 Stück umfassenden Viehstandes helfen musste, ein „Landdienstmädchen" Maria aus Kitzbühel, sowie ein junger Pole und eine Polin.

Die familieneigenen Arbeitskräfte bestanden aus dem Bauern „Marx" (Markus), der Bäuerin, der ca. 17 Jahre alten Tochter Wetti und dem damals ca. 16-jährigen Sohn Markus, der jetzt Eigentümer des Hofes ist, ein Hotel in Westendorf besitzt und längere Zeit auch die Funktion des Landesobmannes des Tiroler Pensionistenbundes ausübte. Zwei weitere Kinder waren meiner Erinnerung nach, noch schulpflichtig. Die älteren Söhne Hans und Schorsch dienten beim Militär. Vielleicht konnte einer davon freigestellt werden, nachdem ich von der zuständigen Stelle einen anderen Arbeitsplatz „vermittelt" bekommen hatte. Bestrebungen in dieser Richtung waren jedenfalls im Gange, wie ich auch in der letzten Zeit zu spüren bekam.

Zur „Kreisbauernschaft", die mit UK-Stellungen und Arbeitsplatzzuweisungen befasst war, hatte der „Jager", wie mir schien, engen Kontakt. Das ergab sich wohl auch daraus, dass es sich hier um einen sogenannten „Umschuldungsbetrieb" handelte. Der Vater des damaligen Bauern war vor dem Anschluss längere Zeit Landtagsabgeordneter gewesen. Er besaß außer dem großen „Jager-Hof" noch ein Sägewerk. Als Obmann des von ihm gegründeten Sägerei-Verbandes ging er Verpflichtungen ein, die ihn bei der großen Absatzkrise anfangs der 1930er-Jahre in schwere wirtschaftliche Schwierigkeiten brachten. Damals musste jener Teil des Hofes verkauft werden, der jetzt „Jager-Neubau“ heißt. Da die Schuldenlast aber trotzdem bis 1938 nicht getilgt werden konnte, kam es nach dem Anschluss an das Deutsche Reich zu einem sogenannten „Umschuldungsverfahren“, wobei die dafür zuständige Kreisbauernschaft auf die Wirtschaftsführung einen gewissen Einfluss ausüben konnte. Es gab übrigens viele solcher Umschuldungsfälle, die in den schlechten 1930er-Jahren oft ohne eigenes Verschulden, wie etwa Bürgschaften, in diese Lage kamen. Für die meisten, stark verschuldeten Höfe bedeutete deshalb der Anschluss die Rettung vor der Versteigerung. Leider wurde damals den wenigsten bewusst, dass zu den großen wirtschaftlichen Schwierigkeiten jener Zeit, das dann als Retter auftretende „Dritte Reich“ gezielt beigetragen hatte, um die Österreicher „reif“ zu machen. Weil man das nicht wusste, begrüßte so mancher, dem das Wasser bis zum Hals stand, verständlicherweise die Eingliederung in das Großdeutsche Reich als persönliche Wohltat und zeigte sich dem neuen Regime gegenüber zunächst dankbar. Man darf auch nicht übersehen, dass die Landwirtschaft ganz allgemein unter dem Schlagwort „Blut und Boden“ eine gewaltige, bis dahin nie erlebte Aufwertung erfuhr. Heute weiß man, dass die damit erhoffte und vielfach ja auch eingetretene Produktionssteigerung im Zusammenhang mit den Kriegsvorbereitungen gesehen werden muss. Als der Krieg begann und schließlich noch der Angriff auf Russland kam, womit Hitler das tat, was er immer weit von sich gewiesen hatte, nämlich einen Zweifrontenkrieg zu führen, kühlte die Begeisterung bald ab. Mit dem Russlandfeldzug begannen ja erst die Verluste überall spürbar zu werden. Vom Andrang zu den Waffen war deshalb besonders in der bäuerlichen Bevölkerung keine Rede. Jeder versuchte, sich in der Heimat zu halten, solange es ging. Aussicht auf UK-Stellung hatten aber in erster Linie jene Bauern, die ihrer Ablieferungspflicht voll nachkamen. Selbstverständlich auch die Funktionäre und eifrigen Sympathisanten des Regimes. Was die letzteren zwei Gruppen anbelangt, hielt die Heimatfront jedenfalls viel besser stand, als dies der kämpfenden Truppe möglich war. Man half sich in jenen Kreisen gegenseitig und konnte so die Stellung bis zuletzt halten, ohne eine wirkliche Front gesehen zu haben. Eine Hand wusch hier die andere und wenn es galt, seine feindsichere Position zu verteidigen, war man in der Wahl der Mittel auch gegenüber den echten Frontsoldaten nicht zimperlich, wie ich bald noch deutlicher sehen sollte!

* * *

Windau, 1943, „Scheibenschlag-Alm“ mit bis zu 40 Stück Galtvieh.

Westendorf, Ende September 1943, Almabfahrt von der „Scheibenschlag-Alm“, li: Andreas Oberhauser aus Brixen, versah als UK-Gestellter die Stelle des „Putzers“ auf dieser Alm, re: Josef Wörgötter als „Galtvieh-Hirte“.

Käser in der Sennerei Kitzbühel

Anfangs Dezember 1943 trat ich meinen neuen Arbeitsplatz an, der mir von der Kreisbauernschaft zugewiesen worden war, jener Behörde, die mit der heutigen Bezirkslandwirtschaftskammer vergleichbar ist. Nur mit dem Unterschied, dass diesem Amt in einem autoritären Staat und noch dazu im Kriege weitreichende Machtbefugnisse zur Verfügung standen. So war die Kreisbauernschaft u. a. für die gesamte Lebensmittelaufbringung, wie Fleisch, Milch, Butter, Käse, Eier, Wolle, Getreide, Kartoffeln, Gespinnstpflanzen usw. in ihrem regionalen Bereiche, dem Kreis Kitzbühel (heute Bezirk) zuständig. Selbstverständlich fielen auch die Landwirtschaftsförderung, Betriebsberatung, Schulung und dgl. hier herein.

Darüber hinaus saß aber dort ein eigener Sachbearbeiter für die UK-Stellungen in der Landwirtschaft. Je nach Bedarf an Arbeitskräften konnten solche von der Wehrmacht angefordert und wie auch nicht gediente auf kürzere oder längere Zeit vom Militärdienst befreit werden. Bei den gedienten Soldaten kamen für solche Freistellungen in erster Linie solche in Frage, die wie auch ich infolge einer Kriegsverletzung vorübergehend oder ständig frontuntauglich waren. Darüber hinaus gab es auch solche, die wegen ihrer „kriegswichtigen Stellung“ in der Heimat oder aus anderen Gründen, wie schon früher kurz angedeutet, als „unabkömmlich“ galten und überhaupt keinen Soldatenrock anziehen mussten. Ein Teil davon wurde kurz vor Kriegsende lediglich noch „zum Volkssturm“, dem „letzten Aufgebot“ eingezogen, wo es aber nur mehr zu einer kurzen Ausbildung, jedoch zu keiner Feindberührung mehr kam.

Einer dieser glücklichen „Unabkömmlichen“ (UK-gestellt) war auch der damalige Sennereichef von Kitzbühel, W., ein ca. 35-jähriger Berliner, dessen Bruder angeblich eine hohe Stelle beim „Reichsnährstand“ (im Landwirtschaftsministerium) bekleidete. Dem entsprechend hatte er, wie gelegentlich spürbar, auch Einfluss in gewissen Bereichen des örtlichen Geschehens. In der Käserei sah ich ihn außer bei der ersten Einführung nie mehr, obwohl er seine Wohnung im gleichen Hause hatte. Die nötige Fachkenntnis in der Milchwirtschaft besaß ja sein Stellvertreter Franz T., der aber hauptsächlich mit der täglich durch zwei Frächter und näher gelegene Bauern direkt angelieferten Milch und allen damit zusammenhängenden Problemen befasst war. Aus dem Einzugsgebiet der Sennerei Kitzbühel (Kitzbühel, Aurach, Jochberg, Reith, Kirchberg, Brixen und einem

Teil Oberndorf) kamen täglich bis zu 14.000 kg Milch zur Ablieferung (1980 waren es aus dem gleichen Einzugsgebiet ca. 40.000 kg). Bei der Milchübernahme, Zentrifugieren, Frischmilchauslieferung an das Hauptgeschäft und 3 Filialen, sowie dem Geschirrwaschen, war ein Großteil der Angestellten, in der Mehrzahl Frauen beschäftigt.

In einem eigenen Bereich verarbeitete der „Buttermaier" Franz E. den täglich beim Zentrifugieren anfallenden Rahm zu Butter. Auch er hatte Frauen zur Mithilfe. Mit ihm, der als Gehbehinderter vom Militärdienst befreit war, verstand ich mich auf Anhieb sehr gut. So auch mit dem erst 17-jährigen Sepp H., der sich in der Buchhaltung seine ersten Sporen verdiente. Er musste gegen Kriegsende noch einrücken und kam in russische Gefangenschaft. Nach dem Kriege stieg er bis zum Oberbuchhalter der Alpi-Zentrale in Hall auf, wo wir uns dann öfters trafen. Seinerzeit waren in der Buchhaltung auch einige Frauen angestellt. Nur bei mir in der Käserei gab es keine ständige Unterstützung.

Mein neuer Chef mochte mich von Anfang an nicht sehr gern, wie mir schien. Vermutlich ging mir vom letzten Dienstplatz her kein guter Ruf voraus, weil ich mich dort bei dem offensichtlichen Versuch des „Hinausekelns" (heute Mobbing) handgreiflich zur Wehr setzte. Diese Antipathie beruhte aber auf Gegenseitigkeit. Er saß allerdings auf dem längeren Hebelarm, wie ich bald und besonders bei Beendigung des Dienstverhältnisses zu spüren bekam, wo er mich im Arbeitsbuch nicht als Käser sondern nur als Hilfsarbeiter eintrug. Das hat dann nach dem Kriege sein Nachfolger aufgrund der Aussage ehemaliger Arbeitskollegen richtiggestellt. Seine Einstellung mir gegenüber zeigte sich auch damit, dass er mir in meine Dachbodenkammer als Schlafgenossen einen jungen französischen Zwangsarbeiter steckte, was ja normalerweise überhaupt verboten war. Dieser leistete ihm aber, wie ich bald bemerkte, Spitzeldienste.

Die Käserei befand sich im Keller des alten Sennereigebäudes, welches ja jetzt noch gegenüber dem Postamt steht, allerdings inzwischen umfunktioniert. In dem rechteckigen Raum waren hintereinander gereiht kupferne ummantelte Käsekessel, die mittels Dampf beheizt wurden. Sie fassten 1.400 Liter, 1.100 Liter und 600 Liter. Auffällig für die erst vor ca. 12 Jahren erbaute Sennerei, war das Fehlen eines mechanischen Rührwerkes zum Zerkleinern und Vorfertigen des rohen „Käseteiges" in den Kesseln. Auch gab es keine, sonst in Sennereien bereits vorhandenen Aufzüge zum Herausheben der rohen Käsemasse und zum Weiterbefördern auf die „Käselade" (Presstisch), wo der von einem porösen Tuch umgebene „Bruch" (Rohkäse) in hölzernen „Käsereifen“ unter die Presse kam. Wohl hatte ich dies alles bei der ersten Einweisung schon festgestellt, worauf es hieß, mein Vorgänger musste auch händisch zerkleinern und zum Herausheben könne ich mir ja eine Frau von der Milchübernahme herunter holen!

So hatte ich dann täglich 4.000 bis 5.000 kg Magermilch (entrahmte Milch) zu verkäsen. Da der Fassungsraum der drei Kessel für einmaliges Füllen nicht ausreichte, musste in einem oder zwei Kesseln „nachgekäst“ werden, auch eine zusätzliche Belastung. Jedenfalls kamen so täglich 12 bis 14 Stück Rohkäse mit einem Einzelgewicht von ca. 30 kg auf die Presse, mussten dort in zeitlichen Abständen vier- bis fünfmal gewendet werden und landeten schließlich nach ca. zwei Tagen Salzbad im Käsekeller. Dort mussten die Laibe alle 2 bis 3 Tage leicht gesalzen und gereinigt werden. Hier kam noch dazu, dass ich eine stattliche Anzahl Käselaibe auf den „Beiten“ (Regalen) vorfand, die schon dringend der Pflege bedurften. Es handelte sich dabei um ältere, schon ausgereifte Ware, die für den laufenden Verkauf vorgesehen war. Die nun weiterhin dazukommenden Käselaibe wurden zwar alle drei Wochen in das Schmelzwerk in Vorarlberg geliefert, verlangten aber bis dahin auch einiges an Arbeitsaufwand. Nicht wenig auch beim Transport aus dem Keller nach oben. Dazu gab es wohl einen Aufzug, der aber nur mit einer Handkurbel bewegt werden konnte, die ich selbst bedienen musste. Es war das eine mühsame und zeitraubende Arbeit, da sich die Vorrichtung sehr langsam bewegte.

Eine zusätzliche Arbeit ergab sich noch durch die meist wöchentlich notwendige Herstellung von Speisetopfen, der für gewöhnlich als Sonderzulage auf die Lebensmittelkarten der Bevölkerung, je nach Möglichkeit, zugeteilt wurde.

So ging für mich mit härtester Arbeit, die heute kaum jemandem zugemutet werden könnte, der Winter vorbei. Mein Tagwerk in der Sennerei begann um ca. 4.30 Uhr, wenn ich bis 12.00 oder 12.30 Uhr die 4 bis 5 Kessel Magermilch verkäst haben wollte. Nach dem Mittagessen in einem benachbarten Speisehaus ging die Arbeit bis abends weiter. Zunächst kamen die neuen, in der Presse liegenden Rohkäselaibe von dort in das Salzbad und die dort schon 2 Tage schwimmenden in den Käsekeller. Hierauf waren die Kupferkessel und der ganze Raum samt allem Inventar zu reinigen. Nicht einmal dazu erhielt ich eine Hilfskraft. Der übrige Nachmittag galt dann den im Keller lagernden, alten und neuen Käselaiben.

Ich war also abends meistens bis zur Erschöpfung müde, da mir ja auch meine Verwundung, wegen der ich ja UK-gestellt wurde, zeitweise noch zu schaffen machte. Dabei hatte ich während der ganzen Dienstzeit in der Sennerei Kitzbühel (13.12.1943 bis 27.5.1944) keinen einzigen freien Tag.

Nun noch kurz zurück in die tägliche Käserei: Die nach der Käseentnahme zurückbleibende Magermolke (Juten) wurde in ein Bassin gepumpt, von wo dieses begehrte Schweinefutter von den Bauern abgeholt wurde, so ferne nicht die Rückgabe für entferntere Gemeinden und Lieferanten ohne sonstige Liefermöglichkeiten, mit den Milchautos beim Einsammeln der Milchkannen erfolgte. Die näher liegenden und ein eigenes Transportfahrzeug besitzenden Milchlieferanten hatten hier einen gewissen Vorteil. Mit manchem der damaligen „Jutenholer" hatte ich dann Jahre nach dem Kriege bei der Bezirkslandwirtschaftskammer wieder zu tun.

Für mich bedeuteten diese „Jutenholer" eine willkommene Abwechslung in der täglich gleichbleibenden Arbeit und meiner Einsamkeit im Keller der Sennerei! So kam ich darüber hinaus auch zu weiteren Kontakten zur bäuerlichen Bevölkerung der Umgebung. Das war für mich erfreulich, weil mir sonst wegen der großen Arbeitsbelastung und der geringen Freizeit kaum Möglichkeiten für Bekanntschaften geboten waren. Auf diese Weise bekam ich fallweise Einladungen zu privaten Zusammenkünften, meistens in Bauernstuben, wo sich vor allem Wehrmachtsurlauber bzw. UK-gestellte Wehrpflichtige trafen. So ging es gerne bei den Klängen einer „Zugin", eines „Fotzhobels" (Mundharmonika), oft mit Gitarrebegleitung, rund. Sonst gab es ja 1944 kaum mehr eine Tanzmöglichkeit. Uns reichte aber diese einfache Musik vollkommen, um für einige Stunden Unterhaltung zu finden. Die Urlauber, welche durchwegs wieder bald an die Front mussten, sprachen zwar nicht viel vom Krieg aber von jenen, die bei meiner Einheit, der 3. Gebirgs-Division, dienten, erfuhr ich doch einiges über die Frontlage, sodass für mich die derzeitige Situation bei allen Erschwernissen noch erträglicher war, als das Los meiner Frontkameraden. Dieses Wissen wurde ja auch von manchen „Verteidigern der Heimatfront" entsprechend ausgenützt!

Unvergessen bleibt mir aus dieser Zeit auch der 19. März 1944. Ich war am Vorabend mit der Bahn nach St. Johann gefahren, um daheim in der Familie unseren Namenstag zu feiern, was ja damals noch üblicher war als der Geburtstag. Morgens um ca. 4 Uhr verkehrte normalerweise ein Zug, der gerade vor Arbeitsbeginn in Kitzbühel eintraf. Nun hatte es aber in der Nacht ca. 1 Meter Neuschnee hergeworfen, wodurch der Frühzug in Hochfilzen steckenblieb. Erst

Stunden später kam ich an meinen Arbeitsplatz. Allerdings kam ich dann noch fast zu früh, weil den Milchautos und sonstigen Transportmitteln Großteils auch der Schnee zum Verhängnis wurde und diese so erst gegen Mittag die Sennerei erreichten. Dieser gewaltige Schneefall und das anschließende Tauwetter mit Regen führten dann zu erheblichen Schneedruckschäden. Nicht nur Dächer wurden eingedrückt, es gab dadurch in Going sogar ein Todesopfer.

Gegen Ende Mai wurde ich eines Tages auf die Kreisbauernschaft zitiert. Diese Dienststelle befand sich in Oberstock des Sieberer-Geschäftes in der Gänsbachgasse und war über eine rückwärtige Außenstiege erreichbar. Der für die UK-Stellungen zuständige Sachbearbeiter saß in der ersten Kanzlei rechts des Vorraumes, der Tür zugewandt hinter seinem Schreibtisch. Er empfing mich äußerst unfreundlich. Wie ich später erfuhr, hatte ihn mein Chef, W., schon über mich in seinem Sinne, also echt unsachlich und verleumderisch, informiert. Die einleitende Bemerkung, er habe gehört, dass ich für eine selbständige Arbeit gar nicht geeignet wäre und sie mich deshalb eigentlich wieder einrücken lassen müssten, zeigte deutlich, wie rechtlos der Mensch in einer Diktatur sein kann. In dem Fall kam es dann schließlich zu einer mir zusagenden Lösung: Im Sommer 1944 als Melker beim „Unterbergbauern" auf der „Trattalm" in Kitzbühel. Was diesen Schreibtisch betrifft, vor dem ich damals stehen musste, ist es geradezu eine Ironie des Schicksals, dass ich ab 1948 als Wirtschaftsberater der Bezirkslandwirtschaftskammer einige Jahre auf demselben Stuhl saß, den seinerzeit der mächtige und auch nicht wenig gehasste Sachbearbeiter eingenommen hatte. Wie viele Schicksale wurden damals in der Kriegszeit auf diesem Stuhl entschieden? Wie vielen kostete die dort gefällte Entscheidung irgendwo draußen an einer der Fronten das Leben oder die Gesundheit? Wie viele brachten es aber auch zustande, den ganzen Krieg als „unabkömmlich" zu überstehen? Fürwahr ein schicksalsschwerer Schreibtisch, den ich später benutzte! Gerechterweise muss ich sagen, dass der Mann im Laufe des Sommers einmal auf die „Trattalm" kam und sich quasi entschuldigte, dass das mit mir doch nicht so war, wie er geglaubt hatte. Somit war dann der Fall für mich erledigt. Ich hatte jedenfalls darüber einen Einblick bekommen, wie die Dinge an der „Heimatfront" liefen.

* * *

Kitzbühel, Winter 1943/44, die kupfernen Käsekessel im Keller des Sennereigebäudes.

Kitzbühel, 1940–1943, „Kas-Salzen" auf der Alm.

Auf der Trattalm in Kitzbühel

Bevor ich aber meinen neuen Posten antrat, wo ich übrigens freiwillig jene Arbeit verrichtete, die man mir ursprünglich in Saalbach drüben verordnen wollte, nahm ich einige Tage Urlaub. In diese Zeit fiel dann gerade die Invasion der Alliierten in der Normandie. Diesen 6. Juni 1944 erlebte ich gemeinsam mit einem auf Urlaub weilenden Fieberbrunner Alterskameraden in Kirchbichl, wo wir Besuche abstatteten. Dass mit der Landung an der Atlantikküste für Deutschland eine weitere folgenschwere Niederlage passiert war, wurde sogar uns bewusst, die wir von der Gesamtlage wenig Ahnung hatten. In mir keimte sogar die Hoffnung auf, dass bis zum Ende des Sommers der Krieg vorbei sein könnte.

Mit diesem Gedanken im Hinterkopf ging ich am nächsten Tag vom Hof „Unterberg" in Kitzbühel aus hornwärts, vorbei am „Alpenhaus" und den beiden „Raintalalmen" zum „Trattalm-Grund", der Niederalm, wo sich zu der Zeit das meiste Vieh befand. Auf der Hochalm lag damals sogar etwas Neuschnee, soweit ich mich erinnere. Meine Sennerin, der ich die mir zugedachte Position im Hüttenbereich überließ, war die Gruttner-Bäuerin Nani aus Kirchberg, die schon länger gemeinsam mit ihrem Mann Sepp das Unterbergvieh betreut hatte. Daheim am Kirchberger Sonnberg wirtschafteten damals auf dem Gruttenhofe meines Wissens Geschwister des Bauern, der sich wahrscheinlich als Melker auf einem größeren Fremdhofe, wie dies „Unterberg" war, vor einer Einberufung zum Militär sicherer fühlte, als daheim. In diesem Sommer musste er sogar als Melker und gleichzeitig „Trattalm-Schweizer" beim „Tiefinger" einspringen. Natürlich lebte auch er in der ständigen Befürchtung, zum Militär geholt zu werden.

Mir gefiel es auf der „Trattalm" sehr gut, obwohl mir die freiwillig gewählte „Außendienstarbeit" viel Laufereien bescherte. Die Alm, ein „Trett", wie man diese Gemeinschaftsalmen nennt, wo jeder Alpinteressent seine eigene Hütte mit Stall hat, gehörte sechs Bauern. In jeder Hütte gab es ein bis zwei Alpleute.

Das Flächenausmaß der Alm betrug insgesamt 229 ha, davon waren 16 ha Wald. Sie bot Weide für rund 150 Kühe und 50 Stück Jungvieh. Auf dem „Unterberganteil" hatten wir meiner Erinnerung nach ca. 25 bis 30 Milchkühe. Die „Trattalm", eine der schönsten Almen des Bezirkes Kitzbühel hatte, für damals eine Seltenheit, bereits eine moderne Gülleanlage die um 1940 gebaut wurde. Über eine zentrale Güllegrube mit liegendem Rührwerk und ca. 800 bis 1000 Meter bodenverlegte sowie zusätzlich „fliegende" Güllerohre konnte ein großer Teil der Almweide über eine „Dreikolben-Pumpe" entsprechend mit Wirtschaftsdünger versorgt werden. Zu meiner Zeit erfolgte die Güllerei allerdings nur mehr über oberirdisch verlegte Rohre, weil sich die im Boden verlegte Leitung wegen Verstopfungen nicht sehr bewährt hatte.

Die Milch wurde in der „Tiefinger"(Tiefenbrunner)-Hütte zu „Schweizerkäse" verarbeitet. Aber nicht nur auf der „Trattalm" sondern auch auf den Nachbaralmen „Unter-Raintal", „Gwink" und „Reisenberg" gab es zu dieser Zeit noch genügend Personal, wenn auch mehr weibliches und meist junge Buben. Zum „Reisenberg", der nördlich angrenzenden Alm, ergaben sich bald nähere Kontakte, wie das zu unmittelbaren Nachbarn auf einer Alm ganz natürlich war. Später auf der Hochalm, die ja an der Westseite des Kitzbüheler Horns liegt, kam ich beim täglichen „Nachschauen" auf einem nordwestlich tiefer liegendem, zu „Unterberg" gehörenden „Galtviehort" bei der „Goingeralm" und dem „Obernauer-Alpl" vorbei. Hangaufwärts grenzte die Trattalm an „Kagering", wo außer der Sennerin noch zwei Männer Arbeit hatten. Einer davon, Hans Simair, der spätere Bürgermeister von St. Ulrich am Pillersee war auch UK gestellt, wurde aber dann während des Sommers von einem, für das Militär mindertauglichen Mann abgelöst. Simair konnte am 8. Juli 2013 den 101. Geburtstag feiern. Der zweite von der männlichen Besetzung war von vorneherein wegen einer Gehbehinderung militäruntauglich. Die „Tratt-Hochalm" reichte hinunter bis zum „Gwink", wo ein Melker und eine „Kuh-Dirn" beschäftigt waren.

Zwischen den beiden letztgenannten Almen berührte bzw. berührt auch heute noch die „Trattalm" auch die Alm „Ober-Raintal", welche zu der Zeit gänzlich den „Petringern" in St. Johann gehörte, das heißt die Grasrechte auf dieser Alm verteilten sich auf einige „Petern-Buben". Die Frau des Mehrheitseigentümers versah die Stelle der Sennerin auf dieser ca. 180 Rinder sömmernden Alm mit einem Flächenausmaß von rund 170 ha, wo sieben Arbeiter zur Bewirtschaftung erforderlich waren. Obwohl hier ausreichend Gründe für eine Militärbefreiung gegeben waren, wurde der nicht ganz junge Almbesitzer bereits 1941 zum Militär geholt und ist dann in Russland vermisst. Seine Frau war immer der Meinung, dass hier politische Gründe mitspielten.

Gute Beziehungen und enge, wenn auch im Grunde harmlose Freundschaften ergaben sich zum „Alpenhaus". Dieses diente in der

Kriegszeit als Erholungslager für junge Mädchen aus dem Rheinland. Die ca. 16 bis 18-jährigen „Maiden" waren mit Begeisterung beim Kühtreiben und sonstigen Almarbeiten dabei. Sie fanden ja alles so romantisch! Zwei davon sind mir besonders in Erinnerung geblieben, weil sie jede freie Stunde auf der Trattalm verbrachten. Eine davon, ein ausnehmend hübsches Mädchen, starb kurze Zeit nach der Rückkehr in die Heimat an einer Blinddarmentzündung. So manch andere werden in der letzten Kriegszeit wohl noch den Bombenangriffen zum Opfer gefallen sein, unter welchen ja das Rheinland besonders zu leiden hatte.

Auf der Trattalm selbst gab es damals außer einigen Männern und Buben nur Sennerinnen älterer Jahrgänge. Eine schöne Zeit kam dann noch für mich in der „Mitterweil", d.h. der zweiten Weideperiode, auf der Niederalm. Bald nach der Rückkehr auf die Hochalm, dies war Ende August, erreichte mich aber der Einberufungsbefehl. Dies gerade zu einer Zeit, wo normalerweise für die Alminger die arbeitsärmeren Wochen beginnen.

* * *

Kitzbühel, „Tratt-Almen" am Kitzbüheler Horn,
beschäftigt als UK-gestellter Alminger (vom Militär befreit).

Kitzbühel, „Tratt-Almen" am Kitzbüheler Horn, ca. 1950,
Güllebehälter mit waagrechtem Rührwerk aus Holz, seit 1940 in Betrieb.

Aufnahme ca. 1950, „Ember-Waschen".

Wieder Soldat - zunächst in Schwaz

Man kann sich vorstellen, mit welcher „Begeisterung" ich am 1. September 1944 in der Pionierkaserne Schwaz wieder die Uniform anzog!

Ich kam dort zur 2. Stammkompanie, die in dem von der Wehrmacht beschlagnahmten Kloster Fiecht einquartiert war. Kurze Zeit logierten wir auch im Gasthaus „Pelikan" in Vomp, ich glaube wegen der Umbauarbeiten im Kloster. Im Kloster bezogen 12 bis 15 Mann ein Zimmer im 1. Stock des südöstlich, etwas vorstehenden Gebäudes. Wir waren alle UK-Gestellte verschiedenen Alters und unterschiedlicher militärischer Vergangenheit und im Rahmen der sogenannten „Aktion Goebbels" eingezogen worden. Leider traf ich hier keinen von meinen engeren Kameraden aus dem Fronteinsatz in Russland mehr an.

Nach dem Hitler-Attentat am 20. Juli 1944 begann ja bereits der vom Propagandaminister Goebbels ausgerufene „Totale Krieg". Der Hut brannte ja an allen Ecken und Enden. Wir spürten sofort, dass nun auch in der Wehrmacht ein neuer Wind wehte. Dies kam schon dadurch zum Ausdruck, dass NS-Führungsoffiziere, gleich den Kommissaren in der Sowjetarmee zugeteilt waren und der „Deutsche Gruß" (gestreckte Hand und „Heil Hitler") auch für die Soldaten der Wehrmacht vorgeschrieben war. Auch die sogenannten „Kompaniebelehrungen" hatten jetzt deutlich politischen Anstrich. Mit dem Tauglichkeitsgrad nahm man es jetzt sowieso nicht mehr genau. So befand sich in meiner Stube sogar ein Steirer aus dem Industriegebiet, der auf Grund einer Wirbelsäulenverletzung ein Mieder tragen musste. Dieser, von der Gesinnung her offensichtlich sehr links ausgerichtet, machte aus seiner Weltanschauung im engeren Kameradenkreise kein Hehl und vertrat die Meinung, dass der Krieg höchstens noch drei Monate dauern würde. Hoffentlich hatte er weiterhin Glück, dass ihn kein Spitzel verriet. Seine Reden hätten ihn zu der Zeit leicht den Kopf kosten können.

Dieser zusammengewürfelte Haufen wurde bald von Tag zu Tag kleiner. Es kam laufend zu Abstellungen in die sogenannten „Volksgrenadierdivisionen", welche Großteils aus schlecht ausgebildeten, minder tauglichen, älteren und sehr jungen Soldaten bestanden, sozusagen dem vorletzten Aufgebot.

Das „Letzte Aufgebot" war ja dann noch bekanntlich der „Volkssturm", wenn man von den Gott sei Dank kaum mehr zum Einsatz gekommenen „Werwölfen" absieht. Zu diesen, von jedem gedienten Soldaten gefürchteten „Volksgrenadiereinheiten" wurden fronterfahrene Krieger als sogenannte „Rahmensoldaten" gesteckt. Ich hatte das Glück, dass mein Kompanieführer Obltn. Leixner, ein Innsbrucker, auch einige Zeit in Russland meiner Kompanie angehörte. Deshalb hielt er mich vorläufig zurück bis – wie er sagte – eine Abstellung zu unserer alten Einheit erfolge, wo dann auch er dabei sein werde.

Es kam dann aber doch nicht dazu, wahrscheinlich wieder zu meinem Glück. Die 3. Gebirgsdivision befand sich zu der Zeit in schweren Abwehr- bzw. Rückzugsgefechten gegen die Russen, welche damals auch die ehemaligen Verbündeten Deutschlands, die Rumänen, bereits auf ihrer Seite hatten. Auch die Ungarn folgten bald ihrem Beispiel. In dieser besonders kritischen Situation, von allen Seiten bedrängt, mussten sich also unsere Kameraden unter schweren Verlusten vom Ostteil der Karpaten über die Slowakei bis in die Gegend von Mährisch-Ostrau-Olmütz zurückschlagen, wo schließlich der Rest dieser an allen Brennpunkten des unseligen Krieges eingesetzten und verheizten Gebirgsdivision in russische Gefangenschaft geriet. Viele gingen dort noch zugrunde, die Überlebenden sahen erst nach Jahren die Heimat wieder.

So blieb mir also viel erspart durch den Umstand, dass es nicht zu der geplanten Abstellung kam. Für mich nahm nun eine Glückssträhne ihren Anfang, die bis zum Kriegsende nicht mehr abreißen sollte. Und Glück musste man damals wirklich haben!

Dies wurde mir zum ersten Male so richtig bewusst, als eine Anzahl meiner Kameraden in Brixlegg bei der Wiederherstellung der, durch einen Bombentreffer stark beschädigten Brücke, Opfer der Sturheit eines Offiziers wurden. Wie uns von Überlebenden erzählt wurde, gab es während der Arbeit plötzlich wieder Fliegeralarm. Anstatt die Männer schnellstens in Deckung laufen zu lassen, musste der Bautrupp am Ufer des Inns antreten. In diesem Moment fielen aber schon die Bomben. Es gab Tote und Verwundete. Von dem verantwortlichen Fähnrich fand man nur mehr ein Schulterstück seiner Uniform. Ich hatte es nur einem Zufall zu verdanken, dass ich an diesem Tage nicht diesem Arbeitskommando angehörte.

Leider mussten fortan die Schwazer Pioniere bis zum Kriegsende noch oft nach Brixlegg ausrücken. Die Straßen- und Eisenbahnbrükke war ja bevorzugtes Ziel der alliierten Bombenflugzeuge. Mir ist aber nicht bekannt, ob dabei noch weitere Opfer unter den Pionieren zu beklagen waren.

Ich blieb in der Garnison Schwaz, dem Ersatzbataillon des Gebirgs-Pionier-Bataillons 83 bis anfangs Oktober 1944. In der Zeit gab es aber auch heitere Begebenheiten. So etwa die Geschichte mit jenem Kameraden, der tagtäglich nach dem Morgenappell und der folgenden Diensteinteilung spurlos verschwunden war, bis dies eines Tages nicht mehr zu verheimlichen war. So wurde eine umfangreiche Suchaktion angeordnet. Diese bezog auch jenen Teil der angrenzenden Klosterkirche ein, der als Abstellraum benutzt wurde. Dort fand man endlich den Schlaumeier. Er schlief friedlich in einem umgelegten Spind, den er bei verschlossener Tür zu einem gutgepolsterten Bett umfunktioniert hatte und so den bei seinen nächtlichen Ausflügen nach Schwaz versäumten Schlaf nachholte.

Mir ist auch noch jener ziemlich beleibte Opernsänger aus Innsbruck in Erinnerung, der mir einmal an einem Sonntag bei der Torwache zugeteilt war. Er trug noch nicht lange die Uniform und machte dementsprechend auch als Soldat keine gute Figur. Dafür genoss er anscheinend bei der Damenwelt große Verehrung. Soviel Blumen wie an diesem Tage, hat das Wachlokal beim Klostereingang wohl kaum einmal gesehen. Leider weiß ich nicht mehr, wie der Glückliche hieß.

Aus dieser Schwazer Zeit stammt auch meine Briefbekanntschaft mit Leni Röpfl aus Hausham in Oberbayern. Persönlich lernte ich Leni, die gemeinsam mit ihrem Bruder Hartl und der Schwester Marianne das über Radio und Fernsehen weitum bekannte Volksliedertrio „Geschwister Röpfl" bildete, 30 Jahre später bei einer solchen Veranstaltung in der Kössener „Grenzlandhalle" kennen, die ich im engeren Familien- und Freundeskreise besuchte.

Leni hatte eine sehr schöne Stimme, die jetzt leider nur mehr auf Tonband zu hören ist, denn sie wurde im März 1986 das Opfer eines Verkehrsunfalles. Ein zweites Mal hatte ich sie noch bei einem Volksmusikabend im „Huber-Bräusaal" getroffen.

Nachzutragen wäre noch, dass mich von Schwaz aus ca. Mitte September 1944 ein Auftrag nach St. Johann führte, der mir selbstverständlich Freude bereitete.

Mit noch einem Kameraden, Fritz Egger aus Langkampfen, sollte ich irgendein Gerät aus der Panzerkaserne (heute Heeres-Versorgungsanstalt) holen, wozu ein Tag vorgesehen war. Nun hatten wir aber das Glück, dass zu diesem Apparat noch irgendein Teil fehlte oder nicht fertig war. Jedenfalls konnten wir uns auf diese Weise zunächst noch eine Nacht herausschinden. Mich zog es natürlich nach dem Besuch daheim in die Nähe meines sommerlichen Almaufenthaltes und Fritz ging gern mit. Bei der Rückkehr am nächsten Tag gab es das fehlende Stück immer noch nicht. Dies war aber bereits Samstag. An diesem Abend gab es beim Grießwirt, ich glaube wegen einer Hochzeit eine kleine Tanzunterhaltung, die wir selbstverständlich auch nicht auslassen konnten. Erst am Montag tauchten wir wieder in Schwaz auf. Fritz habe ich kurze Zeit später aus den Augen verloren. Er ist, wie ich erst viele Jahre später von seiner Mutter erfuhr, kurz vor Kriegsende im Grenzbereich Tschechei-Oberschlesien gefallen.

* * *

†

GEDENKET IM GEBETE
an unseren lieben Sohn und Bruder

Fritz Egger

Uffz. im 2. Geb.-Pion.-Batl. 83

welcher am 20. April 1945 in Libowetz, Oberschlesien, in treuer Pflichterfüllung im 23. Lebensjahr gefallen ist.

Er ruhe in Frieden!

Weinet nicht, ihr meine Lieben,
Daß ich in der Schlacht geblieben,
Wie so mancher brave Held
Kehr' auch ich nicht heim vom Feld.
Wie war mir um das Herz so weh',
Daß ich die Heimat nicht mehr seh'!
In weiter Ferne liegt mein Grab,
Wo ich mein junges Leben gab.
Wenn ihr noch an manchen Tagen
Meinen frühen Tod beweint,
Laßt euch dies zum Troste sagen:
Gott hat's gut mit mir gemeint;
Mein Himmelslohn ist groß und reich
Und dort auch warte ich auf euch.

*Wenn Liebe könnte Wunder tun
Und Tränen Tote wecken,
Würde dich bestimmt nicht
Polens Erde decken*

Auferstehung ist unser Glaube,
Wiedersehen unsere Hoffnung,
frommes Andenken unsere Liebe

Kitzbühel, Alpenhaus am Kitzbüheler Horn, 1. September 1944, wieder Soldat, ein Gruß nach Schwaz vom Alpenhaus!

Beim Unterführerlehrgang in Pettau

In Schwaz ergab es sich anfangs Oktober 1944, dass einige Freiwillige mit Fronterfahrung für einen Unterführerlehrgang gesucht wurden. Diese Ausbildungskompanie für Pioniere des Wehrkreises 18 befand sich zu der Zeit im Städtchen Pettau in der Untersteiermark südlich von Marburg, heute als „Ptuj" zu Slowenien gehörend. Da dieser Kurs für angehende Unteroffiziere drei Monate dauerte und wir eigentlich bis dahin schon mit dem Kriegsende rechneten, der Kompaniechef mir auch zuredete, meldete ich mich kurzentschlossen zu diesem Lehrgang – und mit mir noch ein Steirer. Beinahe hätte ich meine Entscheidung noch rückgängig zu machen versucht, als mir ein besser informierter Kamerad flüsterte, dass dieses Pettau mitten im Partisanengebiet liegt und der Unterführerlehrgang häufig dort zum Einsatz komme. Aber schließlich ließ ich den Dingen doch ihren Lauf und hatte es nicht zu bereuen, obwohl sonst eine goldene Regel beim Militär hieß: „Nur nicht freiwillig zu etwas melden!"

So kam ich also im Oktober in die Untersteiermark, einem Gebiet, das zu Kaisers Zeiten noch viel deutsche Bevölkerung aufwies und nach dem für Deutschland siegreichen Balkanfeldzug im Jahre 1941 wieder der Steiermark (Südmark) einverleibt wurde.

Als wir zu zweit am späten Abend St. Johann passierten, warf ich aus dem fahrenden Zug eine steinbeschwerte Nachricht vor die Haustüre der „Fiechtervilla", die meine Eltern am nächsten Morgen auch tatsächlich erhalten haben. Diese Bahnfahrt blieb mir gut in Erinnerung, weil sie mit einigen Abenteuern verbunden war, wie solche in Kriegszeiten eben vorkommen. Erwähnenswert ist davon, dass wir erst gegen Abend des nächsten Tages in Marburg (heute Maribor) ankamen. Als dort ein Mädchen aus Pettau zustieg, das seinen bei einem Partisaneneinsatz verwundeten Freund besucht hatte und wir erfuhren, es handle sich bei dem Kameraden um einen Angehörigen des Pionier-Unterführerlehrganges, schienen sich die in Schwaz erhaltenen Warnungen zu bestätigen. Dazu trug noch bei, dass unser Zug, es war inzwischen wieder Nacht geworden, im Bahnhof Pragerhof (heute Pragersky) wegen Partisanengefahr stehenbleiben musste. Erst bei Morgengrauen konnte die Fahrt fortgesetzt werden.

In Pettau angekommen fielen uns als erstes große, rote Plakate auf, welche die Namen von 100 Geiseln trugen, die von den Deutschen als Vergeltung für die Ermordung des Kreisleiters von Cilli durch Partisanen, hingerichtet worden waren. Solche rote Listen mit mehr oder weniger Geiseln bekam man in der Folge immer wieder zu sehen. Sie sollten wohl der Abschreckung dienen. Erreicht wurde aber sicher das Gegenteil. Der Hass wuchs nur noch stärker. Die Ermordung der oft unschuldigen Geiseln löste wieder Aktionen der Partisanen aus und so drehte sich die Spirale der Grausamkeit weiter.

Gott sei Dank blieb es mir erspart, an einem Partisaneneinsatz oder wie es hieß, an einer Säuberungsaktion teilzunehmen. Überhaupt hatte unser Lehrgang in dieser Hinsicht Glück. Es kam nur zu einer Ausrückung und die verlief ohne Feindberührung. Ich musste auch dabei nicht mitmachen, da mir eine Blutvergiftung am linken Unterarm gerade während dieser Zeit eine Woche Aufenthalt im „Krankenrevier" bescherte. Inzwischen, es war das ganz am Anfang des Lehrganges, kamen die Kameraden vom nur einige Tage dauernden Einsatz zurück. Sie hatten keinen Partisanen zu Gesicht bekommen, wohl aber sich ausgiebig in den vielen Weingärten dieser Gegend gütlich getan. Die Krankenstation musste ich dann etwas später übrigens noch einmal wegen einer Skabies (Krätze) aufsuchen, einer wegen des starken Juckreizes sehr lästigen Hautkrankheit, die meistens durch Bettdecken übertragen wurde.

Die Ausbildung verlief dann ohne weitere Zwischenfälle, außer gelegentlichen Fliegeralarmen, ähnlich der seinerzeitigen Grundausbildung in Salzburg. Der Umgangston seitens meines zuständigen Zugs- und Gruppenführers ließ eigentlich nicht vermuten, dass sich der Krieg seinem Ende näherte. Die angehenden Unteroffiziere, durchwegs fronterfahrene Gefreite und Obergefreite, wurden noch einmal einem echt preußischen Drill unterzogen. Mit viel Exerzieren, Geländedienst, Ausbildung in der Panzer-Nahbekämpfung und Wasserdienst vergingen die Wochen. Der Wasserübungsplatz befand sich drauaufwärts nördlich des Städtchens Pettau. Wir mussten zur Erreichung dieses Übungsgeländes eine ziemliche Strecke marschieren und dabei auch die Straßenbrücke über den Fluss passieren. Das war nicht sehr angenehm, weil diese Brücke und die unweit davon verlaufende Eisenbahnbrücke bald bevorzugte Ziele der Tiefflieger, meist doppelrumpfiger „Lightnings" wurden.

Gegen Ende des Lehrganges, es war mittlerweile Dezember, schien es noch einmal sehr mulmig zu werden: Die Russen hatten damals am Plattensee einen größeren Einbruch in die deutsche Front erreicht. So gab es in der Kaserne spät abends Alarm. Um Mitternacht standen wir feldmarschmäßig ausgerüstet und frierend auf dem Exerzierplatz zum Abmarsch bereit. Ich muss gestehen, dass mir hundeelend zumute war. Eine innere Stimme sagte mir: diesmal kommst du nicht mehr lebend davon, wenn es wieder gegen die Russen geht. Dazu trug auch noch bei, dass man mir ein SMG (schweres Maschinengewehr) in die Hand gedrückt hatte. Mein Protest und Hinweis, ich hätte nur mit dem LMG (leichtes Maschinengewehr) eine Ausbildung, vom SMG aber keine Ahnung, fruchtete nichts. So schwarz habe ich jedenfalls während meiner übrigen Militärzeit nie gesehen.

Der gesamte Unterführerlehrgang stand nun wohl eine Stunde auf dem Kasernenhof, als plötzlich der Befehl kam: „Alles wieder einrücken in die Quartiere!“ Uns fiel ein Stein vom Herzen. Wir blieben dann auch weiterhin in dieser Hinsicht unbehelligt.

Von daheim kam die Nachricht, dass St. Johann am 19. Dezember 1944 haarscharf von einer Katastrophe verschont blieb, als von amerikanischen Bombern 73 Bomben abgeladen wurden, die glücklicherweise außerhalb des Ortes auf Felder und Wald, hauptsächlich auf Baumoosgrund fielen. Daheim in der Fiechtervilla hatte der Luftdruck interessanterweise nur eine südseitige Tür eingedrückt und aus den Angeln gerissen, aber keine Fensterscheibe beschädigt. Bei mir blieb die Sorge zurück, dass es nicht bei dem einen Bombenwurf bleiben könnte.

Weihnachten und Neujahr gingen noch vorbei, dann waren die Beförderungen fällig und somit das Ende des Lehrganges. Vorher gab es noch eine große Abschiedsfeier, bei der in selbstgestalteten Beiträgen mancher Ausbildner allerhand zu hören bekam. Der Gefreite Liebal, ein schon etwas älterer Innsbrucker und ich als Gitarrenbegleiter sangen nach der Melodie „Wien, Wien, nur du allein“ eine ziemlich gepfefferte Parodie auf unseren Fourier, einen alten Feldwebel, die viel Gelächter auslöste. Ein wahrer Glückstag war dann jener, an dem die frischgebackenen Unteroffiziere ihre „Litzen“ in Empfang nahmen. Ich wurde nicht befördert, sondern zum „Wiederholer“ gestempelt. Mit anderen Worten, ich sollte den Lehrgang noch einmal absolvieren. Einen größeren Gefallen hätte man mir gar nicht erweisen können. Die frischbeförderten Uffz. wurden ja zu der Zeit in der Regel bald zu einem Feldtruppenteil abgestellt und ich durfte auf weitere drei Monate in der Heimat rechnen, da die Kompanie bald darauf nach Salzburg verlegt wurde. Insgesamt waren wir vier solche „Wiederholer“ in der Kompanie. Mir ist erst später eingefallen, warum es bei mir nicht zur Beförderung kam: Ursprünglich war es für mich ein Rätsel, weil ich den Lehrgang ohne größere Schwierigkeiten beendet hatte. Des Rätsels Lösung war, dass es in der Kompanie eine schriftliche Umfrage gab, wer bei der HJ (Hitlerjugend) sei. Ich konnte das verneinen. So nehme ich an, dass unser Kompanieführer Ltn. H. ein Regimegegner war, der hier zu meinem Glück politisch dachte und handelte.

Für mich begann aber jetzt in Pettau ein neuer Abschnitt. Die Kompanie übersiedelte anfangs Jänner 1945 nach Salzburg. Der Unteroffizier Sepp Quehenberger, ein bereits länger dienender Salzburger und ich, hieß es laut schriftlichem Befehl, müssen vorläufig als Nachkommando in der Pettauer Kaserne bleiben.

Diese Kommandierung als „Nachkommando" sollte zunächst so lange dauern, bis eine im Raume Triest operierende Gebirgsjägereinheit als Unterkunft die Pionierkaserne übernimmt. Um es gleich vorwegzunehmen, diese Truppe traf in Pettau nie mehr ein, weshalb sich unser Aufenthalt dort sehr in die Länge zog. Wir beide hatten dagegen auch gar nichts einzuwenden. Ganz im Gegenteil, diese Monate gestalteten sich für mich und wohl auch den Kameraden Sepp zu den angenehmsten der ganzen Dienstzeit bei der deutschen Wehrmacht. Sepp hatte die Aufgabe, täglich einen Rundgang durch die Kaserne zu machen, das Inventar zu überprüfen und auch auf Geräte und Treibstoffvorräte zu achten, die teilweise außerhalb der Kaserne gelagert waren.

Meine einzige Arbeit bestand darin, täglich die einlaufende Post in der Stadt zu holen, diese zu sortieren und soweit es sich um dienstliche Schriftstücke handelte, nach Salzburg weiterzuleiten. Selbstverständlich wurden manche Schreiben nicht nach Salzburg geschickt, sondern von uns beantwortet und in unserem Sinne ausgewertet. So kam es manchmal sogar zu Terminschwierigkeiten. Mit der Dauer des Aufenthaltes in Pettau ergaben sich sowieso festere Beziehungen. Das war auch höchste Zeit. Über dem fast zivilen Leben vergaß man beinahe darauf, dass wir uns im Krieg befanden und das Gebiet im Einflussbereich der Tito-Partisanen lag. So konnte es passieren, dass mir eine der genannten Briefbekanntschaften beinahe zum Verhängnis geworden wäre. Wie mir erst nachher so richtig zum Bewusstsein kam, hatte es sich hier augenscheinlich um einen „Lockvogel" der Partisanen gehandelt. Mein Leben verdankte ich wohl nur der Tatsache, dass ich zu früh misstrauisch wurde und den Schauplatz der geplanten Aktion vorzeitig verließ. So mancher deutsche Soldat, der weniger Glück hatte, kam damals auf solche Weise ums Leben. Das sollte mir jedenfalls eine Lehre sein und ich war froh, dass es bald darauf zu einer festen Freundschaft kam. Diese ergab sich rein zufällig und mir fiel im Zusammenhang mit einem größeren Luftangriff auf Pettau durch amerikanische Bomber die Rolle des Lebensretters zu. Da das betreffende Mädchen sehr hübsch war und seine Eltern dazu noch in einiger Entfernung von Pettau eine kleine Landwirtschaft mit Weingarten besaßen, gab es fortan für Seele und Leib keine Versorgungsprobleme. Diese Verbindung hielt dann bis zur Abreise nach Salzburg, riss aber schließlich, bedingt durch die Kriegsereignisse, später dann gänzlich ab.

Wie schon früher erwähnt, waren die beiden Draubrücken ab Herbst 1944 häufiges Ziel alliierter Bombenangriffe. Gegen das Frühjahr 1945 zu gab es fast täglich Fliegeralarm. Dies schon deshalb, weil das Städtchen Pettau auf der Flugroute Oberitalien – Marburg – Graz – Wiener Neustadt – Wien lag und diese Städte laufend bombardiert wurden. Marburg, das nur ca. 16 km Luftlinie nördlich von Pettau liegt, war wegen der dort befindlichen Industrieanlagen relativ oft Ziel der Angriffe. Der starken Flugabwehr durch zahlreiche Flak-Batterien fielen aber jedes Mal einige Bombenflugzeuge zum Opfer. Einige Male wurden am Fallschirm hängende Besatzungen bis nach Pettau abgetrieben. Einen solchen Amerikaner mussten unsere Kameraden sogar aus der Drau fischen, wo er wegen des Fallschirmes beinahe ertrunken wäre.

Die Brücken von Pettau wurden nicht nur durch die doppelrumpfigen Jagdbomber häufig angegriffen, wobei diese meistens zu einem Dreierpaket zusammengekoppelte Bomben warfen, sondern vereinzelt auch durch die schweren viermotorigen amerikanischen Bomber. Da man bald merkte, zu welcher Tageszeit mit solchen Angriffen gerechnet werden musste, und das war abgesehen von einigen nächtlichen Aktionen kaum vor 11 Uhr mittags, blieb in der Regel genügend Zeit für die Erledigungen in der Stadt. Nachher war es ratsam, den Stadtbereich zu verlassen und den Tag außerhalb zu verbringen. Das damals lange anhaltende Schönwetter des Nachwinters lud dazu ja auch geradezu ein. Normalerweise ging also die Rechnung immer auf. Nur einmal, an einem Sonntag, wäre es beinahe schief gelaufen. An diesem Tage kamen die „Viermotorigen" ausnahmsweise viel früher und luden ihre Bombenlast nicht nur an den Brücken, sondern auch im Stadtbereich ab. Es gab dabei beachtliche Gebäudeschäden und eine Anzahl Toter und Verletzter.

Heute ist von den damaligen Verwüstungen nicht mehr viel zu sehen. Lediglich die Fassaden einiger Häuser weisen noch Spuren der Bombensplitter auf. Ich war nach dem Kriege noch einige Male gelegentlich der Kuraufenthalte in Rogaska Slatina (ehemals Rohitsch Sauerbrunn), einmal auch mit Familie (1970), dort. Sehenswert ist vor allem die Burg mit einem äußerst wertvollen Gobelin und sonstigen Kostbarkeiten. In diesem Gebäude befindet sich auch ein

„Partisanenmuseum“, das anzuschauen aber nicht jedermanns Sache ist. Wie froh war ich bei Betrachtung gewisser Bilder, dass mir die Gefangenschaft und der Marsch der 100.000 (auch Todesmarsch genannt) erspart blieb.

Die Geschichte Pettaus, das heute ca. 25.000 Einwohner zählen dürfte, reicht sehr weit zurück. Dies beweisen Ausgrabungen aus der Bronzezeit sowie zahlreiche Funde, die auf die Römerzeit zurückgehen. Ausgestellt sind diese Exponate in einem eigenen, am Fuße des Schlossberges untergebrachten Museum nahe der Kaserne, die nach dem Kriege mit jugoslawischen bzw. slowenischen Soldaten belegt wurde. Auch der mächtige Stadtturm neben der schönen gotischen Kirche ist wie diese ein kultureller Anziehungspunkt.

Leider hatte ich als Soldat für solche Dinge kaum etwas übrig, abgesehen davon, dass man zu gewissen Örtlichkeiten, wie etwa der Burg, gar keinen Zutritt hatte. Dort oben residierten ja höhere Führungsstäbe der Partei oder des Militärs. Aber auch wir, das „Nachkommando“, hatten uns damals fast vornehm eingerichtet. Uns beiden stand die ganze ehemalige Offiziersvilla zur Verfügung. Mein Kamerad Sepp bezog das Parterre, ich den 1. Stock dieses an der Nordseite des Kasernenareals liegenden Hauses. Der Hang westlich der Kaserne trägt heute eine Obstanlage, damals befanden sich dort einige Bunker und Laufgräben für die Abwehr von Tieffliegern. Das Hauptgebäude, wo die Lehrgangsteilnehmer untergebracht waren, begrenzte gegen Süden den Exerzierplatz. Es war dies ein langgezogenes Bauwerk. Dort befand sich übrigens auch die Standortvermittlung (Telefonzentrale). Wie wir erst in der Nachkommandozeit erfuhren, saß in dieser Vermittlungsstelle, wo alle militärischen Gespräche durchliefen, die Witwe eines jugoslawischen Offiziers, der beim Angriff der Deutschen 1941 gefallen war. Wie sie uns bei näherem Kennenlernen offen sagte, hasste sie die Deutschen. Dass sie mit den Partisanen in engem Kontakt stand, wurde uns bald klar. Wie sie auf diesen heiklen Posten gesetzt werden konnte, ist unbegreiflich. Dummheit und Überheblichkeit? Wir hatten K. sicher einiges zu verdanken, denn die Kaserne war längere Zeit fast leer und schlecht bewacht. Es wäre deshalb für eine Partisanenkompanie nicht schwer gewesen, uns in der Nacht abzumurksen. Als dann die Frontlage für die deutsche Wehrmacht immer aussichtsloser wurde, wollte sie uns sogar zum Überlaufen bewegen, wozu wir uns allerdings doch nicht entschließen konnten.

Überhaupt gab es im Bereiche „Untersteiermark“ und „Südkärnten“, die nach dem 1. Weltkrieg zu Jugoslawien und im 2. Weltkrieg zum Deutschen Reich gekommen waren, besondere Verhältnisse und Härten. Die Wehrpflichtigen dieser Region, vielfach gemischtsprachig, mussten ganz normal zur deutschen Wehrmacht einrücken. Manche entzogen sich dieser Verpflichtung von vorneherein, besonders im späteren Verlauf des Krieges und gingen zu den Partisanen. Die meisten aber wurden im Rahmen der deutschen Wehrmacht an verschiedenen Fronten eingesetzt. Kamen sie verwundet oder sonst auf Urlaub nach Hause, fielen sie oft den Partisanen in die Hände, die sie entweder umbrachten oder verschleppten. Welche Tragödien sich hier abspielten, geht aus einem Beispiel hervor, das ein alter Bauer aus der Gegend nördlich von Cilli erzählte:

Sein Sohn wurde zur deutschen Wehrmacht eingezogen, in Russland verwundet und dann während des Genesungsurlaubes von den Partisanen geholt. Sie zwangen ihn, mit ihnen zu kämpfen. Im Zuge eines Gefechtes erwischten ihn die Deutschen und erschossen ihn daraufhin wegen Fahnenflucht und Hochverrat. Tragik am Rande, dass dieser ältere Sohn mit Liebe an der Landwirtschaft hing, gerne Bauer geworden wäre, während der jüngere kein Interesse an diesem entlegenen Berghof hat und die Familie somit ihre Heimat verlieren wird.

Heute bin ich noch froh, dass mir seinerzeit die blutige und grausame Seite des Partisanenkrieges persönlich und unmittelbar erspart geblieben ist. Ich erfuhr aber manches aus Erzählungen von Kameraden einer Gebirgsjägereinheit, die vor allem am „Bacherngebirge" westlich von Marburg viel im Einsatz stand. Mir schauderte immer, wenn ich hören musste, wie scheußlich viele deutsche Soldaten von den Tito-Partisanen massakriert wurden, wenn sie in Gefangenschaft gerieten (ausgestochene Augen, abgeschnittene Ohren und Geschlechtsteile usw.).

In unserem Kasernenbereich gab es noch das Krankenrevier des Standortes, wo ein „Sani" sich viel mit dem „Sanieren" der von Liebesabenteuern kommenden Soldaten beschäftigen musste. Der „Sanierungsschein" schützte ja gegen einen eventuellen Vorwurf der „Selbstverstümmelung". Als solche galt z. B. auch ein „Tripper" und wurde gegen Kriegsende hart bestraft. Aber auch eine Kantine bestand hier, die von Sepp Maierhofer, einem Salzburger, verwaltet wurde. Ihm verdanke ich den größten Rausch meines Lebens. Der von ihm zum Anlasse unseres gemeinsamen Namenstages gebraute, hochprozentige Grog brachte mich zu Fall.

Nach diesem 19. März 1945 gab es dann aber für uns nicht mehr viel zu feiern. Die Fronten rückten immer näher. Die Luftangriffe steigerten sich immer mehr. Untertags konnte sich auf Freilandstraßen kaum mehr ein Radfahrer sehen lassen. Auch die Arbeiter auf den Feldern waren vor Tieffliegern nicht mehr sicher, wie man immer wieder hörte. Trotzdem redete die deutsche Propaganda immer noch von den „Wunderwaffen", die dem Krieg noch eine entscheidende Wende geben würden. Es hieß dann, dies seien einige der vielen neuen Jagdflugzeuge, denen der Feind nichts entgegenzusetzen habe (heute wissen wir, dass es sich dabei um die ersten Düsenflugzeuge handelte). Natürlich war die Vorführung dieser paar Maschinen ein reines Propagandamanöver. Immerhin gab es Leute, denen dies nun wieder Auftrieb gab.

Solcherart „Gläubige", die den Untergang ihrer Welt einfach nicht wahrhaben wollten, erwiesen sich aus ihrer Einstellung heraus, oft noch in den letzten Kriegstagen und -stunden als für die eigenen Kameraden sehr gefährlich. Fanatische Offiziere, Unteroffiziere und Feldgendarmen, und dies nicht nur solche aus SS-Einheiten, sahen es in der Zeit noch als ihre Aufgabe, Soldaten die ohne Marschbefehl auf dem Heimweg waren, abzufangen, im Schnellverfahren abzuurteilen und zur „Abschreckung" aufzuhängen. Gar nicht wenige Soldaten, die jahrelang an allen Fronten gekämpft und nun einfach genug hatten, fielen so zum Schluss noch solchen „Mordkommandos" zum Opfer. Es ist wohl auch ein dunkles Kapitel dieses grausamen Krieges, wenn manch hochdekorierter Soldat im Angesicht des ersehnten Friedens am Galgen endete, wobei ihm noch eine Tafel umgehängt wurde, auf der zu lesen war: „Ich bin ein Feigling". Wobei seine Henker womöglich ihre Minderwertigkeitsgefühle an den Frontsoldaten abreagierten oder nur ihre gemeine Mordlust stillten. Jedenfalls dürfte es so manchen Zeitgenossen geben, der in Erinnerung an eine solche sinnlose Hinrichtung bis an sein Lebensende kein ruhiges Gewissen haben wird!

Vor diesem Hintergrund ging also unsere Zeit in der Untersteiermark allmählich zu Ende. Anstelle der Gebirgsjägereinheit, die ursprünglich für die Belegung der Pionierkaserne Pettau vorgesehen war, kam schließlich eine Einheit der SS-Division „Prinz Eugen". Diese bestand vorwiegend aus Volksdeutschen und sonstigen deutschfreundlichen Männern aus dem Balkanraum und den Unteren Donauländern. Mit dem beschaulichen Leben im Kasernenbereiche war es jetzt sowieso vorbei. Einen Marschbefehl nach Salzburg hatten wir auch schon seit einiger Zeit in der Tasche, diesen aber bisher mit verschiedenen Ausreden ignoriert. Die Zeit schien für den Ortswechsel noch zu früh. Hier ließ es sich recht angenehm leben, in Salzburg hingegen wartete der Kasernenzwang bzw. sogar die Abstellung an eine der schon sehr nahegerückten Fronten. Die Russen befanden sich zu der Zeit ja schon stellenweise auf österreichischem Boden. Nun, kurz vor Ostern, wurde es aber auch in Pettau ungemütlich. Die russische Artillerie war bereits deutlich zu hören und am frühen Morgen gab es schon Panzeralarm. Kurzentschlossen packten wir unsere Rucksäcke und verabschiedeten uns vom Städtchen an der Drau und allem, was wir dort zurücklassen mussten.

* * *

Steiermark, Pettau, Unteroffiziers-Lehrgang beim Pionier-Zug vom Oktober 1944 bis Ende März 1945.

Vor Kriegsende - wieder in Salzburg und Schwaz

Wie wir nachher erfuhren, war es allerhöchste Zeit gewesen, aus Pettau zu verschwinden. Die Russen und Tito-Partisanen machten sehr bald schon ein Durchkommen über Marburg unmöglich. Wir hatten an dem Tage unserer Abreise in mehrfacher Hinsicht Glück: Zum Ersten nahm uns der LKW einer Weinfirma bis Bruck an der Mur mit. Wir kamen also rasch aus der Gefahrenzone. Der glücklichste Zufall aber wollte es, dass ausgerechnet an dem Tage kein feindlicher Tiefflieger bzw. überhaupt kein Flugzeug der Alliierten zu sehen war, sonst wären wir sicher nicht ohne Angriff bis Bruck und dann weiter mit der Ennstalbahn über Bischofshofen bis Golling gekommen (Todestag Präsident Roosevelt). So gab es überhaupt keinen Zwischenfall. Einer anderen Gefahr wären wir aber beinahe in die Arme gelaufen: Sepp, dessen Mutter in Abtenau wohnte, wollte unbedingt die Gelegenheit zu einem Besuch wahrnehmen. So verließen wir in Golling den Zug und fuhren die ca. 10 km taleinwärts. Unser Schrecken war aber nicht gering, als der Markt Abtenau von Waffen-SS wimmelte. Unser Marschbefehl lautete nach Salzburg, wir aber hatten uns in ein Seitental, abseits der Marschroute abgesetzt. Zwar wären wir am nächsten Tage sowieso nach Salzburg weitergefahren, diese Behauptung hätte uns aber wahrscheinlich nicht viel genützt, wenn wir kontrolliert und an einen der bis zuletzt fanatischen Scharfmacher gekommen wären. Das Glück war uns aber auch hier hold. Natürlich blieben wir in dieser Nacht wohlweislich in Sepps Elternhaus. Am Morgen setzten wir nach kurzer Beratung auf Frechheit, hielten das erstbeste SS-Auto auf, das talwärts nach Golling fuhr und kamen so schließlich unbehelligt nach Salzburg, in das mir von der Ausbildung her bestens bekannte Pionierlager Morzg.

Dort ging inzwischen wieder ein Unteroffizierslehrgang dem Ende zu. Einer der Teilnehmer, mit dem ich sogar die gleiche Stube teilte, war übrigens der nachmalige Bürgermeister von Straß Sepp Brandl, auch ein Rotholzer Absolvent. Man muss es fast als eine Fügung sehen, dass mir wieder die Beförderung zum Unteroffizier erspart blieb, die jetzt automatisch fällig gewesen wäre, wenn mich der Kompanieführer Leutnant Haas auf die Vorschlagsliste gesetzt hätte. Was er aber seiner Darstellung nach vergessen hatte. Sein Bedauern darüber glaube ich ihm heute noch nicht. Er hat mir vielmehr damit die Abstellung zur Feldeinheit ersparen wollen.

Wie viele von den neuen „Litzenträgern" noch an die Front abgestellt wurden, die inzwischen schon auf der Linie Wien - Wiener Neustadt - Oststeiermark verlief, ist mir nicht bekannt. Die meisten kamen wohl noch zur 3. Gebirgsdivision, die in einem verzweifelten Abwehrkampf gegen die Russen in der nördlichen Tschechei und Oberschlesien stand, bevor viele der Überlebenden in jahrelange Gefangenschaft gerieten. Ich kam durch dieses „Versäumnis" nach einem kurzen Schikurs auf dem Untersberg zurück zu meiner Ersatzeinheit in Schwaz-Fiecht.

Die Fahrt in Richtung Schwaz, die ich bis Bischofshofen wegen totaler Überfüllung des Zuges auf einem Trittbrett stehend erlebte, unterbrach ich dann auch für eine Nacht daheim in St. Johann. Wohl liebäugelte ich mit dem Gedanken, mich abzusetzen, wagte das aber schließlich doch nicht, da es mir an der nötigen Information und Verbindung für ein sicheres Untertauchen mangelte.

So meldete ich mich anderntags bei jener Einheit wieder, die mir ein halbes Jahr vorher die Marschpapiere nach Pettau ausstellte. Jedenfalls war ich froh, zumindest in Tirol zu sein. Beim Gebirgspionier-Ersatzbataillon 83 merkte man übrigens noch nicht viel, dass sich der Krieg dem Ende näherte. Der Dienstbetrieb lief fast normal weiter, zumindest für die Altgedienten. Ein Teil der Mannschaft wurde ja immer für die Wiederherstellung bombardierter Brücken und sonstiger Aufräumungsarbeiten nach Bombenangriffen benötigt. So gab es ja im April 1945 noch den schwersten Angriff amerikanischer Bomber auf die Brücken in Brixlegg. Ich wurde glücklicherweise zu solchen Kommandos nicht eingeteilt, dafür ist mir ein Vorfall beim Wachdienst nachhaltig in Erinnerung geblieben: Das Wachlokal befand sich innerhalb des mit Drahtzaun eingefriedeten Barackenlagers ca. 10 Meter vom „Schilderhäuschen" entfernt, vor dem der Posten stand. Im Wachlokal gab es einen großen Raum, in dem die Tische und Bänke sowie einige Liegepritschen und sonstiges zu einer Wachmannschaft gehörendes Mobiliar standen. Ungefähr in der Mitte des Raumes gelangte man links durch eine Tür auf einen schmalen Gang, von dem aus rechts und links auch Türen in einige Räume führten. Hinter der ersten Tür links saß zu der Zeit in der Gefängniszelle ein Deserteur, der am nächsten Tage nach Innsbruck zur Aburteilung überführt werden sollte. Es handelte sich bei dem Kameraden um einen „Untersteirer" oder „Südkärtner", der wohl auch zu den bereits geschilderten Opfern dieses Krieges zählte, die es als sogenannte „Beutedeutsche" in der deutschen Wehrmacht besonders schwer hatten. Wahrscheinlich wurde er auf dem Weg in seine Heimat von eifrigen „Soldatenklaus" geschnappt und kam vorläufig in unseren Gewahrsam. Uns tat er leid, aber was sollten wir machen. Hinzuzufügen wäre noch, dass der Gefangene von geradezu hünenhafter Gestalt war und sicher über enorme Körperkräfte verfügte. Außer dem Torposten hatten wir uns gerade an den Tisch gesetzt, um das soeben gebrachte Abendessen auszulöffeln. Einer von uns trat mit dem, für den Häftling bestimmten Kochgeschirr in der Hand in den zur Zelle führenden Gang und öffnete die Kerkertür. In dem Moment schlug ihm der bärenstarke Gefangene mit voller Wucht die Tür entgegen, lief an uns vorbei durch die Eingangstür hinaus, überrannte den auch total überraschten Torposten, sprang durch das offene Tor und rannte außerhalb des Zaunes in Richtung Stans, wo der Wald damals ziemlich weit herab reichte, davon. Wohl wurden ihm Suchtrupps nachgeschickt! Er blieb aber vorläufig und wie wir ihm wünschten, hoffentlich auch weiterhin verschwunden. Die bald zurückgekehrten Suchmannschaften waren auch so vernünftig gewesen, sich nicht sehr anzustrengen. Ich hörte dann auch nie mehr etwas über den Geflüchteten.

Von den alten Kameraden aus der Norwegen- und Russlandzeit bzw. vom Vorjahr in Schwaz, traf ich keinen einzigen mehr in der Kaserne an. Viele lebten nicht mehr, einige waren wohl wieder bei der Feldeinheit in der Tschechei oder beim Reservebataillon im Raume Triest eingesetzt, soweit sie nicht zu anderen Einheiten verschlagen worden waren. Sepp Obermoser, später Zimmermeister in Aurach, kam als ROB (Reserve Offiziersbewerber) vom Uffz. Lehrgang nach Schwaz.

Auch begegnete mir hier bereits bei der ersten Essensausgabe mit dem „Schöpflöffel" in der Hand ein alter Klassenkollege aus der Rotholzer Schulzeit, Hans Enthofer aus Bruck am Ziller. Er lebte damals in Bruck und war in seiner Heimatgemeinde, obwohl stark gehbehindert, mit großem Eifer und erfolgreich als Dorfchronist beschäftigt. Nach dem Kriege hatte er, solange es sein Gesundheitszustand erlaubte, im Zimmereiberuf gearbeitet. Erst 1987 habe ich ihn nach 42 Jahren, anlässlich eines Kompanietreffens in Bruck wieder getroffen.

Zu Bruck ergab sich damals 1945 auch eine andere Beziehung. Außer zum Wachdienst wurde ich zweimal für eine zu der Zeit sehr heikle, aber nicht uninteressante Aufgabe bestimmt: Inzwischen war ja schon Ende April und der Krieg näherte sich seinem Ende. Nachdem die siegreichen Alliierten den deutschen Truppen bereits den Ausweg nach Westen, Norden und Osten versperrt hatten, auch die

Südarmee immer weiter nordwärts gedrängt wurde und vor der Kapitulation stand, zogen sich die Reste der Wehrmacht aller Waffengattungen und auch SS-Verbände in den inneren Alpenraum zurück. So strömten Kolonnen von Fahrzeugen aller Art und Soldaten zu Fuß auf Motorrädern und Fahrrädern von Norden kommend auch nach Tirol herein. Eine Zeitlang sah es sogar so aus, als ob einige Wahnsinnige tatsächlich die laut Propaganda angekündigte „Alpenfestung" bis zum Letzten verteidigen wollten. Es war aber wohl nicht im Sinne dieser „Strategen", dass sich die Verteidiger zu weit ins Innere der „Festung" zurückzogen. Deshalb sollten nur jene durchgelassen werden, die über entsprechende Marschpapiere verfügten. Die Bundesstraße 1 von Brixlegg über Straß, westlich von Rotholz nach Schwaz - Innsbruck führend, überquerte wie auch heute noch, unterhalb von Straß den Ziller. Es gab noch keine Autobahn.

Eine der sicher an mehreren Punkten des Unterinntales eingesetzten Kontrollstellen befand sich nördlich der genannten Zillerbrücke, wo sowohl die Weiterreise in das Zillertal über Bruck, wie auch der Übergang des Zillers kontrolliert werden konnten. Dazu war die Stube des Gasthauses „Landhaus", damals noch einfaches Bauernwirtshaus, zum Wachlokal umfunktioniert worden. Belegt war es mit einer Gruppe „Volkssturm" (in Tirol auch Standschützen genannt), der hauptsächlich ältere Bauern vom Bruckberg und der näheren Umgebung angehörten. Das Kommando über dieses „Letzte Aufgebot" hatte der Brucker Lehrer. Zur Verstärkung dieser Truppe wurde jeweils ein Wehrmachtsangehöriger, in dem Falle vom Pionier-Bataillon Schwaz abkommandiert. So kam eben auch ich zu dem Vergnügen. Natürlich waren diese Volkssturmmänner mit der ihnen übertragenen Aufgabe total überfordert. Sie sollten Fahrzeuge aufhalten, Marschpapiere auf ihre Richtigkeit überprüfen und dann noch entsprechend darauf reagieren.

Der jeweilige Vertreter der Wehrmacht sollte sie dabei unterstützen und eingreifen, wenn sich der Volkssturmmann nicht zu helfen wusste. Das Ganze war ein reines Theater. In den Fahrzeugen saßen vielfach hohe und höchste Offiziere, die nun je nach Belieben ihre Marschpapiere, soweit sie überhaupt welche hatten, vorzeigten oder den armen Standschützen anschnauzten, was er sich eigentlich erlaube. Mir als kleinem Gefreiten ging es da nicht viel besser, abgesehen davon, dass wir ja den Sinn dieser Kontrollen bei dem sich deutlich abzeichnenden Zusammenbruch gar nicht einsahen. So wurden diese Fahrzeug- und Marschpapierüberprüfungen bald reine Alibihandlungen. Dies hatte allerdings der Kommandeur des Volkssturm-Bataillons Zillertal, dem diese Wachmannschaft angehörte, bald spitzbekommen. So tauchte dieser im Range eines Majors stehende Herr eines Tages im Wachlokal auf und putzte den armen Lehrer fürchterlich zusammen. Die Nerven des Herrn H. waren diesem Donnerwetter sichtlich nicht gewachsen. Er zitterte vor Aufregung. Im Verlaufe dieser Zurechtweisung schrie der Major einen prophetischen Satz: „Ich weiß ganz genau, dass ich diesen Krieg nicht überleben werde, aber solange ich etwas zu sagen habe, reißen diese Schlamperei und dieser Sauhaufen nicht ein!“ Was seine Vorhersage anbelangt, sollte sich diese sehr bald bewahrheiten. Ich konnte mir diesen Zauber in Ruhe anhören, da ich nicht der unmittelbaren Befehlsgewalt des Majors unterstand.

Im Zuge der geschilderten „Straßenstreife“, wie der militärische Ausdruck eigentlich lautete, ergaben sich auch sonst die verschiedensten Situationen. Eine ist mir noch besonders gegenwärtig: Als ich so am Straßenrand stand, kam ein Obergefreiter auf mich zu und sagte ohne Umschweife: „Du Kamerad sag mir, wo geht es denn da zur Widerstandsbewegung im Zillertal?“ Ich war über diese Kühnheit momentan ganz perplex und sagte dann lachend zu ihm: „Leider kann ich dir da keine Auskunft geben, weil ich gar nicht weiß, dass es so etwas gibt. Ich würde dir aber raten, jetzt möglichst rasch über die Zillerbrücke zu verschwinden, bevor dich ein anderer schnappt!“ Tatsächlich hatte ich von dieser Widerstandsgruppe und deren Tätigkeit im Zillertal erst nach dem Kriege erfahren.

So war es ja auch mit den KZs und den Massenvernichtungen in diesen Lagern, dass die allermeisten Soldaten davon keine Ahnung hatten. Die wenigen, welche vielleicht durch Zufall Einblick bekamen, hüteten sich wohlweislich vor der Weitergabe ihres Wissens. Was die Widerstandsbewegung im Zillertal betrifft bekam diese, wie ich später erfuhr, in den letzten Kriegsmonaten großen Zulauf durch Wehrmachtssoldaten. Besonders Genesende nach Lazarettaufenthalten und Frontsoldaten rückten oft nicht mehr zu ihren Einheiten ein. So mancher verdrückte sich auch anlässlich eines der vielen Bombenangriffe auf einen Bahnhof, wo sich nachher nie genau feststellen ließ, wie viele total zerfetzte Opfer ein solcher Angriff gefordert hatte. Mir wurden aber nach dem Kriege auch einige Fälle aus dem Zillertal bekannt, wo Soldaten bereits in den ersten Kriegsjahren untertauchten und einige Jahre in einem Versteck zubringen mussten. Ich muss offen gestehen, dass mir der Gedanke überhaupt nie kam. Auch hätte mir der Mut dazu gefehlt.

Aber zurück zur Straße beim „Landhaus“:

Bei den tausenden Soldaten, die damals die Zillerbrücke in Richtung Innsbruck passierten, bewegt mich im Nachhinein die Vorstellung, mit welchen Gefühlen wohl ein Soldat diesmal den Ziller überquerte, der am 12. März 1938 in den Reihen der damals noch starken, selbstbewussten deutschen Wehrmacht beim Einmarsch dabei war. Jetzt in den Reihen einer geschlagenen Armee – damals unter klingendem Spiel der Militärkapellen und im Vollbewusstsein der Macht. Solche Gedanken kommen einem aber auch erst jetzt. Im Trubel des zu Ende gehenden Krieges machte man sich über solche Zusammenhänge als junger Soldat keine Gedanken.

Mit der Straßenstreife beim „Landhaus“ war es dann plötzlich vorbei. Ich glaube, bald nach dem 27. April 1945 wurde ein Zug Pioniere dem ich zugeteilt war, in Richtung Achental in Marsch gesetzt. Mit welchen Gefühlen wir über den „Kasbach“ hinauf tippelten, lässt sich vorstellen. In Maurach begegnete uns ein Trupp Arbeiter, die in dem bombensicheren Stollen des „Heinkel-Flugzeugwerkes“ gearbeitet hatten und sich nun auf dem Heimweg befanden. Unter diesen erblickte ich auch Franz Wilhelm aus St. Johann. Als sie uns zuriefen, ob wir den Krieg noch gewinnen wollen, stimmte uns das nicht fröhlicher. Es blieb uns aber nichts übrig als weiterzumarschieren. Zu der Zeit befand sich ziemlich viel SS im Achenseegebiet, die den Kampf offensichtlich noch nicht aufgeben wollte.

Wir kamen am Abend hundemüde in Achenwald an, wo zunächst für zwei Nächte der Holzboden des kleinen Schulhauses unsere Liegestätte war. Dann bezogen wir für zwei Tage Quartier im ca. 1 km entfernten Gasthaus „Hagen“. Dieses wurde übrigens noch kurz vor Kriegsende zusammengebombt, weil die SS-Besatzung, welche nach uns einzog, mit einem Flak-Geschütz auf feindliche Tiefflieger zu feuern begann. Zu diesem Zeitpunkt befand ich mich bereits auf dem Heimweg oder ich war schon in St. Johann.

Noch im Gasthaus Hagen zeigten sich beim Pionierzug die ersten Auflösungserscheinungen.

Auf diese Weise um ca. 6 bis 7 Mann geschrumpft, mussten wir noch ein Stück talaus in das „Alte Zollhaus“ an der bayerischen Grenze übersiedeln.

Dort ging dann der Krieg für mich praktisch zu Ende. Zunächst machte ich noch, wie bereits seit der Ankunft im Achental, Dienst als Zugsmelder. Auf einem alten Fahrrad pendelte ich von Achenwald bis Achenkirch hin und her. Die Kameraden mussten in der Nähe des Zollhauses Stellungen ausheben. Einige waren immer vor dem

Zollhaus als „Straßenstreife" eingesetzt. Hier erlebte ich als unbeteiligter Zuseher, wie ein Gefreiter aus unserem Zug mit einem Oberstleutnant fertig wurde: Dieser Gefreite, sein Name ist mir leider entfallen, war nicht mehr ganz jung und hatte, was man über ihn hörte, ein recht bewegtes Leben hinter sich, angeblich auch einige Degradierungen. Jedenfalls besaß er Klasse, wie sich zeigen sollte. Er stand als Kontrollposten an der Straße und hielt von Zeit zu Zeit ein Fahrzeug zwecks Überprüfung der Marschpapiere an, ließ aber dann jeden weiterfahren. Ich glaube, die Papiere interessierten ihn gar nicht. Da tauchte ein LKW auf, beladen mit einigen großen Kisten und 10 bis 12 nagelneuen Wehrmachtsfahrrädern, die man an den abnehmbaren Lenkstangen erkannte. Im Führerhaus saß neben dem Fahrer der genannte Oberstleutnant.

Der Gefreite stoppte das Fahrzeug und verlangte die Marschpapiere zu sehen. Hier machte der Offizier, welcher über keine gültigen Papiere verfügte, einen groben Fehler. Er begann zu schreien, ob der Gefreite nicht sehe, wen er vor sich habe und was er sich erlaube. In dieser Tonart ging es weiter bis unser Kamerad seinen Karabiner entsicherte, auf den Offizier anlegte und nun seinerseits diesen anschrie: „Jetzt werde ich Ihnen etwas sagen. Sie sind ein Drückeberger und auf der Flucht nach hinten, während wir die anrückenden Amerikaner aufhalten sollen. Wir haben kaum etwas zu fressen und Sie wollen sich mit gestohlenem Wehrmachtsgut in Sicherheit bringen. Seien Sie froh, wenn wir Sie als Plünderer nicht an den nächsten Baum hängen!" Der Oberstleutnant wurde immer kleiner und kam sichtlich ins Schwitzen. Der Gefreite zog eine Schau ab, wie ein Bühnenprofi. Wir Zuseher amüsierten uns köstlich, verkörperte doch der so in die Enge Getriebene jenen Offizierstyp, den man als Soldat hasste oder verachtete. Zähneknirschend musste schließlich der Offizier zusehen, wie wir seine Kisten öffneten und uns ausreichend bedienten. Von Lebensmitteln aller Art und Getränken bis zu Textilien war hier alles zu finden. Nachdem wir den LKW ausgiebig erleichtert hatten, wobei auch die Fahrräder nicht vergessen wurden, durfte das Fahrzeug passieren. „So", sagte daraufhin der Gefreite, „der ist mir gerade recht gekommen. Auf so einen habe ich schon lange gewartet." Selbstverständlich habe ich mir auch ein neues Fahrrad genommen, mit dem ich aber dann wenig Glück hatte.

An diesem oder einem der nächsten Tage gab es beim Zollamt noch einen Zauber. Es waren inzwischen dort auch Volkssturmmänner des Bataillons „Zillertal" einquartiert worden. So dauerte es nicht lange, bis der mir schon bekannte Major erschien und wieder wie ein Wilder mit seinen Leuten herumbrüllte. Ich glaube, er war zu der Zeit der meistgehasste Vorgesetzte im Achental. Man konnte es deshalb seinen Männern nicht verargen, dass sie keine Traurigkeit zeigten, als bald darauf die Nachricht kam, der Major sei tot. Sein Ende gestaltete sich allerdings eher tragi-komisch. Er wurde das Opfer eines Tieffliegers, der ihn vom „Häusl" herunterschoss, das sich im rückwärtigen Teil des Obergeschosses seines Quartiers, der Gemischtwarenhandlung „Loinger" in Achenkirch, befand. Somit hatte sich also seine kurz vorher im „Landhaus" gemachte Vorhersage erfüllt, wenn er sich auch wahrscheinlich sein Ende heroischer vorgestellt hatte. Leider mussten diesen Fliegerangriff auch zwei weitere Soldaten mit dem Leben bezahlen. Alle drei sind in Achenkirch begraben – Todesdatum 4. Mai 1945.

Im Achental, das von SS-, Volkssturm- und Wehrmachtseinheiten der verschiedenen Waffengattungen wimmelte, wollte man allem Anschein nach den Kampf noch nicht aufgeben. Wir Pioniere und die im Achenwald eingesetzten „Standschützen" sollten weiterhin Schützengräben ausheben und Bunker bauen, um den Amerikanern, die bereits Bad Tölz eingenommen hatten, Widerstand leisten zu können. Ein kompletter Irrsinn, wenn man bedenkt, dass der Gegner bei seiner gewaltigen Luftüberlegenheit mit einigen Bombenteppichen das ganze enge Tal pulverisieren konnte. Aber für einen Tag, oder war es ein halber, musste auch ich noch Pickel und Schaufel in die Hand nehmen. Den Besitzer jenes Waldes westlich des Zollhauses, wo ich noch einige lustlose Spatenstiche machte, lernte ich zufällig anlässlich der Forstlehrfahrt 1986 kennen. Es war dies Pepi Kern aus Achenkirch, mit dem ich dann näher bekannt wurde.

Dieses Schützenlöcher-Graben war aber dann endgültig meine letzte Tätigkeit beim deutschen „Barras".

Nach einiger Zeit merkte ich plötzlich an der rechten Brustseite etwas Nasses. Bei näherem Augenschein zeigte sich, dass meine alte Verwundung aufgebrochen war und zwischen den Rippen etwas Eiter herauskam. Jetzt hielt mich hier nichts mehr. Ich holte mir einen Marschzettel in das Krankenrevier der Pionierkaserne Schwaz und machte mich per Fahrrad auf den Weg. Der Abschied von den Kameraden war kurz und schmerzlos. Man kannte sich ja gegenseitig kaum. Ich wüsste sogar nicht mehr, wer eigentlich der Anführer des Zuges gewesen ist. Ein einziger, schon etwas älterer Kamerad, Sepp Silberberger „Schratental-Bauer" aus der Wildschönau, ist mir noch in Erinnerung geblieben. Er hatte schon tagelang vom Heimgehen gesprochen, dann aber wohl doch das Risiko gescheut. Es ist eine Schande, aber ich kam nach dem Kriege nie dazu nachzuforschen, ob und wie er heimgekommen ist.

Das war ja bezeichnend für die erste Nachkriegszeit. Alles was mit dem Krieg zu tun hatte verlor an Bedeutung gegenüber dem Wiederaufbau und dem beruflichen Fortkommen. Erst mit zunehmendem Alter erinnert man sich wieder an den einen oder anderen, ehemaligen Kameraden. Leider manchmal zu spät. Vor ca. 10 Jahren erst traf ich in Längenfeld Edmund Holzknecht, mit dem ich 1942 in Norwegen beisammen war.

Vom Achenwald fuhr ich also, beneidet von den Zurückgebliebenen, ab. Es muss noch am 4. Mai 1945 gewesen sein, weil mir der Tod des Volkssturm-Majors in Erinnerung ist.

Mit dem Fahrrad kam ich allerdings nicht weit. Ich hatte gerade die „Hagenbrücke" passiert, als mich ein Wehrmachts-LKW in ziemlicher Fahrt einholte. Da auf der rechten Seite kein Platz zum Ausweichen war, stellte ich mich auf die linke Straßenseite direkt hinter der Brücke, wo die Straße in einer scharfen Kurve nach Osten einbog. Dabei streifte mich der zu schnell fahrende Lastwagen mit dem schleudernden Hinterteil. Ich hatte dabei ein Riesenglück. Mir passierte nichts, nur die Lenkstange des Fahrrades und ein Pedal waren verbogen. Der LKW-Fahrer nahm mich dann bis Schwaz mit, wo ich das Fahrrad bei einem bekannten Bauern einstellte, bevor ich mich in die Kaserne nach Fiecht begab. Das Fahrrad bzw. das, was davon noch übrig war, holte ich mir im Laufe des Sommers ab. Die neue Bereifung hatte leider einen Liebhaber gefunden. Da mir das Rad aber dann ab Herbst als Dienstfahrzeug diente, bekam ich bald einen Bezugsschein. Eine „Balance" zu beschaffen, fiel sowieso nicht schwer und so radelte ich in den nächsten zwei Jahren mit dem Vehikel noch viele Kilometer herum.

In der Kaserne residierte im Krankenrevier noch der als ziemlich harter Knochen bekannte Stabsarzt Pf. Dieser wollte mich sofort in das Schwazer Lazarett einweisen, obwohl ich darauf verwies, dass sich auch in St. Johann ein Lazarett befindet und ich somit daheim wäre. Stur lehnte er aber ab. Wohl oder übel musste ich also die Revierbaracke verlassen, kam aber bald darauf mit dem gleichen Ansinnen wieder. Dieses Spiel wiederholte sich noch einige Male und jedes Mal brüllte er noch mehr, bis es ihm schließlich zu dumm wurde. Er stellte mir den Einweisungsschein zwar nicht nach St. Johann, doch wenigstens nach Kitzbühel aus. Auf verschiedenen Fahrzeugen mitfahrend kam ich dort gegen Abend an, die letzte Strecke hatte ich auf dem Sozius eines Motorrades bewältigt. Als wir durch Kirchberg fuhren, fielen mir bewaffnete Hitlerjungen auf, die sichtlich noch kampfbereit waren. Dabei gab es Knirpse, denen der Kolben des umgehängten Gewehres bis unter die Knie reichte. Im Reservelazarett, das beim „Tiefenbrunner" in Kitzbühel eingerichtet war, hatte man erwartungsgemäß für mich keinen Platz. So bekam ich ohne weiteres einen Sichtvermerk für St. Johann auf den Einweisungsschein. Es gab aber dann am nächsten Tag auch im St. Johanner Lazarett in der Edelweißkaserne kein freies Bett.

* * *

Salzburg, Pionier-Lager Morzg, April 1945,
Unteroffiziers-Lehrgang und eine Woche Schikurs am Salzburger Untersberg.

Bruck am Ziller, April 1945, Dienst bei der „Straßenstreife" an der Zillerbrücke in Bruck und im Wachlokal „Gasthaus Landhaus", „Mithilfe" beim „Volkssturm" von Bruck unter Lehrer Heigl.

Großvater und Enkel werden noch 1945 gemeinsam zum „Volkssturm" einberufen, Aufnahme vermutlich in Gossensass – Südtirol.

Achenkirch am Achensee, Kriegsende 1945.

„Altes Zollhaus" in Achenwald, anfangs Mai 1945,
die letzte Station meiner Dienstzeit bei der Deutschen Wehrmacht.

Achenkirch-Achenwald, ein Zug Pioniere aus Schwaz beim Stellungsbau von Ende April bis Anfang Mai 1945. Quartiere wurden im „Schulhaus", im Gasthaus „Hagen" und im „Alten Zollhaus" bezogen. Von dort am 4. Mai 1945 nach Schwaz zurück und weiter nach Hause (Lazarettbehandlung). Obige „Hagenbrücke" beinahe noch Ursache für einen Unfall!

Kriegsende daheim – wieder Lazarett

So landete ich schließlich daheim und wurde nur extern behandelt. Dazu ging ich täglich einmal zum Verbinden in das Krankenrevier der Kaserne. Dabei ergab sich einer jener Zufälle, die mich immer wieder beeindrucken.

Auf dem Heimweg von der Kaserne sah ich unter dem Kastanienbaum, der damals noch auf der Verkehrsinsel an der Einmündung Bahnhofstraße-Fieberbrunnerstraße stand, einen Unteroffizier sitzen, der mir wegen der vielen Auszeichnungen besonders auffiel. Bei näherem Hinsehen erkannte ich in ihm einen ehemaligen Kompaniekameraden, mit dem ich am Ladogasee den ersten Einsatz erlebt hatte. Seit der Zeit, 1942, hatte ich ihn nicht mehr gesehen. Er hieß Waldherr und stammte aus der Gegend von Passau. Welch ein Zufall, ihn hier zu sehen! Seine Uniform war mit allen Auszeichnungen geschmückt, die ein niederer Dienstgrad im deutschen Heer normalerweise höchstens erreichen konnte. Vom Ritterkreuz, Deutschem Kreuz in Gold, EK I. und II. Klasse, Goldener Nahkampfspange, Sturmabzeichen bis zu mehreren am Rockärmel aufgenähten Panzer-Nahvernichtungsabzeichen reichte diese Sammlung und zeugte nicht nur von außerordentlicher Tapferkeit im Fronteinsatz, sondern auch vom großen Glück, all diese Gefechte überstanden zu haben. Das Goldene Verwundetenabzeichen, welches für sehr schwere oder dreimalige leichtere Verwundungen verliehen wurde, hätte Waldherr mit 12 Verwundungen gleich viermal verdient! Wie er mir dann erzählte, hat es ihn aber nie sehr schwer erwischt, sodass er immer wieder bald an die Front musste, die meiste Zeit in Russland bzw. im Osten. Nun sei er noch, wie er berichtete, in der Gegend von Garmisch gegen die Amis im Einsatz gestanden und habe jetzt genug vom Krieg. Auf dem Wege nach Hause kam er also nach St. Johann. Ich lud ihn vorerst zum Mittagessen daheim ein. Die Mutter kochte uns, wie sie mit über 90 Jahren noch immer gerne erzählte, ein „Tiroler Gröstl", das der Soldat mit großem Appetit verzehrte!

Bevor sich Waldherr dann auf den Weg machte, bot ich ihm Zivilkleider an, da wie ich ihm sagte die Amerikaner bereits in der Gegend von Reichenhall seien. Das lehnte er aber mit dem Hinweis ab, er gehe so wie er ist nach Hause. Angeblich ist er gut daheim angekommen.

Hinsichtlich meiner Verwundung ergab eine genaue Untersuchung, dass sich eine tiefer reichende Fistel gebildet hatte. Vorläufig erstreckte sich die Behandlung nur auf den Verbandwechsel und öfterem Wegbrennen des sich immer wieder bildenden „Wilden Fleisches“ durch Lapusstifte, was nicht sehr angenehm war. Einige Tage vor Kriegsende wurden die externen Patienten des Lazaretts in der Panzerkaserne bei der heutigen „Heeres-Versorgungsanstalt“ kaserniert. Ich war damals in einem Zimmer mit Josef Wallner aus Going und Sepp Foidl, dem inzwischen schon verstorbenen „Waldhausbauern“ beisammen. Kurz vor dem Einmarsch der Amerikaner wurden wir wieder nach Hause entlassen, sodass ich diese ersten Kontakte mit den Siegern hautnah erlebte.

Das nahende Kriegsende veranlasste die Kasernenkommandatur zu einer vernünftigen Entscheidung. Aus den Magazinen wurde an die Zivilbevölkerung ein Großteil der Lagerbestände an Textilien und sonstigem Wehrmachtsgut ausgegeben. So mancher Anzug und manches Kostüm aus solchen Stoffen konnte man z. B. noch lange nach Kriegsende sehen. Ich bin dabei allerdings nicht reich geworden. Als wir von dieser Aktion erfuhren, war der Segen schon im Versiegen. Die St. Johanner Kameraden, welche in der Kaserne als Soldaten Dienst machten und somit an der Quelle saßen, waren hier entschieden besser dran. Daneben ging der Dienstbetrieb im Lazarettbereiche der Kaserne fast normal weiter. Die Verwundeten und Kranken waren hier ordentlich untergebracht und wurden gut betreut. Da die Kaserne ja einen Teil der Gebirgssanitätsschule beherbergte, fehlte es weder an ärztlicher Versorgung noch an Medikamenten und Verbandszeug. Schlechter erging es jenen Kameraden, die buchstäblich auf der Strecke geblieben waren. Einige Lazarettzüge, vollbelegt mit Verwundeten und Kranken, standen außerhalb des St. Johanner Bahnhofes auf freier Strecke, von wo es vorerst kein Weiterkommen mehr gab. Besonders zu bedauern waren dabei die Bettlägerigen. Bald gab es für diese in den Waggons große Versorgungsschwierigkeiten, weil wenig Pflegepersonal vorhanden war. Einige dieser Züge standen auch im Bereiche von Almdorf. Den darin liegenden Soldaten setzte besonders die in der ersten Maiwoche herrschende Hitze arg zu. Meine Mutter und andere Frauen aus der näheren Umgebung halfen hier nach besten Kräften und brachten den bettlägerigen Soldaten vor allem zu trinken. Nicht wenige dieser Verwundeten und Kranken erlebten den Frieden nicht mehr. Sie wurden bis zur Umbettung in den neuen Friedhof auf dem Soldatenfriedhof beim „Dechantbühel“ oberhalb von Baumoos beerdigt.

Auch andere Tragödien ereigneten sich in diesen Maitagen vor Kriegsende: So wurde mehreren Soldaten in einem der Lazarettzüge der Genuss von Methylalkohol zum Verhängnis. Es gab durch dieses Getränk, das von manchen Soldaten in der Hochstimmung des nun bevorstehenden Kriegsendes getrunken wurde, einige Tote und Erblindete.

Ca. 30 Jahre nach Kriegsende holte uns in dieser Tragödie die Vergangenheit wieder ein, wobei es um den Rentenanspruch der Witwe eines solchen Alkoholopfers ging. Als Zeitzeuge konnte sich, außer einigen damals helfenden Frauen und mir, auch Willi Walstra noch gut an dieses Geschehen erinnern.

Auch der Doppelselbstmord eines deutschen Unteroffiziers und seiner Geliebten, einem Mädchen aus der Gegend, erregte die Gemüter. Die beiden konnten die bevorstehende Trennung nicht verkraften. Die Leichen wurden aber erst am 24. Mai 1945, also 16 Tage nach Kriegsende in einer Almhütte am Kaiser gefunden.

Die Ankunft der ersten amerikanischen Soldaten in St. Johann erfolgte ohne besondere Dramatik am 8. Mai 1945. Einige Tage vorher hatte man noch aus der Gegend von Wörgl - Itter schwachen Kanonendonner vernehmen können. Dann hieß es plötzlich, die Amis seien schon in Ellmau und hätten dort ein Auffanglager für Gefangene errichtet. Schon kamen die ersten Panzer und Jeeps in Sicht. Ich sah zum ersten Mal amerikanische Uniformen. Die Soldaten trugen als Divisionszeichen einen Regenbogen. Diese „Regenbogen-Division", wie sie genannt wurde, blieb dann bis Juli 1945 unsere Besatzung und wurde daraufhin in den fernen Osten verlegt, wo sie angeblich später auch im Korea-Krieg zum Einsatz kam. Es handelte sich hier jedenfalls um eine kampferprobte Elite-Einheit und solche sind ja zu allen Zeiten und in allen Armeen bevorzugt für Spezialeinsätze und „Himmelfahrtskommandos" geeignet.

Zunächst machten die Vorkommandos Quartier. Auch vor dem Wohnhaus meiner Eltern, wo ich mich zu der Zeit aufhielt, tauchte bald ein Jeep auf und es mussten in der „Fiechter-Villa" einige GI's untergebracht werden. Diese erwiesen sich bald als recht umgängliche Hausgenossen. Sie waren nicht kleinlich mit allem, was sie im Überfluss hatten, angefangen von Zigaretten über Konserven, Schokolade und Waschmitteln. Alles Dinge, die bei uns schon Mangelware darstellten. Die Frauen bekamen vor allem Arbeit mit Waschen und Putzen der Soldatenbekleidung.

Währenddessen hatten die Amis überall Kontrollposten an den Straßen, Brücken usw. aufgestellt. Bei der Bahnunterführung vor unserem Hause befand sich auch ein Posten. Einer dieser GI's war ein etwas rauer Spaßvogel. Als ein Mädchen mit dem Fahrrad Richtung Almdorf an ihm vorbeifuhr, erschreckte er die junge Dame – wohl weil sie sich in kein Gespräch mit ihm einlassen wollte – indem er ihr aus seiner Pistole einen wohlgezielten, auf die Straße platzierten Schuss nachsandte. Sonst jedoch ging es in unserer Gegend ruhig zu.

Aus dem Dorf hörte man allerdings auch von härteren Maßnahmen. So wurde u.a. ein junger SS-Offizier, den man eingefangen hatte, fürchterlich verdroschen. Auch diverse Hausdurchsuchungen bei Parteifunktionären verliefen einige Zeit recht unangenehm. Diese amerikanischen Streifen wurden von einem ortskundigen Polen angeführt, der es verstanden hatte, das Vertrauen der Amis zu erlangen. Er ging sehr brutal vor. Auch das Schlafzimmer meiner Eltern ließ er durchsuchen, weil mein Vater als Beauftragter für die Betreuung der Kriegsopfer im nördlichen Kreis Kitzbühel eingesetzt war und somit auf der Funktionärsliste aufschien. Dabei zog der Pole N. eine Schau wie ein Irrsinniger ab! Als ihm beim Durchstöbern eines Kastens meine Fotoschachtel mit einem Bild des englischen Ministerpräsidenten Winston Churchill in die Hände kam, das diesen auf die Bordwand eines deutschen Truppentransporters gemalt darstellte, allerdings in einer für ihn nicht sehr schmeichelhaften Pose. Er zerriss das Bild und trampelte wie ein Wilder darauf herum.

Das war allerdings ein harmloser Auftritt gegenüber anderen Fällen, wie man hörte. Kurz darauf wurde dieser Anführer von den Amis selbst aus dem Verkehr gezogen und wegen früherer Verbrechen zu einer längeren Haftstrafe verurteilt.

Ich musste damals weiterhin jeden zweiten Tag zum Verbinden in die Lazarettabteilung der Kaserne. Da ich inzwischen auch von den Besatzern registriert war, wurde ich eines Tages zu einem gut deutsch sprechenden Captain vorgeladen. Dieser eröffnete mir, dass ich auf ca. 4 Wochen nach Bayern in ein Kriegsgefangenen-Entlassungslager (Bad Aibling) müsse. Ich wehrte mich dagegen natürlich heftig. Als ich ihm dann meine offene Brustwunde zeigte und noch dazu auf seine Frage erklärte, dass diese von der Ostfront herrühre, ließ er mich laufen. So konnte ich mir innerhalb eines halben Tages die Entlassungspapiere in Wörgl abholen.

Damit war ich nun offiziell nicht mehr Soldat der Deutschen Wehrmacht, praktisch aber doch noch in diese eingebunden. Meine Brustwunde hörte nicht zu eitern auf. So wurde ich schließlich im August 1945 im Lazarett St. Johann operiert, wobei unter örtlicher Betäubung ein etwa bohnengroßer Granatsplitter entfernt wurde. Der Lazarettbetrieb lief damals noch mit deutschen Ärzten und Schwestern fast unverändert weiter. In meinem Zimmer lag zu der Zeit auch ein Wiener Kamerad namens Capek, der hoffnungslos krank war und trotzdem an einem Buch schrieb, das er nach seiner Verlegung in das Lazarett in Seefeld fertigstellen konnte, bevor er dort starb. Ein Exemplar ließ er mir noch zukommen, Titel: „Der ferne Flügel" von Viktor Capek.

Mit meiner Operation schien zunächst die letzte noch offene Kriegserinnerung verheilt zu sein. Leider erwies sich das als verfrühte Hoffnung! Nach ca. 14 Tagen fing die Wunde wieder zu eitern an. Sie verheilte endgültig erst im Herbst 1947, wo ein kleiner Knochensplitter von der Rippe zum Vorschein kam, der eigentlich die Ursache der Fistelbildung war. Im Grunde machte mir aber diese Eiterung keine weiteren Beschwerden, außer den bereits früher geschilderten.

Deshalb sah ich mich im Spätsommer 1945 nach einer Arbeit um. Dass diese keine schwere sein konnte, war mir klar.

Hier half mir vor allem, dass ich vor dem Kriege die landw. Landeslehranstalt Rotholz besucht hatte und somit eine Grundlage für den Einstieg in die weitere Berufslaufbahn bei der Landwirtschaftskammer gegeben war.

* * *

St. Johann in Tirol, Blickrichtung Bahnhofstraße,
der Kastanienbaum an der Kreuzung beim Gemeindeamt.

St. Johann in Tirol, der Kriegerfriedhof am Dechantfeld, ca. 1945.

St. Johann in Tirol, Soldatenfriedhof am Dechantfeld, 1952.
Kurz vor Weihnachten im Dezember 1944 entging St. Johann knapp der völligen Zerstörung durch amerikanische Bomberflugzeuge (Einflugschneise aus nördlicher Richtung mit Überflug des Ortszentrums). Alle ca. 70 Bombentrichter als Folge der abgeworfenen Bomben wurden nämlich weit außerhalb des unmittelbaren Ortsgebietes festgestellt, die ersten im Dechantfeld, dann weiter im Baumoos- und Moarwald.

St. Johann in Tirol, Kaiserstraße 569, Landhaus „Gisela", 1945.
Heutige Adresse: Wegscheidgasse 10, vom Kriegsende bis Mitte Juli 1945 war in diesem Haus ein Verpflegungslager für die amerikanischen Besatzungssoldaten eingerichtet.

St. Johann in Tirol, Villa Fiechter, 1945,
Soldat „Andy", Angehöriger der amerikanischen „Regenbogen-Division".

St. Johann in Tirol, 1945, Begrüßung der französischen Besatzungssoldaten, li. – re.: der französische Kommandeur und sein Adjutant, Bürgermeister Dr. Hofinger, Alt-Bürgermeister Michael Raß, Dekan Josef Ritter als Ortspfarrherr.

2000 bis 2005
Erste handschriftliche Aufzeichnungen für eine geplante Familien-Chronik um das Jahr 1985 und Übertragung dieser handgeschriebenen Blätter in „Maschinschreibseiten" mit Hilfe eines Computer-Schreibprogramms durch Elisabeth Hirzinger.

2010
Nochmaliges Erfassen des gesamten Textes in digitaler Form und Herausgabe meiner LEBENSERINNERUNGEN als Buch mit Bildern aus meinem Privatarchiv in Zusammenarbeit mit dem Museumsverein St. Johann in Tirol unter Obmann OSR Franz Trockenbacher.

2013
Überarbeiten des Buches aus 2010, mit neuen Bildern ergänzt, Herausgabe in kompakter und handlicher Form meiner „Arbeit am Bauernhof und auf der Alm 1932 bis 1945" in Zusammenarbeit mit dem KRAL-Verlag in Berndorf, Niederösterreich.

Zum Entstehen dieses Buches haben einen wesentlichen Beitrag geleistet:

DI Johann Jenewein
Als Herausgeber des Buches hat er den Kontakt zum KRAL-Verlag hergestellt.

Rupert Mayer
Bearbeitung der Texte und Bilder bis zum druckreifen Format.

Sepp Mettler
Scannen und Archivieren meiner umfangreichen Bilder- und Dia-Sammlung.

Die verwendeten Fotografien sind aus meinem Privatbesitz, dem Archiv der Marktgemeinde St. Johann in Tirol, dem Archiv der Gemeinde Ellmau, von Armin Kniely und Foto Jöchler.

Ing. Josef Wörgötter
Velbenstraße 33
6380 St. Johann in Tirol